MITTEILUNGEN

der

Geographischen Gesellschaft in Hamburg

Bd. XXXIX.

Im Auftrage des Vorstandes herausgegeben

von

Prof. Dr. Bruno Schulz
Mitglied des Vorstandes.

Mit 26 Tafeln und 9 Textfiguren.

HAMBURG
L. Friederichsen & Co.
1928

Druck von J. J. Augustin in Glückstadt und Hamburg

Vorwort.

Über die von F. Termer im Auftrage unserer Gesellschaft und mit Unterstützung der Notgemeinschaft der Deutschen Wissenschaft ausgeführte Reise nach Mittelamerika zur Fortsetzung der Sapperschen Untersuchungen werden im vorliegenden Bande weitere Berichte veröffentlicht.

W. Drascher gibt eine zusammenfassende Darstellung der wirtschaftsgeographischen Grundlagen für die Entwicklung der südamerikanischen Städte.

Auf der norwegischen »Maud«-Expedition in dem sibirischen Teil des Nordpolarmeeres war es dem wissenschaftlichen Leiter dieser Expedition H. U. Sverdrup möglich, die Lebensweise der Renntier-Tschuktschen während eines achtmonatigen Aufenthaltes kennen zu lernen. Die in dieser Zeit gewonnenen Beobachtungen, die einen wertvollen Beitrag zur Ethnographie Nordsibiriens darstellen dürften, sind in dem hier veröffentlichten Aufsatze zusammengefaßt.

Walter Geisler konnte während eines 1½jährigen Aufenthaltes in Australien ausgedehnte Gebiete dieses Kontinentes kennen lernen und ihn mehrfach durchqueren; die hierauf gegründete Darstellung der heutigen wirtschaftlichen Verhältnisse darf vor allem deswegen besonderes Interesse beanspruchen, weil Australien in den letzten Jahrzehnten von den deutschen Reisenden erheblich vernachlässigt worden ist.

H. Dörries bringt außer einer Behandlung der Entwicklung der Kulturlandschaft im nordostschweizerischen Alpenvorlande grundsätzliche Erörterungen über die Bedeutung der siedelungsgeographischen Forschung.

Für die Druckkosten des vorliegenden Bandes hat abermals die Notgemeinschaft der Deutschen Wissenschaft einen erheblichen Zuschuß gewährt, wofür auch hier der Dank der Geographischen Gesellschaft ausgesprochen sei.

Hamburg, im März 1928. Bruno Schulz.

Inhalt.

Berichte über Reisen in Mittelamerika

von

Dr. **Franz Termer**, Würzburg

III. Bericht über eine Reise durch das Kettengebirge des nördlichen Guatemala an den Golf von Amatique.

Von meiner Reise durch Westguatemala Ende November 1926 zurückgekehrt, verbot sich mir, zunächst das Umherreisen in den abgelegeneren Gebieten Guatemalas infolge der unübersichtlichen politischen Verhältnisse, die mit den Wahlen eines neuen Staatsoberhauptes der Republik verknüpft waren. Ich verbrachte daher die Dezembertage 1926 in Quezaltenango und unternahm von dort aus nur kleinere Exkursionen in die Umgebung der Stadt. Auf einer solchen konnte festgestellt werden, daß nördlich des Vulkans Zunil der bisher unbeachtet gebliebene Vulkan Azufral liegt, (von den Indianern „Pekul"[1]) genannt), der noch solfatarisch tätig ist. Sein Kraterwall ist im Nordnordosten von einer Spalte durchbrochen (Abb. auf Taf. 1 u. 2), der schwefelhaltige Dämpfe entströmen (Abb. auf Taf. 3). Der Schwefel wird in Form kleiner Kristalle abgeschieden und von den Indianern des benachbarten Dorfes Zunil an Ort und Stelle im Krater auf primitive Weise gebrannt, um danach auf den Märkten von Zunil und Quezaltenango zum Verkauf gebracht zu werden. Der Krater ist mit dichtem Gestrüpp und Unterholz bewachsen, aus dem die fast senkrechten Wände einer hellen, vermutlich andesitischen Lava hervorragen. Von dem südlich gelegenen Vulkan Zunil ist der Azufral durch eine tiefe, waldbedeckte Schlucht getrennt, so daß er ein selbständiges Gebilde gegenüber seinem Nachbarn vorstellt. Wahrscheinlich erstreckt sich eine Spalte vulkanischer Entstehung mit südöstlich-nordwestlichem Streichen im Verband des Azufral in das Tal des Rio Samalá, das unterhalb des Dorfes Zunil als steiler, in Laven angelegter Felsencañon ausgebildet ist. Durch diesen strömt brausend

[1]) Im Quiché-Dialekt: pek = Felsen; ul = Einsturz.

der Rio Samalá gegen Südwesten. In der erwähnten, durch nachträgliche Erosion talartig erweiterten Spalte liegen mehrere, zum Teil heftig unter Brausen und Sausen arbeitende Fumarolen und ein Schlammvulkan, von den Eingeborenen „Chimiyá" bezeichnet. Die Fumarolen fördern gesäuerte Dämpfe, deren Absätze in roter, moosgrüner und gelber Farbe zusammen mit dem hellweißen, durch die Dampfwirkung zersetzten Lavagestein und dem Grün der Laubvegetation ein kontrastreiches Farbenspiel in der Landschaft hervorrufen. Der Schlammvulkan findet sich in einer etwa 2×3 m messenden Vertiefung auf dem Grunde des Talbodens. Dumpf brodelnd kocht die graubraune Schlammasse, aus der platzende Gasblasen Teile des Schlammes in die Umgebung verspritzen. In der Art seiner Tätigkeit erinnert dieser Schlammvulkan an den vielbesuchten in der Solfatara bei Pozzuoli.

Wo die Spalte als Hängetal hoch über dem Flußspiegel des Samalá in das Haupttal einmündet, liegt in diesem im unteren Drittel der Talwand etwa 15—20 m über dem Fluß ein Geysir, der sich einen schräg geböschten steilen Sinterkegel geschaffen hat. Seine Eruptionen von 15—25 Minuten langer Dauer erfolgen in Zwischenräumen von 25—40 Minuten. Zuerst werden Wasserdämpfe aus dem Mundloch ausgestoßen, dann folgt eine Wasserfontäne, die in lebhaftem Spiel steigt und sinkt. Ihre größte Höhe schätzte ich auf 12 Meter; doch soll sie bei anderen Gelegenheiten, wie mir Herr G. Hurter in Quezaltenango versicherte, noch bedeutend höher steigen. In kleinen Rinnsalen fließt das Wasser über den Sinterkegel nach verschiedenen Richtungen und stürzt in dünnen Wasserfällen zum Samalá. Die interessante und für Guatemala einzigartige Stelle ist selbst unzugänglich wegen der senkrechten, hohen Felswände unter- und oberhalb des Geysirs. Dagegen kann man am nördlichen Talgehänge auf schmalem, schwindligem Pfad bis an einen Punkt gelangen, an dem man die Springquelle gerade vor sich sieht (Abb. 1 auf Tafel 4).

Währenddem waren die nötigen Vorbereitungen für die Reise in die nördlichen Gebiete Guatemalas getroffen worden. Reit- und Packtiere sowie zwei Diener wurden mir abermals in entgegenkommender Weise von der Central American Plantation Corporation zur Verfügung gestellt, wofür ich an dieser Stelle den Herren Dr. H. Goebel und W. Lengemann meinen Dank aussprechen möchte, den ich ebenso Herrn Konsul M. Bregartner in Quezaltenango für die wertvollen Empfehlungsschreiben schulde, mit denen er mich für die abgelegenen Gebiete der Altos versah.

Der Verlauf der Reise war so gedacht, daß von Santa Cruz Quiché als Ausgangspunkt die Sierra Madre nach Uspantán überschritten, dem Südabfall der Altos Cuchumatanes nach Westen bis Aguacatán gefolgt und daran anschließend die östlichen Teile dieses Gebirges von Süden nach Norden und nochmals von Norden nach Süden durchquert werden sollten, um damit ein abschließendes Bild über diesen auf der ersten Reise 1926 schon berührten Gebirgskomplex zu erhalten (s. Mitt. geogr. Ges. Hamburg XXXVIII S. 9ff). Daran sollte sich eine Bereisung des Gebietes, zwischen den Flüssen Xacval, Copóm und Chixoy anschließen, von dort Cobán in der Alta Verapaz erreicht werden, um dann durch das Polochic-Tal an den Izabal-See und nach Livingston zu gelangen. Die Rückkehr in die Hauptstadt sollte über Quiriguá erfolgen. Da ein großer Teil der genannten Gegenden zu den entlegensten der Republik gehört, so sollten besonders topographische, geologische und archäologische Beobachtungen gesammelt werden, neben denen auch der wirtschaftlichen Bedeutung und deren Aussichten für die Zukunft Aufmerksamkeit geschenkt wurde.

Am 28. Dezember 1926 begab ich mich im Automobil von Quezaltenango nach Santa Cruz Quiché, das man nach 5stündiger Fahrt über Totonicapán erreicht. Die gut gehaltene Landstraße steigt südlich von dem großen, überwiegend von Indianern bewohnten Orte Totonicapán (2540m), der Hauptstadt des gleichnamigen Departements, mit ca. 30000 Einw., steil zu einer 2800 m hohen Paßeinsattelung auf und führt durch zerschluchtetes, mit einigem Wald bestandenes Hochland, das der vulkanischen Küstenkordillere angehört und aus jungeruptiven Gesteinen aufgebaut ist. An einigen Punkten tritt aus diesem Granit hervor. Später hört der Waldwuchs auf, der Mensch hat ihn vernichtet. Dafür treten Hänge mit Büschelgras (Pajón genannt), Maisfelder mit Einzelgehöften von Indianern an seine Stelle. Überall hat die Erosion tiefe Rinnen und Rillen in dem gelblichbraunen Lehmboden ausgespült, Hangrutschungen haben breite Narben in den Boden gerissen, in ihrer Gesamtheit ansehnliche Flächenstücke ergebend, die für Landbau ungeeignet sind. Aber auch an solchen Stellen, wo das straffe Büschelgras von der Fläche Besitz ergriffen hat, ist der Boden für den Anbau von Nahrungspflanzen unbrauchbar geworden, weil es den Boden sauer macht. Überall im Hochlande Guatemalas ist zu beobachten, daß durch rücksichtslose Entwaldung und die ihr folgende Besiedelung des Bodens mit Gewächsen, die ihn verschlechtern, ferner durch die verstärkte

Abtragung des Geländes und die Abschwemmung der Humuserde bedeutende Flächen landwirtschaftlich unbenutzbar geworden sind. Ihre Nutzbarmachung wird, wenn überhaupt möglich, in einer fernen Zukunft liegen.

Von diesen Höhen bietet sich ein Blick über eine breite Senke zwischen zwei Ketten der Sierra Madre, die nach Osten geöffnet in das Motagua-Tal überleitet. Im westlichen Teile ist sie mit vulkanischen Lockermassen aufgefüllt, aber durch das fließende Wasser so stark von Barrancos zerschnitten, daß der Eindruck einer Gebirgslandschaft hervorgerufen wird, sobald man in die Barrancos hinabsteigt. Etwa in der Mitte dieser Senke ist die aufgesetzte Ebene noch auf eine größere Fläche hin erhalten. Dort liegt die Departamentshauptstadt Santa Cruz Quiché, der ich bald mitten durch braunverdorrte Maisfelder der Trockenzeit, bald auf dem Grunde kiefernbewachsener Barrancos mit kleinen Bächlein wie in einem Mittelgebirge entgegenstrebte.

Santa Cruz Quiché (2000 m) mit ca. 17000 Ew. ist ein nüchterner, von Ladinos und Indianern bewohnter Ort, der frei auf einer Ebene gelegen, landschaftlicher Reize entbehrt. An dem Hauptplatz erhebt sich das von massivem Steinturm gekrönte Regierungsgebäude; man sagt, daß das Baumaterial des Turmes aus den benachbarten Ruinen von Utatlán geholt worden wäre. Das einst bedeutende Pfarrhaus (Convento) ist zur Hälfte abgerissen und durch Regierungsgebäude ersetzt worden, während die andere Hälfte mit den Resten eines Kreuzganges dem Pfarrer als Wohnung dient. Die Bedeutung der Stadt beruht auf ihrer Stellung als Hauptstadt des ausgedehnten Departaments und auf dem Durchgangsverkehr von der pazifischen Küste oder Quezaltenango mit den Altosgebieten um Uspantán, Nebáj und den nördlichsten Teilen des Departaments. Da aber diese Gegenden noch wenig entwickelt sind, so ist der Handel und Verkehr nur mittelmäßig, wozu ferner noch der Abstand kommt, der Santa Cruz von der Verkehrsbasis der pazifischen Küste trennt. Die Mehrzahl der Handelswaren und der überwiegende Personenverkehr wählen den Weg von der Küste über Quezaltenango, um in das Quiché zu kommen. Von der Stadt aus widmete ich den Ruinen des alten Utatlán einen Besuch, die etwa dreiviertel Stunden westlich der Stadt[1]) auf einem rings von steilwandigen Barrancos umgebenen

[1]) Die Karte von Claudio Urrutia (1923) zeichnet die Ruinen fälschlich im Südosten von Santa Cruz.

Plateau liegen. Wie bei den übrigen Siedelungen der alten Landesbewohner muß die Verteidigungslage als mustergültig bezeichnet werden. Auf dem engen Raum des Hügelplateaus drängen sich die Bauwerke der von Pedro de Alvarado 1524 zerstörten Hauptstadt des Quiché-Reiches zusammen, die K'umarcaáj oder mexikanisch Utatlán hieß und von dem spanischen Eroberer in seinem Bericht an Cortés beschrieben wurde. Mit dem heutigen Befunde stimmen seine Angaben insofern nicht überein, als auf einem so beschränkten Raum unmöglich eine große glänzende Stadt gelegen haben kann. Vielmehr hatte ich hier wie früher in Zaculeu (Mitt. Geogr. Ges. Hamburg XXXVIII S. 8) und später in Mixco Viejo (s. Bericht IV) den Eindruck, daß es sich um ein Kultzentrum handelte, an dem als gleichzeitiger Burg in kriegerischen Zeitläuften die Verteidiger zusammengezogen wurden. Übertreibungen dieser Art begegnen häufig in den Werken der Konquistadoren und sind bis in moderne Zeiten immer wiederholt worden. Stellte doch der amerikanische Geschichtschreiber Bancroft Utatlán in eine Reihe mit den großen Städten in Mexiko und Peru, wie das schon Torquemada in seiner „Monarquia Indiana" getan hatte. Mehrere Pyramiden, aus Bruchsteinen aufgeführt, einige Erdwerke mit rechteckigem Grundriß, zwischen ihnen mit einer Art Zementschicht bedeckte Höfe nehmen den verfügbaren Raum ein und sind schon oft beschrieben worden. Auf der benachbarten Ebene liegen ein paar weitere Erdhügel verstreut. Seit langem hat die Stätte Schatzgräbern und Phantasten einen willkommenen Gegenstand ihrer Zerstörungslust geboten. Schächte und Höhlungen sind wahllos in die Bauwerke hinein getrieben worden, ohne daß bisher jemand den vermuteten Königsschatz entdeckt hätte. Ein „Ingenieur" hat vor Jahren unter hohen Kosten einen langen Stollen von der nordwestlichen Barrancosohle in Richtung auf die Hauptpyramide — angeblich dem Gott Tojil geweiht — ausheben lassen, ohne das Werk zu beenden. So hat dieses nur den Vorteil gehabt, daß man sich heute über die geologische Zusammensetzung des Untergrundes der Ruinen vergewissern kann. Er ist aus hellen, verfestigten Bimssteinsanden aufgebaut. Eine systematische Durchforschung des Platzes unter gleichzeitiger sachgemäßer Konservierung der Überreste könnte noch manches retten, das sonst baldigem Verfall oder mutwilliger Zerstörung entgegengeht. —

An einem kühlen, nebligen Morgen brach ich am 31. Dezember 1926 mit meinem kleinen Trupp von Tieren und Jungen von Santa Cruz Quiché auf. Dicht an der Stadt im Nordosten senkte sich der

Weg in einen Barranco abwärts, den ein kleiner Nebenfluß des Rio Grande (oder Motagua) in die vulkanischen Lockermassen eingenagt hat. Bei dem Landhäuschen „La Reforma" bogen wir in nordöstlicher Richtung vom Hauptwege ab und stiegen nun ständig langsam bergan durch Maisfelder und Waldparzellen der nordöstlich von Santa Cruz gelegenen Gebirgskette entgegen, die den westlichen Ausläufer der Sierra de Chuacús bildet, aber namenlos ist. Sie möge hier „Sierra de Zacualpa" genannt werden. Gneise, dazwischen Granite, standen am Wege an, deren sandig-toniger Verwitterungsboden von tiefen Erosionsrillen zerfurcht war. Eichen und Erlen, Zypressen und Kiefern, nahmen uns vor der aufsteigenden, wärmenden Morgensonne in Schutz, während unten in den Tälern dichte weiße Nebelschwaden wogten und Santa Cruz Quiché verhüllten. Im Süden zog sich parallel der unseren die Kette von Chichicastenango hin, über der bald, je höher wir stiegen, die Vulkane am Atitlán-See und bei Antigua in klaren, charakteristischen Formen sich aufrichteten. Bei einer Wegbiegung öffnete sich der Blick nach Norden, wo die mächtigen Altos Cuchumatanes den Horizont begrenzten, während davor sich ein zertaltes Land bis an den nördlichen Abfall der Sierra de Zacualpa weitete. Fern im Westen grüßten die Vulkane Tajumulco und Tacaná von der mexikanischen Grenze, so daß man von diesem Punkte aus eine Übersicht fast über das gesamte Gebirgsland Guatemalas genießt, zumal sich danach Blicke weit nach Südosten und Osten eröffnen. An das Wirrsal der Formenfülle muß das Auge sich erst gewöhnen, ehe ihm die großen Züge des Geländes deutlich werden. Parallel ziehen die Ketten von Westen nach Osten, getrennt durch breite Senken, die wieder jede in sich eine mannigfaltige Oberflächengestaltung bergen. Sie macht das morphologische Bild guatemaltekischer Hochländer kompliziert, unübersichtlich, so daß es längeren Aufenthaltes im Lande bedarf, um ihre Grundzüge aufzufinden, die einem dann aber immer wieder begegnen. Nur von den hohen Gebirgsketten lassen sich derartige Einblicke gewinnen, die der Reisende daher immer wieder aufsuchen muß. Das morphologische Bild im großen erhält in diesen und den westlichen Landesteilen seine Nüancen durch Hebungserscheinungen. Und zu ihnen gesellen sich die durch Gesteinsunterschiede bedingten Geländeformungen, die bald als mächtige Denudationsterrassen an den Hängen der Ketten, bald als schärfer herauspräparierte Gipfelformen in die Erscheinung treten, ohne aber dabei die zerscharteten, zackigen Kämme alpiner Hochregionen aufzuweisen. In den weiten Senken zwischen der Sierra de

Zacualpa und den Altos Cuchumatanes wie der Kette von Chichicastenango strömen die Hauptentwässerungsadern des Rio Negro (oder Chixoy) und des Rio Grande (oder Motagua) gegen Osten, deren Zuflüsse eine ebenso tiefgehende wie gleichmäßige Hanggliederung eingeleitet haben. Dabei zeigt sich, daß die Sierra de Zacualpa viel geringer von der Südseite her von Flüssen angenagt ist als von der Nordseite, wo infolgedessen auch die Abtragung stärker gearbeitet und das Gelände tiefer gelegt hat als auf der Südflanke.

In 2460 m Höhe erreichte der Weg den Kamm des Gebirges, um danach gleich wieder steil auf zerrissenem Gehängelehm nordöstlich bergab zu führen. In früher Mittagsstunde gelangten wir zu der ärmlichen Aldea Santa Rosa Chujuyúb, die hauptsächlich von Indianern bewohnt wird. Die Siedelungen sind nördlich der Sierra de Zacualpa spärlich. In ihrer Mehrzahl haust die indianische Bevölkerung dort in Einzelgehöften, um die sich ihre Maisfelder schließen. Dicht bei den Adobehütten mit dem Strohdach erhebt sich ein Handblumenbaum (Chiranthodendrum sp.), im Quiché „K'anác" genannt, dessen Blätter zum Einhüllen der Tamales (einer Art Maiskuchen) im Hochlande dienen. Diese Bäume sind typisch für die Hochländer Guatemalas, besonders in den westlichen Teilen. Die Art der Streusiedelung ist die eigentlich ursprüngliche der Indianer gewesen, ehe die Spanier sie aus politischen und kirchlichen Gründen zwangsweise in Dörfern ansiedelten. Interessant zu beobachten ist, daß die Eingeborenen trotz der 400jährigen Fremdherrschaft noch immer an dieser Sitte in abgelegeneren Gebieten hängen.

Landschaftlich eintönig setzte sich der Weg nach Norden und Nordosten weiter fort, durch Eichen- und Kiefernwaldungen sich windend. Der Boden wurde stark sandig und glimmerhaltig, und an solchen Stellen, wo das Anstehende entblößt war, zeigte es Gneise und Glimmerschiefer vermischt mit Quarzadern, sämtlich in stark gestörter Lagerung, die sogar in Fältelungen der Gneise überging. Die Täler, die sich nach Norden und Nordosten erstrecken, bargen jetzt nur schmale Wässerlein oder führten überhaupt kein Wasser. In der Regenzeit aber müssen sie von reißenden Wildbächen durchrauscht werden, wie die Schottermassen in den Bachbetten, die Hangrutschungen, die Uferunterspülungen andeuten.

Der Verkehr war auf dieser Strecke dürftig. Selten begegneten Indianer oder Mischlinge, die Vieh vor sich her trieben, sonst war von Handelsverkehr nichts zu bemerken. Über kleinere Bodenwellen, im Streichen des Gebirges gelegen, hinweg kamen wir tiefer und gelangten endlich in einem Tal an Serpentine, die in Granite eingebettet waren. Dann stiegen wir nochmals steil zu einem Paß auf und sahen das Dorf San Andres Sajcabajá in der Ferne vor uns liegen. Das kahle Bild einer aufgesetzten Ebene aus vulkanischen Lockermassen tat sich nach Osten und Nordosten auf, die an drei Seiten von fast völlig entwaldeten, regenzerrissenen, gerundeten Höhen umgeben war. Aus der braunen Fläche leuchteten ein paar Zuckerrohrfelder frisch grün hervor, sonst war alles braun verdorrt, trocken, tot.

San Andres Sajcabajá (1280 m) ist ein mittelgroßes, von Indianern und Ladinos bewohntes Dorf, in dem nur die Plaza mit dem kleinen Kirchlein und der mächtigen Ceiba davor, die in vielen Dörfern Guatemalas unserer Dorflinde entspricht, das Auge auf sich lenken. Schon Thomas Gage, der in der ersten Hälfte des 17. Jahrhunderts auf seiner Reise von Mexiko nach Antigua Guatemala den Flecken Sajcabajá berührte, fiel die Nüchternheit auf. Er erwähnt den Anbau von Baumwolle, die zahlreichen Truthühner in den Gehöften, die Viehzucht in der Umgebung, „weil es ein ganz flaches, zusammenhängendes Land ist“.[1]) Von dem allen ist heute nur noch das Letzte zu bemerken, denn die nicht eben fruchtbaren, mit vulkanischen Bimssanden bedeckten Flächen um das Dorf haben nur einen Barranco aufzuweisen, in dem der Rio San Andres dem Rio Negro zuströmt. Erst weiter im Norden ist die Ebene von weiteren Barrancos zerschnitten entsprechend der näheren lokalen Erosionsbasis des Hauptflusses. Auch heute sieht man Rinder, Pferde und Maultiere auf diesen mit niederem Gras bewachsenen Ebenen, die für einen von Zacapulas kommenden Reiter in der Tat den Eindruck einer zusammenhängenden Fläche hervorrufen. Der Baumwollanbau ist längst eingegangen und wird jetzt durch den lohnenderen des Zuckerrohrs ersetzt. Es ist interessant, Vergleiche über die Kulturlandschaft Guatemalas in den Zeiten der indianischen Alleinherrschaft, der spanischen Kolonialepoche und der modernen Zeit anzustellen.

Nördlich von Sajcabajá setzt sich die Ebene oder Senke bis an den Rio Negro fort und wird nur in der Mitte zwischen Ort und Fluß von einer west-östlich streichenden, aus Granit bestehenden Bodenwelle

---

[1]) Thomas Gage, Nouvelle relation contenant les voyages de Th. G. etc. Amsterdam 1721, 2e partie chp. XX: »De Sacapula j'arrivai à un autre grand village, nommé Saint André, ... mais où il n'y a rien de considérable qu'une grande quantité de coton et de coqs d'Inde, et quelques riches fermes de bétail qui sont fort bien situées, parceque c'est un pays tout plat et uni.« (Die englische Originalausgabe war mir nicht zur Hand.)

durchzogen. Die Senke begleiten im Osten und Westen anfangs kahle, kuppige, aus Grundgebirge aufgebaute Höhenzüge. Barrancos durchziehen sie häufiger, die unter der äolisch abgelagerten Lockermassendecke das Anstehende erkennen lassen, das hier überall Granit ist. Weiterhin überquert man den Rio Pantzác, in dessen Bett Glimmerschiefer auftreten, denen dann wieder Granite folgen (Abb. 2 auf Taf. 4). Unweit dieses Flusses im Osten liegen die ausgedehnten Ruinen eines alten Kultzentrums, heute Pantzác[1]) genannt. Doch schon im Popol Vuh findet sich dieser Ort unter dem Namen Zacabajá, wo bei Aufzählung der Unterabteilungen des Quiché-Stammes die Aj-Zacabajá (die Leute des Hauses aus hellen Steinen[2]) genannt werden. Zahlreiche noch gut erhaltene Pyramiden und Erdwerke, die Höfe umgeben oder im Gelände zerstreut liegen, bekunden, daß in der Umgebung einst eine bedeutend stärkere Bevölkerung gehaust haben muß als heutzutage, wo nur wenige indianische Familien in der Nachbarschaft oder zwischen den Ruinen ihre Hütten und Maisfelder besitzen. Am Südwestfluß der dreistufigen Hauptpyramide fand sich im Buschwerk ein mächtiger, aus einem Steinblock gemeißelter Federschlangenkopf, aus dessen geöffnetem Rachen das stark verwitterte Gesicht einer Gottheit hervorsieht, eine Darstellung, die häufig in der alten Kunst des Hochlandes und der pazifischen Küste Guatemalas begegnet. Rote und blaue Farbspuren in den Poren des Gesteins gaben zu erkennen, daß das Bildwerk einst bunt bemalt war.

Nördlich von den Ruinen, die an drei Seiten von Barrancos umgeben sind, zieht sich die erwähnte Bodenwelle von West nach Ost, die der Weg überschreitet, um in einer wiederum mit Lockermassen bedeckten Ebene dem Rio Negro entgegenzuführen. Siedelungen in Form von Einzelranchos aus Adobes sind spärlich verstreut, Maisfelder selten, dafür aber ist das Land mit Vieh bestockt, das guatemaltekischen Besitzern gehört. Trockene Grasnarbe, verdorrte Sträucher, nur hin und wieder ein paar Kiefern und Schirmakazien bestimmen die Wesenszüge der Vegetation, die im grünen Schmuck der Regenzeit ein reizvolleres Bild hervorzaubert, als es jetzt in der trockenen Jahreszeit, in der an und für sich weniger niederschlagsreichen Gegend der Fall war. Ist es doch in den Hochländern Guatemalas als periodisch feuchten Gebieten die Regenzeit des sogenannten Invierno, die ihnen ungeahnte Reize verleiht. Ein Reisender, der solche Land

[1]) Pa(n)-tzac (Quiché) bedeutet: „bei den Gebäuden“ und findet sich auch sonst öfter als Bezeichnung alter Ruinenplätze im Quichégebiet.

[2]) Zacabajá: zac = weiß; abaj = Stein(e); ha = Haus im Quiché.

striche nur in der Trockenzeit kennen gelernt hat, wird leicht zu falschen Auffassungen von ihrer landschaftlichen Schönheit veranlaßt. Schon das Farbenspiel, die satten Töne in der feuchten Jahresperiode beleben und vertiefen das Bild gegenüber der trockenen mit den matten, dunstverschleierten Umrissen ferner Höhen, dem flimmernden Tanzen naher Objekte über dem erhitzten Boden der Ebenen.

Den Rio Negro oder Chixoy[1]), einen der Hauptquellflüsse des Rio Usumacinta, erreichte ich in einer 250 m tiefen, engen Schlucht, in der er von Westen nach Osten mit bläulichem Wasser über große Felsblöcke dahineilt. Unmittelbar nördlich steigt das Gebirge steil empor, während südlich die Ebene, die wir querten, sich anschließt. In dem Kerbtal zeigt sich, daß Granite ihre Unterlage bilden, denen die angewehten Lockermassen aufsitzen. Einige Grotten liegen in diesen auf der südlichen Talflanke nahe der Brücke, die den Fluß hier überspannt. Flußgerölle darin lassen erkennen, daß sie einst bei höherer Lage des Flußbettes durch die seitliche Erosion ausgenagt wurden. Charakteristisch ist die bläuliche Farbe des Wassers auf dieser Laufstrecke des Flusses. Weit unterhalb bei San Joaquín und noch mehr bei Chamá, wo der Fluß das Gebirge nach Norden durchbricht, und wo ich später ihn nochmals berührte, ist das Wasser schmutzig braun gefärbt. Auf der nördlichen Talflanke baut sich das Gebirge aus Graniten, Kalken, Tonschiefern und Serpentinen auf, deren Wechsellagerung erhebliche Störungen des Gebirgsbaues anzeigt. Nach dem Fluß zu hat diese Lagerung zur Herausbildung einer Gehängeterrasse geführt, die den Graniten angehört, auf die Kalke folgen. Da aber diese am Hang verstürzt auftreten, so ist nicht deutlich zu beobachten, wie weit die Granite sich nach oben fortsetzen. Später beim Hinaufreiten traf ich in den Kalken nochmals eine schmale Granitzone, die für ein weiteres Hinaufreichen der Granite sprechen könnte. Diese Annahme scheint näher zu liegen, als daß es sich um einen kleinen Granitgang handelte, der die Kalke durchsetzte. —

Langsam steigt der Weg steil bergan, dichtere Wälder überziehen die gerundeten Formen der Höhen, in denen Nadelhölzer vorherrschen.

---

[1]) Beide Benennungen sind nebeneinander im Gebrauch. Ich fand aber, daß die Ladinos in Zacapulas und in dem Laufstück gegen Osten mehr Vorliebe für den ersteren Namen zeigen, während der zweite mehr im Mittel- und Unterlaufe angewendet wird. Nach mündlicher Mitteilung von Herrn Robert Burkitt gebrauchen die Indianer am Fluß keinen dieser Namen, sondern bezeichnen ihn mit "K'imalhá" (Quiché: k'im = Gras, Pajongras; ha = Wasser), soviel wie „Grasfluß".

Die Entwässerung ist wenig entwickelt. Kleine unbedeutende Bäche eilen nach Süden und Südosten zum Rio Negro, bis man auf eine schmale Wasserscheide gelangt ist, auf der die wenigen Indianerhütten des Weilers Quizachál gelegen sind. Nördlich fließen die Bäche zum Rio San Miguel, der sich im Osten mit dem Rio Negro vereinigt. Er benutzt die Senke, die sich in der Störungszone des südlichen Vorgeländes der Altos Cuchumatanes[1]) von Osten und Südosten nach Uspantán hinaufzieht. Die Täler sind hier überall tief eingesenkt und sämtlich Kerbtäler.

Auf der genannten Wasserscheide liegen einige Ruinen. Eine 10 m hohe Pyramide erhebt sich inmitten rechteckiger, niedriger Erdwerke, insgesamt fünf an der Zahl. Die Anlage macht einen geschlossenen Eindruck, so daß es sich um eine kleinere Kultstätte gehandelt haben muß. Ist doch das Gebiet von Uspantán in alter Zeit ein Siedelungszentrum gewesen, wie verschiedene weitere Ruinenstätten in der Nachbarschaft des Ortes bezeugen. Im Norden liegen die von Karl Sapper zuletzt 1923 besuchten[2]) und von Rob. Burkitt im einzelnen aufgenommenen Ruinen des alten Herrschersitzes, im Ostsüdosten auf einem schmalen Riedel in trefflicher Schutzlage die Ruinen von Bacaméb, denen ich später einen Besuch widmete. In dichtem Buschwerk, das den Kiefernwald durchsetzt, erhebt sich, im Norden und Süden von steilen Barrancos begrenzt, eine Anzahl von Hügeln und zwei höhere Pyramiden, die Höfe umgeben. Ein weiteres Gebäude zeichnet sich durch seine langgestreckte Gestalt und sein trefflich konstruiertes Mauerwerk aus. Kalkverputz ist an ihm noch stellenweise vorhanden. Eine kunstvoll in dem Mauerwerk ausgemeißelte Röhre diente zur Ableitung des Regenwassers des an dieses Bauwerk sich anschließenden Hofes. Eine vollständige Säuberung und Freilegung des Geländes würde noch mehr Bauten erkennen lassen, deren genauere Untersuchung wünschenswert ist, da wir über die Archäologie der Uspanteca bisher wenig wissen und Burkitt's Forschungen leider noch immer nicht veröffentlicht sind. Vor Jahren hatte ein Bewohner von Uspantán die eine der Pyramiden angegraben und sollte

---

[1]) Im Gegensatz zu der landesüblichen Bezeichnung, die den Namen A. Cuchumatanes nur den westlichen Gebirgsteilen beilegt, wird er hier aus topographischen und geologischen Überlegungen auf das ganze Gebirge bis an den Rio Chixoy ausgedehnt, wie es bereits K. Sapper (Grundzüge der physikalischen Geographie von Guatemala, Peterm. Mitt. Erg. Heft 113 [1894], S. 14) getan hat.

[2]) S. Mitt. Geogr. Ges. Hamburg Band XXXVI S. 42

mehrere Funde von Tongefäßen gemacht haben. Sie sind natürlich längst verloren gegangen.

San Miguel Uspantán (1820 m) erweckte in den Tagen meines Aufenthaltes einen verlassenen Eindruck. Die Mehrzahl der Indianer, die im Dorfe vorherrschen, weilten mit ihren Familien zur Kaffeeernte an der pazifischen Küste. Ihre Häuser und Hütten waren verschlossen, die Höfe leer, und nur in wenigen trieben sich zurückgebliebene Weiber, Kinder, Hunde und sonstige Haustiere umher. Die Bedeutung Uspantáns ist die eines Knotenpunktes der von Süden nach Norden und von Osten nach Westen das Gebirge kreuzenden Wege, von denen der letztere eine viel begangene Hauptverbindung der Alta Verapaz mit dem Westen Guatemalas ist, während ersterer vom Quiché in die Fincagebiete der Zona Reina führt. Uspantán ist neben Nebaj eine Basis für dieses noch wenig erschlossene Land, das ich später kennen lernte. So herrscht denn ein wenig Marktverkehr am Platze, zu dem die indianische Hausindustrie der Umgebung als Spezialität gut gearbeitete Flechtmatten (petates) liefert. Sprachlich und auch in ihrem Typus sind die Indianer Uspantáns verschieden von den benachbarten Ixiles und Kekchies. Stoll, der den Ort in den 80er Jahren aufsuchte, zeichnete den Sprachdialekt auf. Er zeigt sich dem Quiché nahestehend und ist heute anscheinend nicht mehr so sehr im Gebrauch wie damals. Denn ich hatte einige Schwierigkeiten, einen Interpreten für ein kleines Vokabular des Uspanteca aufzutreiben. Die von Stoll erwähnte Gewohnheit der Männer, Frauen aus dem südlichen Quiché zu heiraten, hat heute den ursprünglichen Dialekt noch mehr zurückgedrängt[1]). Es ist dies übrigens einer der seltenen Fälle, daß die Indianer ihre Frauen aus einem entfernteren Dorfe wählen — hier handelt es sich um Santa Maria Chiquimula (s. Bericht IV) —, da sie sonst nur immer innerhalb ihrer Dörfer oder der Kantone derselben zu heiraten pflegen. Wie schon zu Zeiten Stoll's wurde auch mir im Convento ein Quartier angewiesen, dessen Zimmer überhaupt kein Mobiliar mehr enthielt, wie es noch zur Zeit Stoll's vorhanden war.

In der frühen spanischen Kolonialzeit machten die Uspanteca den Eroberern viel zu schaffen. Sie waren ein stolzer, tapferer Stamm, der sich noch sechs Jahre nach der Unterwerfung des Quiché- und Kakchiquelreiches unabhängig zu halten wußte. Seine Stammesober-

---

[1]) O. Stoll, Guatemala (1886) S. 369ff. und „Zur Ethnographie der Republik Guatemala. Zürich 1887.

häupter versuchten mehrfach die Quichéindianer im Süden ihres Territoriums gegen die Spanier aufzuwiegeln, bis diese 1529 einen Kriegszug von Chichicastenango aus gegen Uspantán unternahmen. Mit blutigen Köpfen und erheblichen Verlusten mußten sie sich nach ihrem Ausgangspunkt zurückziehen. 1530 kehrte eine kleine Truppe von Spaniern und mexikanischem Hilfsvolk zurück, drang aber zuerst von Zacapulas nach Nebaj vor, um nach Unterwerfung der taktisch weniger geschulten Ixilindianer von Nordwesten her auf Uspantán vorzustoßen. Das Unternehmen hatte einen für die Spanier günstigen Ausgang, und das Reich der Uspanteca hörte auf zu bestehen[1]).

Die Weiterreise führte in dem südlichen Vorgelände der Altos Cuchumatanes nach Westen. Bald nach Verlassen des Dorfes mußten einige Barrancos in vulkanischen Lockermassen gequert werden, die hier, wie verschiedentlich am Südfuß des Gebirges, äolisch zur Ablagerung gelangt sind. Örtlich ausgebildete Terrassen begleiten die Bachbetten. Danach treten Kalke auf, die eine schmale Senke zwischen sich bergen. Sie steigt langsam nach Westen zu einer Paßeinsattelung (1855 m) auf, in der ein Weiler, von den Ladinos „La Hacienda“ genannt, liegt. In weiter Ferne überragt der Vulkan Tajumulco das unruhige Gebirgsrelief, in dem sich im Süden das Rio Negro-Tal als tiefe Rinne mit steilen, schwach bewaldeten Hängen entlang zieht. Unmittelbar darauf hat die Erosion eines Nebenflusses des Rio Negro einen Barranco nördlich in das Gebirge eingenagt, aus dem senkrechte graue Kalkwände mauerartig hervorragen. Die Kalke sind ungeschichtet, sehr hart und neigen zur Bildung von Grotten mit Tropfsteinen, von denen ich später eine besuchte. Indianer und Mischlinge pflanzen dort Zuckerrohr, Orangen und Mais, weil die schmale, nach Süden geöffnete, nach Osten und Norden windgeschützte Schlucht durch Wärme begünstigt ist. Auf der westlichen Talseite windet sich der Weg in die Höhe, durch Maisfelder hindurch, um kurz darauf das anmutige, stille Dorf Cunén (1790 m) zu erreichen (Abb. 1 auf Tafel 5). Es liegt an einer gegen Südwesten und Norden geschlossenen Mulde, die sich nach dem eben beschriebenen Barranco öffnet und nach dem Rio Negro entwässert wird. Die Hydrographie des Hochlandes von Uspantán bis Cunén ist insofern eigenartig, als die Wasseradern im Oberlaufe zuerst ein Stück in östlicher Richtung parallel dem Gebirgs-

[1]) Hierüber berichten Fuentes y Guzmán und Domingo Juarros (in der englischen Übersetzung von Baily, London 1823: A statistical and commercial history of the kingdom of Guatemala etc. im cap. XLV S. 469ff., die mir allein zugänglich war. Danach O. Stoll, Guatemala (1886) a. a. O.

zuge fließen, dann aber mit mehr oder weniger scharfen Knicken nach Südosten und Süden das Vorland in schmalen Schluchten durchbrechen, um dem Rio Negro tributär zu werden.

Hieran lassen sich interessante Beobachtungen anschließen[1]). Vor dem Südabfall der Altos Cuchumatanes zieht sich in ganzer Ausdehnung des Gebirges eine tektonische Störungszone parallel, die zu einem mannigfaltigen Wechsel verschiedenartiger Gesteine Anlaß gegegen hat. Kalke, Mergel, Tonschiefer, Grauwacken beteiligen sich daran, so daß in der durch Absenkungen und Brüche vorgebildeten Senke die Erosion noch weiter selektiv das Relief ausgestalten und ein großes, west-östlich streichendes Tal schaffen konnte, das bei Cunén seinen Talschluß hatte und sich nach Osten geradeswegs zum Rio Chixoy erstreckte. Parallel mit ihm bildete sich das in einem tieferen Niveau angelegte Rio Negro-Tal heraus, dessen Wassermenge bei dem viel größeren Einzugsgebiet eine erheblich gesteigerte Arbeitsintensität gegenüber dem etwa 900 m höher parallel strömenden ursprünglichen Rio Cunén (wie er hier genannt sein mag) entfaltete und diesen an zwei geeigneten Stellen zu sich ablenkte, die eine südöstlich bei Cunén, die andere bei Catá östlich Uspantán gelegen. So wurde der ehemalige Lauf des Rio Cunén an zwei Stellen unterbrochen, und es entwickelten sich die heutigen Flüsse des Cunén und San Miguel.

Westlich Cunén erreicht man den Talschluß und damit eine Paßhöhe (2170 m, s. Abb. 1 auf Taf. 5), vor der sich eine anders geartete Landschaft nach Westen auftut. Die den Eindruck niedriger Ketten erweckenden Vorposten der Cuchumatanes hören auf. An ihre Stelle treten Abtragungsflächen mit tiefen Schluchten dazwischen, die sich bis Aguacatán nach Westen verfolgen lassen. Ungemein imposant erhebt sich im Norden die über 3000 m hohe Mauer der Cuchumatanes mit mächtigen Absätzen und Hangkulissen davor. Die Weite des Blicks und die Großartigkeit der Formen erleichtern es dem Betrachter, die Grundzüge dieser Landschaft zu erkennen, ehe er sich in dem vielfach zerschluchteten Gelände verliert.

In Magdalena oder Las Salinas de Magdalena (1785 m) machte ich einige Tage halt, um die geologisch und morphologisch interessante Gegend kennen zu lernen. Kalke, Mergel, Phylite und Granite lagern hier dicht beieinander und bedingen ein vielgestaltiges Relief. Sie setzen eine alte Abtragungsfläche zusammen, die in ihrem südlichen Teile noch zusammenhängende Reststücke aufweist, während sie nach

---

[1]) Vgl. die Karte von Claudio Urrutia. Guatemala (Hamburg 1923).

den Cuchumatanes zu entsprechend den leichter zerstörbaren Gesteinen stark zerschnitten ist. Die Entwässerung geschieht zum Rio San Juan, der die Granite in einem schmalen Tale zum Rio Negro durchbricht (Abb. 2 auf Tafel 5).

Von Magdalena aus unternahm ich einen Ausflug nach Zacapulas (1220 m nach K. Sapper[1]), das man nach Überquerung einer Granitkette auf schlechtem, steilem Wege im Tal des Rio Negro erreicht (Abb. 1 auf Taf. 6). Drei Terrassen begleiten das Gebirge auf der Nordseite des Flusses, von denen die oberste als Gehängeterrasse sich weiter nach Osten fortsetzt. Angewehte vulkanische Lockermassen verhüllen die zweite und stellenweise die dritte mit Flußgeröllen bedeckte Terrasse. Örtlich ist noch eine vierte niedrige Terrasse aus Flußschottern vorhanden. Oberhalb des bedeutenden Ortes, im Westen, breitet sich das Tal bedeutend aus. Dort hat die Zerschneidung der beiden Niederterrassen zu einem Relief Anlaß gegeben, das in seiner Plastik in Guatemala einzig dastehen dürfte (Abb. 2 auf Taf. 6). Im Osten unterhalb von Zacapulas verengt sich das Tal, das die Hochterrasse noch eine Strecke begleitet, während mir der weitere Verfolg der Niederterrassen nicht möglich war. In der nördlich des Dorfes west-östlich streichenden Kette hat die Steilheit der Hänge in Verbindung mit der spärlichen Bewaldung zu weitgehender Abspülung und Aufbereitung des glimmerhaltigen Sandbodens Anlaß gegeben. Auf die Granite, durch ein Waldtal getrennt, folgen nach Magdalena zu Phyllite, die in steilen Kuppen aufragen.

Magdalena ist heute im Besitz der Central American Plantation Corporation, die dort Terrains für ihre Pflanzungsarbeiter an der pazifischen Küste erworben hat. Maisfelder bedecken in weiter Ausdehnung die Hänge und Senken des gebrochenen Geländes, in dem zerstreut die Ranchos der indianischen Arbeiter liegen. Daß auch diesem Platze in vorspanischer Zeit Bedeutung zukam, beweisen künstliche Erdhügel unmittelbar oberhalb des Verwaltungsgebäudes und auf dem Nachbargelände von La Abundancia. Hier fanden sich vor einem langgestreckten Erdwerk sechs noch benutzte Opferstätten (Brujerias) der heutigen Indianer. Im vorigen Jahrhundert wurden noch die Salzquellen von Magdalena ausgebeutet, die auch schon den alten Indianern bekannt gewesen sein müssen. Heute liegen sie still, die Ruinen der einst im Besitz von Rufino Barrios gewesenen Saline erheben sich dicht bei dem Verwalterhaus. Die Sole stammt aus den

[1]) Das auf diesen Weg mitgenommene Aneroid versagte an dem Tage.

Mergelschichten, die der Fluß von Magdalena in seinem Felsencañon angeschnitten hat. —

An diesem Punkte mußten einige neue Dispositionen für die weitere Reise getroffen werden, die durch den notwendigen Austausch von Packtieren sich ergeben hatten und die nochmalige Rückkehr nach Quezaltenango erforderten. Vorher aber unternahm ich noch einen zweitägigen Ritt nach Nebáj, um mit den Ortsbehörden Abmachungen über die beabsichtigte Besteigung des Cerro Sumál (s. Mitt. Geogr. Ges. Hamburg XXXVIII S. 13) zu treffen. Danach kehrte ich nach Magdalena zurück, um am 12. Januar nach Aguacatán aufzubrechen, das ich schon im Jahre 1926 kennen gelernt hatte. Der eintönige und durch die völlige Waldlosigkeit ermüdende Weg durchzieht die zerschnittene Abtragungsfläche, von der oben die Rede war. In einer Senke liegt die Aldea Pichiquíl, wo mit Hilfe künstlicher Bewässerung Zuckerrohr und Knoblauch (ajo) gepflanzt wird. Einige von Rob. Burkitt angegrabene Hügel liegen unmittelbar westlich des Ortes.

Das Gebiet am Südfuße der Altos Cuchumatanes von Magdalena bis Aguacatán ist dünn besiedelt, da die landwirtschaftliche Nutzung des Bodens selbst den Indianern bei ihren primitiven Methoden nur auf kleinen Anbauflächen möglich ist. Das Fehlen einer genügend mächtigen Humusdecke, die Abspülung des Verwitterungsbodens, die in dem waldlosen Gebiet in der Regenzeit erhebliche Ausmaße erreicht, dazu in der Trockenzeit die mechanische Aufbereitung des Bodens, die Verwehung des aufbereiteten Bodenstaubes, ferner die Trockenheit dieser Gegend im allgemeinen im Windschutz der Gebirgsmauer mit ihren rund 1220 m relativer Höhe über dem Vorland sind auf weite Strecken dem Anbau von Cerealien nicht förderlich. Man wundert sich überhaupt oft in der Republik, daß der Eingeborene aus den schlechtesten Böden immer noch Ernten gewinnt. Nur an den Stellen, wo perennierendes Wasser wenigen Quellen am Fuße der Cuchumatanes entströmt und wo zugleich die Bodengestaltung zu flachen Einsenkungen und Mulden neigt, sind bessere Vorbedingungen gegeben. In Pichiquíl und Aguacatán liegen solche Bedingungen vor, die schon den alten Bewohnern nicht unbekannt waren. Denn nicht nur in der schmalen Senke von Pichiquíl finden sich künstliche Erdwerke, sondern auch bei Aguacatán, hier sogar in beträchtlicher Ausdehnung (Ruinen von Chalchitán und Xolchún). Das bedeutende Zentrum einer einst beachtenswerten indianischen Kultur muß in vorspanischer Zeit hier bestanden haben, wie zahlreiche Funde von Tonfiguren, Scherbenresten, die noch teilweise mit Stuck bekleideten Pyramiden und die breiten Tempelhöfe beweisen. Schon 1926 hatte ich Chlachitán einen Besuch gewidmet und sah mich auch dieses Mal in der Annahme bestärkt, daß die früheren Bewohner künstliche Bewässerung gekannt haben. Der mit einer Riesenquelle am Fuße des Gebirges im Kalk entspringende Rio San Juan ist so wasserreich von seinem Ursprung an, daß man ihn leicht bei dem völlig ebenen Gelände an vielen Stellen anzapfen konnte, wie das heute noch geschieht. Wie aber die moderne Geschichte dieser Gegend lehrt, kann es vorkommen, daß das Wasser der Riesenquelle plötzlich versiegt, wie am 18. April 1920, angeblich nach einem „Derrumbe" (wohl Höhleneinsturz). Die Not der Anwohner stieg damals bedenklich, bis 1922 die Quelle wieder zu fließen begann. Derartige Vorkommnisse dürften auch für die alte Zeit nicht ausgeschlossen sein. Das Grün des gartenbaumäßig gezogenen Knoblauchs lenkt schon von weitem das Auge auf sich, da es in der großartigen, aber doch melancholischen Landschaft scharf gegen die grauweiße Färbung der vulkanischen Lockermassen absticht, die bei Aguacatán abgelagert sind.

Nachdem die notwendig gewordenen Änderungen in der Zusammensetzung meiner Begleiter und der Austausch unbrauchbarer Tiere in Quezaltenango hatten geregelt werden können, kehrte ich am 24. Januar über Huehuetenango nach Aguacatán zurück. Der Plan war nunmehr, von Südosten bei Nebáj auf das Hochplateau der Cuchumatanes zu gelangen, den höchsten Gipfel des östlichen Gebirges, den Cerro Sumál, zu besteigen, um dann über Soloma das Dorf Santa Eulalia zu erreichen. Bei dem Zustand der Wege war an die Mitführung von Packtieren nicht zu denken. Diese gingen daher mit dem einen Jungen direkt von Aguacatán auf dem üblichen Wege über Chancól nach Santa Eulalia voraus, wogegen ich mich mit dem anderen Jungen und jeweils zwei Indianern als Trägern des notwendigsten Gepäcks nach Nebáj und von dort über Soloma nach Santa Eulalia begab. —

Nordöstlich von Aguacatán steigt man steil den Südabfall der Altos Cuchumatanes empor, der aus Kalken mit dazwischen gelagerten Mergeln aufgebaut ist. Wie bei Chiantla ist auch hier der Abfall durch Vorsprünge gegliedert, die den Eindruck gewaltiger Terrassen erwecken können. Auf dem obersten füllt eine schmale Senke toniger Verwitterungsboden, so daß sich ein kleiner See, die Lagunita de Las Majadas (2170 m), gebildet hat. Im Umkreis um sie herum liegen einige zerstreute Indianerranchos, die Leute aus Santa Maria Chiquimula bewohnen[1]). Sie haben sich vor Jahren angesiedelt, nachdem ihnen das Terrain zuerkannt wurde, und treiben dort heute Schafzucht. Ihre Milpas reichen nur für den eigenen Bedarf aus. Als Quiché-Indianer sprechen sie diese Sprache, wodurch sie sich von ihren westlichen Nachbarn, die Aguacateca, und den östlichen, die Ixil reden, unterscheiden. In 2520 m Höhe, etwa 800 m über Aguacatán, überschreitet der Weg den Paß von Chilimatón. Die Kalke des Hochplateaus der Cuchumatanes sind hier nur noch als schmaler Streifen ausgebildet, der sich zungenförmig vom Hauptkörper des Gebirgsmassives absondert. Nach Norden fallen sie steil zur Senke oder dem Kessel von Nebáj ab, dessen Entwässerung nach Norden und Nordosten zum Rio Lacantún erfolgt. Zugleich ist diese Fortsetzung des Gebirges eine Wetterscheide von scharfer Ausprägung. Liegt im Süden ein durchaus niederschlagsarmes Gebiet vor, so herrscht im Norden Feuchtigkeit fast das ganze Jahr über. Der spärliche Eichen- und Kiefernwald der Südabdachung macht auf der Nordseite dichtem immergrünen Laubwald Platz, dem Epiphyten, Lianen und Baumfarne den typischen Charakter des Urwaldes der Hochregionen verleihen. Die kahlen Abspülungsflächen der Gehänge werden im Norden durch zusammenhängende grüne Walddecken abgelöst. Dichtes Unkraut wuchert hier üppig zwischen den moosbepolsterten Stämmen; die weiten Blicke wie nach Süden über das Zentrum der Republik werden durch den Wald verhindert. Alle Erhebungen sind bis zu den Gipfeln hinauf mit ihm bedeckt, und nur im Westen ragt das Hochplateau mit lichteren Nadelholzwäldern herrschend hervor, das rund 3000 m Meereshöhe erreicht. Die um 500 m tiefere Lage des genannten Ausläufers der Cuchumatanes macht ihn zu einer Höhenzone, in der sich die Wasserdämpfe der Atmosphäre kondensieren. So ballen sich fast ständig Nebel- und Regenwolken um die Hänge und Wälder zusammen. Kühl und feucht streicht einem die Luft beim Überschreiten des Passes entgegen, die der Nordostpassat durch die Enge fegt.

Auch wir bekamen das bald genug zu spüren. Kaum näherten wir uns dem Paß, da blies auch schon der Sturm mit Macht uns entgegen, der die Nebelballen über das Gebirge hinüberwälzte, wo sie sich etwa 200 m unterhalb der Paßhöhe, also bei etwa 2300 m, in der trockneren Atmosphäre im Süden zerfetzt auflösten. Sobald wir den Abstieg begonnen hatten, kamen wir in die Regenzone. Ununterbrochen ging

[1]) Nicht zu verwechseln mit der Departamentshauptstadt Chiquimula im Osten der Republik Guatemala. Das Indianerdorf Santa Maria Chiquimula liegt nördlich von Totonicapán.

der Rieselregen auf uns nieder. Der Wald triefte von Feuchtigkeit, wie ein nasser Schwamm ließ sich das Moos auspressen. Der Lehmboden des Weges war bald nur noch eine zähe, breiartige Masse. Gut war zu beobachten, wie die chemische Verwitterung den Boden umgewandelt hatte, der von mächtigen Residualtonen gebildet wurde. Anstehendes Gestein war nur an wenigen Stellen noch wahrzunehmen. Schließlich gelangten wir nach Nebáj, wo uns der Regen bis in die Abendstunden an das mehr als bescheidene Hotel gefesselt hielt.

Nebáj (1915 m) ist ein großes, bedeutendes Dorf der Ixil-Indianer, das sich um eine schmucklose Plaza in weitem Umfange ausdehnt. Die geräumigen Hütten erwecken den Eindruck von Wohlhabenheit der Bewohner, den auch schon die ausgedehnten Maisfelder erkennen lassen. Der Kessel, in dem Nebáj liegt und der nach Norden geöffnet ist, wird an mehreren Stellen von vulkanischen Lockermassen bedeckt, die sich als Terrasse in den Bachtälern entlang ziehen. Auf diesen liegen die Kulturländereien. Die Indianer des Dorfes sind in erster Linie der Felderbestellung zugetan, daneben verdingen sie sich als Pflanzungsarbeiter an die pazifische Küste. Sie sind wenig zugängliche, mürrische Menschen, die noch heute ebenso unfreundlich wie zu Zeiten Stoll's dem Fremden gegenüber treten. Die Männer tragen kurze schwarz-grau in der Länge gestreifte und mit schwarzen Borten besetzte Jacken, die Weiber hübsche bunte Huipiles mit teils alten teils modernen figürlichen Mustern. —

Der Alkalde des Ortes hatte mir in entgegenkommendster Weise alles für den Weiterweg vorbereitet und mich mit einem besonderen Befehlsschreiben an die ihm untergeordnete Aldea Salquíl Grande versehen, von der aus die Besteigung des Cerro Sumál unternommen werden sollte. Bei den hohen senkrechten Felswänden des Gipfels nach Norden und Nordosten und den völlig unberührten Urwäldern an seiner westlichen Flanke ist die Erkundung des Gipfels nur von der Südostseite wahrscheinlich, zumal dort am Fuße die genannte Siedelung als Ausgangsstation liegt. So begab ich mich denn in einer Tagereise von Nebáj nach Salquíl Grande. Der Weg folgt dem Tale des Rio Chel aufwärts, der von Süden den Rio Chacvál aufnimmt. Unter diesem Namen strömt er dann als Hauptentwässerungsader der südöstlichen Cuchumatanes nach Norden und Nordosten in den Rio Lacantún. Die Talbildung ist überall weit vorgeschritten und im Schichtenverbande der Todos Santos-Formation[1]) angelegt, mit

[1]) Mit Todos Santos-Formation wird ein mächtiger Schichten-Verband von Sandsteinen, Kalken, Mergeln, Konglomeraten benannt, dessen genaues

breiten Talprofilen, in die innerhalb liegender Schiefer steile Cañons eingebettet sind. Es ergeben sich aus dem Formenwechsel und der Tiefe der Täler sehr schöne Szenerien, die denen in den nördlichen Cuchumatanes um nichts nachstehen. Auf der flachen Böschung des breiten Profils im Chel-Tal liegt ein kleiner Weiler Tzalvál (2045 m) mit eigenartigen Blockhütten der Indianer, wie ich sie bisher noch nicht gesehen hatte. Dann senkt sich der Pfad bis an den Rio Chel selbst hinab auf 1725 m. Von den rund 320 m Höhenunterschied zwischen Weiler und Flußspiegel entfallen 200 m auf den beinahe senkrecht eingetieften Cañon. Dieser liegt ganz in stark gestörten Schiefern, die die Todos Santos-Formation diskordant unterlagern, so daß sich hier wichtige Beziehungen über die geologische Formationsfolge der Cuchumatanes finden lassen. Nachdem man den Fluß auf einer Brücke überschritten hat, steigt man auf der nördlichen Talflanke um 650 m wieder steil empor, bis sich die Siedelung Salquíl Grande in einer Art Hangmulde zeigt (2375 m). Weit zerstreut liegen die Hütten in der Mulde und an den steilen Hängen, auf denen noch Maisfelder angelegt sind, in wenig geschützter und daher kühler Umgebung. Ungefähr im Mittelpunkt der Niederlassung erhebt sich um einen Hof eine Gruppe alter Bauwerke und eine Pyramide, die bereits von Robert Burkitt näher untersucht sein sollen.

So dringlich ich den Wunsch gehegt hatte, von hier aus den schon 1926 zu ersteigen versuchten Cerro Sumál (s. Mitt. Geogr. Ges. Hamburg XXXVIII S. 13) zu erreichen, so sehr sah ich mich auch dieses Mal in den Hoffnungen betrogen. Zu dem passiven Widerstand der Indianer, den sie dem Unternehmen entgegensetzten, gesellte sich in der Nacht vor dem Aufbruch, den ich allein mit meinem Jungen auszuführen entschlossen war, ein jäher Wettersturz, so daß ich den Berg aufgeben mußte. Nach langem Hin und Her hatte ich endlich zwei neue Träger erhalten, die aber erst nach weiteren zeitraubenden Verhandlungen, selbst noch während des Marsches, dazu gebracht werden konnten, das Gepäck bis zum vereinbarten Ziele nach Soloma zu bringen. Die Handlungsweise der Indianer ist in gewisser Beziehung zu verstehen. Neben der von vornherein vorhandenen Abneigung gegen Fremde tritt bei ihnen die Scheu über das Gebirge in das Gebiet der Chuj-Stämme mitzugehen. Eine scharfe ethnische Scheide-

---

geologisches Alter noch immer nicht hat festgelegt werden können. Das Fehlen von Versteinerungen und die verwickelten Lagerungsverhältnisse dieser Formation machen die Bestimmungen sehr schwierig und ungewiß. Der Name wurde von Karl Sapper den Schichten beigelegt.

linie zwischen Ixiles und Chujes, die ich 1926 genau so streng von den Chujes in San José de las Flores respektiert fand, läuft hier über das Gebirge und den Cerro Sumál.

Von Salquíl Grande ging es nunmehr ständig ansteigend das Tal des Rio Chel aufwärts gegen Nordwesten, das noch weit hinauf besiedelt ist. Unter den Indianern, die Mais pflanzen, haben sich Ladinos aus Chiantla niedergelassen, die sich neben der Landwirtschaft noch der Schafzucht widmen. Im Nordwesten steigt mächtig der Steilabfall des Hochplateaus der Cuchumatanes aus dichten Urwäldern auf, den wir auf äußerst schlechtem, steilem Pfade emporklimmen mußten, bis wir in 3120 m Höhe einen Kalkbuckel, den Cerro Palób, und damit das Hochplateau selbst erreichten, das in seiner ganzen Ausdehnung aus Kalken zusammengesetzt ist (s. Mitt. Geogr. Ges. Hamburg XXXVIII S. 9f.). Jenseits des Buckels gelangten wir auf eine verkarstete Hochfläche (2900 m), die von flachen Mulden, Dolinen, Trockenbachbetten und geschlossenen flachen Wannen eingenommen ist. Niedrige Hügelzüge und Schwellen durchziehen sie wahllos. Alles ist hier wie im Westen des Plateaus mit lichten Kiefernwäldern bestanden, die nur nach den feuchteren Nord- und Nordosträndern zu von immergrünen Bäumen durchsetzt sind. Eine Strecke weit folgten wir einem Bachlaufe, der bald blind versiegte, und stiegen dann langsam wieder bis auf 3090 m an. Die Hochfläche ist so gut wie siedelungsleer. Sieht man versteckt in einer Bodenmulde einen ärmlichen Rancho, so gehört er Ladinos. Schafherden mit ihren Hirten, Rinder und Pferde, die Ladinobesitz sind und von Ladinos gehütet werden, sah ich häufiger als in den westlichen Partien des Plateaus. Die Eigentümer der Herden sind Chiantecos. Indianer sah ich nur selten. Es waren dann Hirten, die, im Tale von Quisíl ansässig, die Schafherden auf die Matten der Hochfläche getrieben hatten. Sie meiden die melancholischen, kühlen, winddurchtosten Einsamkeiten der Cuchumatanes.

Nachdem wir in regnerischer Nacht im Freien ohne Unterschlupf in 2860 m Höhe hatten biwakieren müssen, waren wir froh, als wir am andern Morgen steil zum Rio Quisíl (2040 m) hinabgelangten, um uns dort an der wärmenden Sonne zu trocknen. Dann klommen wir an der nördlichen Talseite wieder empor, wo wir dem von mir 1926 begangenen Weg eine Strecke weit folgten, um endlich in den Hauptweg Chiantla-Soloma einzubiegen, der die wichtigste Verkehrsverbindung über das Gebirge ist. So kamen wir am Abend über Soloma in Santa Eulalia an, wo mich Herr Chr. Gantenbein abermals wie 1926 auf das herzlichste willkommen hieß (Abb. 1 auf Tafel 7).

Ich beschloß, einige Tage in dem 2600 m hoch gelegenen Dorfe zuzubringen, um mich dort ethnographischen Arbeiten zu widmen, unternahm aber daneben noch zwei Exkursionen nach San Miguel Acatán und zum Cerro Yaxcalanté, die beide wertvolle Aufschlüsse über den Gebirgsbau und die Topographie erbrachten.

San Miguel Acatán (1810 m), ein bedeutendes Indianerdorf, liegt westlich von Santa Eulalia in einem waldlosen, nach Westen sich öffnenden Tale mit zwei gut ausgebildeten Terrassen (Abb. 2 auf Tafel 7). Südlich davon in dem Paralleltal des Rio Coyá sind bei dem Weiler Coyá einige Bleiminen erschlossen, die auch silberhaltig sind. Vor wenigen Jahren gingen sie in nordamerikanischen Besitz über, wurden dann aber aus nicht recht ersichtlichen Gründen kurz danach wieder liegen gelassen. Die Erze finden sich in Nestern im Muttergestein, das Kalk, vermutlich der Kreide zugehörend, ist. Sie wurden unter Tag abgebaut. Die neue Unternehmerin, die „Compañia minera de peñoles“ mit ihrem Sitz in Monterey (Mexiko), hatte bereits mit der Anlage einer Fahrstraße nach Chiantla begonnen, deren Fertigstellung mit dem Rückzug der Gesellschaft natürlich unterblieb, sehr zum Schaden der westlichen Altos Cuchumatanes, die damit einer modernen, guten Verkehrsstraße verlustig gingen. Der Nachteil der sonst an sich ergiebigen Minen ist ihre Abgelegenheit. Denn der Abtransport der Erze kann nur mit zweirädrigen Ochsenwagen oder bei Vorhandensein moderner Wege mit Kraftwagen nach Chiantla und weiter über Huehuetenango und Quezaltenango an die pazifische Küste zur Bahn oder zum Hafen Champerico erfolgen, was natürlich ebenso zeitraubend wie kostspielig ist. Und die Aufbereitung der Erze muß heute noch bei dem völligen Fehlen geeigneter technischer Anlagen in Guatemala im Auslande erfolgen. Solange niemand den Ausbau des Wegenetzes in den Cuchumatanes ernstlich in die Hände nimmt und auch tatkräftig durchführt, werden die Minen des Gebirges und besonders bei San Miguel Acatán unrentabel bleiben und selbst im günstigsten Falle hohe Anlagekapitalien erfordern, die nur kapitalkräftige Gesellschaften aufbringen können. Auf diesen Umstand muß deshalb besonders hingewiesen werden, als sich immer wieder Leute in Guatemala finden, die von dem unerschöpflichen Minenreichtum der Cuchumatanes fabeln und selbst im Besitz von Minentiteln diese an Unkundige zu hohen Preisen zu verkaufen suchen.

Talaufwärts von San Miguel liegt auf dem südlichen Hang ein erst

1924 geschaffenes Munizipium, das den Namen San Rafael La Independencia erhalten hat, mit zerstreuten Hütten von Indianern, die ebenso wie in Magdalena auf Siedelungsland von Pflanzungen an der pazifischen Küste wohnen. Im Zentrum der Siedelung liegt die Plaza mit ein paar dichter gescharten Hütten, die Cantetáj heißt.

Die zweite erwähnte Exkursion galt der Erstbesteigung des Cerro Yaxcalanté oder Volcan de Chujsuníl, die ich schon bei meiner Anwesenheit in Santa Eulalia 1926 geplant hatte. Ungefähr 12 km östlich dieses Dorfes erhebt sich ein pyramidenartiger steiler Gipfel isoliert aus dem Gebirge heraus, der von Westen einem Vulkan ähnlich sieht und deswegen auch von den Ladinos so bezeichnet wird. Diese Leute glauben auch wirklich daran, und man wußte mir zu berichten, daß im Jahre 1902 gleichzeitig mit dem großen Ausbruch des Santa Maria an der Küste Rauchwolken aus der Spitze des Chujsuníl hervorgequollen wären. Abgesehen davon, daß schon die Formation des Gebirges, die ich 1926 kennen gelernt hatte, gegen das Vorhandensein vulkanischer Äußerungen in diesen Gebieten sprach, so hatte mich damals auch bereits die von Norden bei El Quetzál sichtbare Gestalt des Gipfels gelehrt, daß hier an einen Vulkan niemals zu denken war. Hauptzweck der Besteigung war, die Gesteine kennen zu lernen, die am Aufbau des Gipfels beteiligt sind, dazu aber einen Einblick in das östliche Gebirge zu erhalten, was nach der isolierten Lage wahrscheinlich sein mußte. Zustatten kam, daß von Santa Eulalia ein schmaler Pfad nach der Aldea Chujsuníl unmittelbar am Gipfel vorüberführt, so daß die Exkursion in zwei Tagen ausgeführt werden konnte. Es ergab sich, daß der Cerro Yaxcalanté aus harten Quarziten besteht, die zu einer ca. 2990 m hohen Spitze herausgewittert sind. In einer kammartigen Verlängerung nimmt der Gipfel nach Osten an Höhe allmählich ab, wo er zuletzt steil gegen das Tal des Rio Chujsuníl (Quellfluß des Rio Amelco) abfällt (Abb. 1 auf Tafel 8). Die dichte Walddecke hört 300 m unterhalb des Gipfels im Süden auf, an ihre Stelle treten lichte Kiefernbestände und verkrüppelte Madrónbäume mit dichtem Unterholz. Die letzten 100 m des Anstiegs sind steil und mühsam, da man sich erst mit dem Buschmesser (Machete) eine freie Bahn zu schlagen hat. Stellenweise bilden die Quarzite senkrechte Wände. Der Ausblick vom Gipfel war für die Übersicht über die Topographie der östlichen Altos Cuchumatanes äußerst aufschlußreich, wie er sich kaum an einer anderen Stelle des Gebirges bieten dürfte. Deutlich trat hervor, daß der Rio San Juan, von den Indianern auch Yulá San Juan genannt, die Hauptentwässerungsrinne und zugleich der

Hauptquellfluß des Rio Ixcán ist, dem aus tiefen Talschluchten Bäche und kleinere Flüsse zueilen. Im Südosten überragt das Panorama der sargartige Cerro Sumál mit seinem gleichgestalteten Nachbarn, dem Cerro Salquíl, deutlich erkennbar als Restklötze der ehemals weiter nach Osten reichenden Kalkhochfläche, die nach Schätzung mit dem Horizontglas 3400 m Höhe erreichen dürften und damit die höchsten Gipfel der östlichen Cuchumatanes darstellen. Alte Abtragungsflächen mit flachen Tälern lassen sich bei San Juan Ixcoy und Soloma erkennen, in die junge Kerbtäler als tiefe Schluchten eingesenkt sind. Das Relief macht einen jugendlichen Eindruck. Deutlich tritt hervor, daß die Kalkdecke des Hochplateaus von Osten und Nordosten her in langsamer, rückschreitender Auflösung begriffen ist. Nach Norden und Westen hinderte das dichte Buschwerk des Gipfels die Sicht, doch ließ sich vom Wipfel eines Baumes aus über die Kalkhöhen nördlich Barillas hinweg das Tiefland im Bereich des Rio Lacantún erkennen, während gegen Nordosten ein wild zertaltes, mit dichten Urwäldern bedecktes Gebirgsland den Horizont begrenzte. —

In Santa Eulalia konnte ich noch der mehrtägigen Fiesta beiwohnen, anläßlich welcher in sehr verderbter Form der Stiertanz (Baile del Toro oder del Torito) schon ohne Tanzkleidung, sondern nur mit Gesichtsmasken aufgeführt wurde[1]). Bei den Ausübenden des Tanzes so wenig wie bei der zuschauenden Menge war das rechte Interesse am Tanz wahrzunehmen, dem man bei gleichen Gelegenheiten an anderen Orten begegnet. Danach brach ich am 15. Februar vom Dorfe auf und benutzte bis Barillas den gleichen Weg über El Quetzál, den ich 1926 in entgegengesetzter Richtung gegangen war (Abb. 1 auf Taf. 8). Von Barillas (1550 m) begab ich mich in der Mergel- und Kalkzone der Todos Santos-Formation, dem Tal des Yulconób folgend, nach Süden und über einen niedrigen Paß (1100 m) steil hinab zum Yulá San Juan, dem Oberlauf des Rio Ixcán. In engem, felsigen Waldtal überschritten wir ihn auf einer Hängebrücke (475 m). Auch hier stehen noch Todos Santos-Schichten an, so daß die Mächtigkeit dieser Formation vom Gipfel des Cerro Xaxcalanté gemessen fast 2500 m erreicht. Soweit die dichte Urwalddecke erkennen ließ, begleitet eine 100 bis 120 m-Terrasse die Talflanken. Auf ihr liegt die kleine Finca Yulá San Juan (590 m), auf der Kaffee gebaut wird. Doch ist

---

[1]) Bei den hohen Preisen, die die Verleihinstitute für Tanztrachten fordern, kommt es jetzt in ärmeren Dörfern häufiger vor, daß man die Tänze ohne Trachten, nur mit Gesichtsmasken aufführt.

das Klima schon so warm, daß keine hervorragende Qualität geerntet wird; auch ist es ungesund wegen Malaria und Dysenterie, an der damals die Mehrzahl der indianischen Arbeiter litt, wozu noch Pocken gekommen waren.

Einem Seitental mit dem Rio Cobán folgten wir in prachtvoller Urwaldnatur aufwärts und stiegen auf engen Waldpfaden zu einem schmalen Rücken aus Sandsteinen empor (1580 m), der im Nordwesten vom Tale des Rio San Juan begleitet wird (Abb 2 auf Tafel 8). Er senkt sich nach Südsüdwesten zu, wo wir anderntags auf einige kleine Fincas stießen, die, wie „Las Amelias“ (1270 m), Zuckerrohr pflanzen und Rindviehzucht treiben. Spanier und Mexikaner haben sich in dieser abgelegenen, schwer zugänglichen Gegend als Pioniere seit 12 bis 15 Jahren niedergelassen und zum Teil tüchtige Arbeit geleistet. Das Klima ist das ganze Jahr über feucht und daher die Walddecke noch dicht, in die erst diese Unternehmer Bresche schlugen. Todos Santos-Schichten setzen auch hier noch überall das Gebirge zusammen und dehnen sich daher bedeutend weiter nach Osten aus, als die bisherigen geologischen Karten angeben.

Die Fincas lehnen sich an das Dorf Ilóm (1120 m) an, das sehr reizvoll in einem waldigen Talkessel gelegen ist. Es darf zusammen mit dem drei Stunden östlich gelegenen Chel als einer der entlegensten geschlossenen Siedelungspunkte in den Gebirgen Guatemalas bezeichnet werden. Beide sollen vor etwa 150 Jahren von Indianern aus Chajúl angelegt worden sein, die sich vor Bedrückungen und Belästigungen wegen ihrer Ländereien im Heimatdorfe in die nördlichen Urwälder zurückzogen und dort von Fremden oder Mischlingen kaum behelligt wurden, bis in neuester Zeit die Fincas sich entwickelten. Das Land ist sehr günstig für den Anbau von Zuckerrohr, Kaffee und Mais, da die jungfräulichen Böden dank eines vortrefflichen Lehmbodens auf Mergeln und Kalken sehr fruchtbar sind. Außer im Talkessel, in dem die Ländereien der Indianer liegen und den von den Fincas Santa Delfina und Covadonga gerodeten Talflanken mit zwei Talterrassen bedeckt alles noch dichter Urwald, der sich über das Gebirge und in den Tälern bis in das Tiefland am Lacantún fortsetzt. Dieser Teil ist der wildeste und noch am wenigsten erschlossene der Cuchumatanes, die hier an Höhe bedeutend abnehmen. Da aber die Gehänge infolge des Auftretens von Sandsteinen noch teilweise steil geböscht und nur Kerbtäler vorhanden sind, so wirkt das Gebirge nicht weniger wild und ist noch unwegsamer als in den mittleren und westlichen Teilen.

Man hört oft von dem besonders üblen Charakter der Ilóm-Indianer. Sie sind nicht schlechter, aber auch nicht besser als ihre Stammesgenossen in den Ixildörfern im Süden, nur daß bei ihnen eine noch größere Empfindlichkeit in Fragen ihrer Ländereien vorhanden ist. Die Fincas haben darunter ebenso zu leiden wie unter einem gewissen Arbeitermangel, da die für ihre Verhältnisse wohlhabenden Leute nur in Zwangslagen sich bereit finden, Pflanzungsarbeiten zu verrichten. In keiner Weise fand ich die schlimmen Angaben über die Bösartigkeit der Ilomindianer bestätigt, die man mir auf der Jefatura política in Santa Cruz Quiché vermittelt hatte. Vielmehr habe ich, wenn auch kein übermäßig freundliches Entgegenkommen, so doch keine Behinderung in den Arbeiten erfahren, wie es in Salquíl Grande der Fall gewesen war. Die aus Stangen errichteten und mit Maisstroh gedeckten Hütten machen einen durchweg gepflegten Eindruck. Orangen und Bananen sind darum angepflanzt, Blumenhecken mit großen roten Clavellia-Blüten und den weißen, stark duftenden Glocken des „Huele de Noche"[1]) trennen die einzelnen Besitzungen voneinander. Auffällig ist die große Anzahl von Schweinen, die einen nicht unbedeutenden Handelsartikel der Bewohner auf den Märkten von Chajúl, Cotzál und Nebáj bilden. Manche Indianer sollen 30 bis 40 dieser Tiere besitzen. Die Sprache, von der ein Vokabular aufgenommen werden konnte, ist ein phonetisch wenig verschiedener Dialekt des Ixil.

Ostnordöstlich vom Dorfe treten die waldigen Höhen auseinander, zu einer Weitung, in der sich der Hauptfluß Rio Chacvál (siehe oben) mit dem an Ilóm vorüber strömenden Nebenfluß Xixilá vereinigt. Der Chacvál durchbricht dann in engem Waldtal das Gebirge nach Nordnordosten zum Lacantún. Hoch- und Niederterrasse sind in beiden Tälern vorhanden. Unweit der Flußvereinigung ist noch eine niedrige Schotterterrasse auf der westlichen Seite des Chacvál-Tales ausgebildet, die erst vor kurzer Zeit vom Walde gesäubert und mit Maisfeldern bestellt wurde. Dabei wurden mehrere alte Grabhügel freigelegt (720 m), die beweisen, daß in alter Zeit schon diese Täler bewohnt wurden. Späterhin muß aber das Land lange unbewohnt geblieben sein. Denn der Padre Fray Francisco Ximenes erwähnt in seiner bis auf den I. Band noch immer unveröffentlichten „Historia de la Provincia de San Vicente Chiapas y Guatemala" vom Anfang des 18. Jahrhunderts[2]), daß Chajúl die äußerste Siedelung der seßhaften

---

[1]) Datura arborea, in Guatemala überall künstlich angepflanzt.

[2]) Lib. IV. fol. 148 verso nach der in der Biblioteca Nacional in Guatemala aufbewahrten Abschrift des Justo Gavarrete vom Jahre 1875.

Indianer war und daß nördlich von ihnen in den Wäldern sich nur umherstreifende Lacandones aufhielten, die räuberische Einfälle bis Chajúl und Cotzál unternahmen. Sie kommen aber bei ihrer primitiven Kultur nicht als die Erbauer der Hügel in Frage. Denn ihre Konstruktion ähnelt sehr entsprechenden Grabhügeln in Palenque. Vor kurzer Zeit hatte man drei Hügel angegraben. Bei dem einen führt von der südlichen Peripherie durch eine mächtige Steinplatte verschlossen ein niedriger Gang in eine gemauerte Grabkammer mit nahezu quadratischem Grundriß, deren Decke in der Form des echten Mayagewölbes gestaltet ist. Auch zwei andere Hügel zeigen die gleiche Bauweise. In dem erst genannten fanden sich neben menschlichen Knochenresten einige vorzüglich erhaltene, prächtig mit szenischen Darstellungen bemalte Tongefäße, Schüsseln mit Zackenornament und Becher, sowie Räuchergefäße, die durchaus der Mayakunst angehören.[1]) Ihr Stil erinnert an die früheren Funde von Chamá. Eine eingehende Besprechung der Archäologie dieser Gegend setzt längere Studien an Ort und Stelle voraus, die für die Zukunft interessante Ergebnisse gewärtigen lassen. Aus der geographischen Lage der Ruinen und dem Stil der bisherigen Funde scheint soviel hervorzugehen, das ein Mayavolk aus dem Tieflande des Petén, oder besser des Rio Lacantún und Usumacinta in die nordöstlichen Altos Cuchumatanes vordrang, wahrscheinlich ident mit den alten Bewohnern von Chamá im Chixoytal.

Von Ilóm schlug ich den Weg nach Süden ein, der über einen aus Mergeln aufgebauten Rücken, danach in einer flachen Mulde sich zum Tal des Rio Zotzíl hinabsenkt. Auf einer Terrasse liegt ein von Ixilindianern bewohntes kleines Dorf Zotzíl. Prächtige Waldtäler erstrecken sich von dort in das Gebirge hinein, das nur im Gebiete der stattlichen Finca „Las Perlas" auf größeren Umkreis gerodet ist. Danach folgten wir dem Rio Zotzíl bis zu seiner Einmündung in den Rio Chacvál, der auf den Karten auch fälschlich Chajúl genannt wird. Der Rio Chajúl fließt nach Osten und vereinigt sich vermutlich mit dem unten erwähnten Rio Putúl. Der Rio Cotzál, den Urrutia noch 1923 als Nebenfluß des Chacvál/Chajúl zeichnete, ist in Wirklichkeit der Quellfluß des Rio Copóm und daher dem Rio Chixoy tributär.

Hoch über dem Rio Chacvál zogen wir in einem prachtvollen Waldtal dem Fluß aufwärts folgend; stark gestörte Schiefer lösten nunmehr

---

[1]) Ein Zackengefäß, das Konsul Sarg in Nebáj erhielt, dürfte aus der Ilomgegend stammen (E. Seler, Altertümer aus Guatemala, Veröff. Mus. f. Völkde. Berlin IV. Bd. [1895] S. 45).

die bisher noch vorhandenen Todos Santos-Schichten ab, in die der Fluß sich seinen Lauf fast senkrecht zur Streichrichtung eingegraben hat. Im Tal von Zotzíl stehen an der nördlichen Talseite stellenweise Kalke an, die südlichen Seitenbäche führen schon Schiefergerölle, so daß also das Tal einer Verwerfung folgen dürfte. Wo man auf einer Brücke (1015 m) den brausenden Chacvál überschreitet, stehen noch Schiefer an. Das Tal ist eng und tief eingeschnitten. Denn man muß am östlichen Hang nach Überschreiten des Flusses um rund 1150 m steil empor zu einem Paß (2160 m), auf dem Mergel anstehen. Auf dieser Höhe bleibt nun der Weg, einem Rücken folgend, den im Westen das Chacváltal begleitet. Dort oben in 2175 m Höhe biwakierten wir noch einmal und gelangten am andern Morgen, wo sich vor uns im Westen mächtig der Cerro Sumál erhob, langsam durch Kalk abwärts steigend zum Dorf Chajúl (2050 m) in einer breiten, west-östlich streichenden Senke. Mit Nebáj und Cotzál gehört Chajúl zu den drei Dörfern, die als die „Pueblos de la Sierra“ kurzweg bezeichnet werden, alle von Ixilindianern bewohnt. Geräumige Gehöfte aus Adobes (luftgetrockneten Lehmziegeln), verhältnismäßig saubere Häuser und Höfe deuten auf Wohlstand. Bezeichnend sind aus Holz geschnitzte Dachreiterchen, die in Gestalt von Kreuzen, stilisierten Pflanzen, Menschen- und Tierfiguren den Ziegeldächern aufsitzen, was ich in anderen Gebieten Guatemalas noch nicht bemerkte. Wie in Nebáj widmet sich der Indianer der Bestellung seiner Felder, züchtet Schweine und zieht als Saisonarbeiter an die pazifische Küste. Er ist gleichen Charakters wie seine Nachbarn in Ilóm und Cotzál.

Eine von der bisherigen sehr verschiedene Landschaft nimmt bei Chajúl ihren Anfang. Hat sich vorher das Relief durch tiefe, enge, dicht beieinander liegende Felsentäler mit schäumenden Flüssen und Bächen, durch steile Rücken charakterisiert, ein für den Verkehr kompliziertes Gelände vorgelegen, so weitet sich jetzt im Süden das Gebirge zu großen einfachen Formen. Den Südhorizont begrenzt der hohe schmale Südzipfel der Cuchumatanes. Vor diesem parallel zieht sich ein niedriger Höhenrücken, der die Chajúlmulde von jener bei Cotzál trennt. Im Norden recken sich kegelförmige steile Kalkkuppen empor. Es hat etwas Befreiendes, wenn man nach den vorangegangenen Märschen durch das Waldgebirge einen Blick in eine große Landschaft mit fernen Gebirgen tun kann.

Von Chajúl bis Cotzál herrschen überall Kalke vor, deren geologisches Alter noch unbestimmt ist. Durch eine Reihe markanter, herauspräparierter Gipfel ausgezeichnet, verlaufen niedrige Kalkrücken von Westen nach Osten.

Von Chajúl nach Cotzál quert man die Mulde, in deren Tiefe (1910 m) der Rio Chajúl oder Maxolá, wie er dort genannt wird, sein Bett in Mergeln angelegt hat, die die Kalke unterlagern. Daher ist die Mulde von der Erosion stark angegriffen, die von der Hauptrinne tiefe Barrancos in die Seiten eingefressen hat.

Die Senke von Cotzál liegt tiefer als jene von Chajúl. In Absätzen steigt im Süden das Gebirge zu Höhen von fast 3000 m auf, das über den Kalken Grauwacken und Tonschiefer trägt. Cotzál (1840 m) ist das dritte große Dorf der Ixiles, die auch hier etwas abweichende Worte vom Ixil in Nebáj sprechen. Neben Nebáj ist das Dorf Ausgangspunkt für die Verbindungen nach der Zona Reina, die es nun als nächstes Reiseziel zu erreichen galt. Dem Rio Cotzál folgt der Weg fast östlich. Anfangs bleibt das Tal breit, Dolinen und Wannen geben der Landschaft ihr typisches Gepräge, deren lichte Eichen- und Kiefernwälder in merklichem Gegensatz zu dem dichten feuchten Regenwald der Gebirgspartien um Ilóm stehen. Sie deuten auf ein schon trockneres Klima hin, als es in den nordöstlichen Altos Cuchumatanes herrscht. Weiter nach Osten zu vertieft sich das Tal, wird zum Kerbtal, enger treten die Hänge aneinander. Bei der großen, vortrefflich geleiteten Finca San Francisco Cotzál (1160 m), einem Italiener, Herrn Pedro Brol gehörend, tritt eine Terrasse hervor, die das Tal auch noch abwärts begleitet. Der Rio Cotzál wendet sich unterhalb der genannten Finca, auf der mir die entgegenkommendste Gastfreundschaft zuteil wurde, scharf nach Nordosten und Norden, nimmt von Süden den Rio Putúl auf und führt von dort an den Namen Copóm (auch Copón oder Coopóm). Schon oben wurde darauf hingewiesen, daß die vorhandenen Karten die hydrographischen Verhältnisse dieses Gebietes falsch verzeichnen. Zwischen Rio Chajúl und Cotzál erhebt sich eine bewaldete Kette. Sie endet unvermittelt mit Abfall gegen Osten. Dieses wurde deutlich, als wir auf dem Weiterweg den 1820 m hohen Cerro Putúl erreichten, von dem sich ein weiter Rundblick nach Norden bot. Niedrige, dicht mit Urwäldern bedeckte Höhenzüge streichen west-östlich, zwischen sich Senken mit Weideplätzen und Fincas lassend, die sogenannte „Zona Reina“, auf die nach Norden zu im Dunst des heißen Landes verschwimmend das Tiefland des Usumacinta-Flusses mit dem grau-blauen Himmel verschmilzt. Im Nordwesten begrenzt den Blick ein wildes Durcheinander zerschluchteten Gebirgslandes, das sich völlig unter niemals berührten Urwäldern versteckt. Feuchte Nebel strichen von Nordosten auf uns zu, hüllten uns ein, Donner grollte über den Wald hin, und bald folgte ein tüchtiger Regenguß tropischen Ausmaßes. Kondensation der Wasserdämpfe und Niederschläge folgen schnell aufeinander an der Gebirgsmauer, die das Tiefland der Tierra caliente im Süden abschließt. Für uns war das eine Mahnung, daß wir die immerfeuchten Landstriche Guatemalas betraten, die während des ganzen Jahres von Regen getränkt werden.

Unter „Zona Reina" ist ein Gebiet zu verstehen, das im Süden von der Gebirgskette bei Uspantán, im Westen vom Rio Copóm und im Osten und Norden vom Rio Chixoy umgrenzt wird. Der Name rührt von dem Präsidenten Reina Barrios her, der in den neunziger Jahren des letzten Jahrhunderts das damals noch völlig unberührte Land an Soldaten in Landlose aufteilte. Selbst heute noch ist die Zone eines der abgelegensten Gebiete Guatemalas, das noch in den Anfängen seiner wirtschaftlichen Ausbeutung steht. Schon dem warmen Lande angehörig, in einer Meereshöhe zwischen rund 800 bis 500 m gelegen, bringt es tropische Hölzer und Früchte hervor, bietet gute Viehweiden und ist stellenweise in geringem Umfange für Zuckerrohr und Kaffeebau nutzbar gemacht worden. Wenn aber die Ausnutzungsmöglichkeiten noch immer recht beschränkt bleiben trotz der vielfachen Anpreisungen, die heute in Guatemala zu hören und zu lesen sind, so beruht das zu einem nicht geringen Teil auf der verhältnismäßigen Armut an fließendem Wasser, der noch immer beträchtlichen Urwaldbedeckung und den äußerst mangelhaften Verkehrsverbindungen. Die Wege müssen als die schlechtesten in der Republik bezeichnet werden, da bisher so gut wie nichts für ihren Ausbau getan worden ist. Dazu kommt die weite Entfernung der Absatzgebiete der Produkte. Sie liegen einerseits in der Alta Verapaz, in San Cristobal Cajcój, andererseits in Nebáj, von wo aus aber der Weg noch weit bis zu den überseeischen Verladeplätzen und auch nach den Hauptverbrauchsgebieten des Landes selbst ist (Livingston, Huehuetenango, Quezaltenango, Champerico, Guatemala usw.). Von einer im Zentrum gelegenen Finca bedarf der Transport, angenommen von Kaffee, bei günstigen Witterungs- und Verkehrsverhältnissen eines mindestens zweitägigen Träger- oder dreitägigen Maultiertransportes bis Cobán, wobei der Rio Chixoy überschritten werden muß, oder eines mindestens sechstägigen Maultiertransportes über Cotzál, Nebáj nach Huehuetenango. Und dann folgt der Transport an die Häfen, was alles zusammen das Produkt mit hohen Unkosten von vornherein belastet. Ob dabei der Kaffee an Qualität mit den guten Sorten der Verapaz konkurrieren kann, ist bei den jungen Anfängen der Kultur noch nicht zu sagen. Die Pflanzer der Zone behaupten es allerdings. Wenn dann auf die vorzügliche Güte des Kaffees in San Francisco Cotzál mit Recht hingewiesen wird, so ist dabei aber vorauszusetzen, daß die Höhenlage um vieles günstiger ist als in der heißeren, weil tieferen Zona Reina. Dagegen dürfte Zuckerrohrbau und besonders Viehzucht aussichtsreich sein. Denn die Bodengestaltung mit den Mulden und Senken zwischen den parallelen Rücken bietet genügenden Platz für die Haltung größerer Herden. Und doch ist auch dieses Terrain wieder nur beschränkt auf die zentralen Teile der Zone wegen der Wasserfrage und der Waldbedeckung. Um zu günstigen Ergebnissen bei der wirtschaftlichen Ausnutzung in der Zone zu kommen, bedarf es genügenden Anlagekapitals, das bisher noch nicht investiert wurde, und vor allen Dingen des Ausbaus des Wegenetzes. Ferner ist die Beschaffung eingeborener Arbeitskräfte noch schwierig. Die Auffüllung der bestehenden Lücken auf den Fincas ist heute ein um so schwierigeres Problem, als die Ixilindianer der Cotzálzone sich bei den höheren Löhnen an der pazifischen Küste nach dort verdingen, auf der andern Seite aber die Kekchiindianer der Alta Verapaz bisher wenig geneigt sind, in größerer Zahl sich westlich des Rio Chixoy niederzulassen. Die wenigen Kekchies, die ich auf einigen Fincas in der Zona Reina traf, waren in der Mehrzahl entlaufene Schuldner von Pflanzungen in der Alta Verapaz. —

Wird der Cerro Putúl am Sockel aus Kalken, in den oberen Partien aus Todos Santos-Schichten (Mergeln und Sandsteinen) aufgebaut, die somit noch viel weiter nach Osten sich erstrecken, als bisher angenommen wurde, so finden sich in der Zona Reina Kalke, die mit denen der Alta Verapaz ident sind und von Karl Sapper als Cobánkalke bezeichnet wurden. Höhlen- und dolinenreich sind sie sehr hart und wittern daher in markanten Kuppen heraus, die eine gleiche Maulwurfshügellandschaft zusammensetzen, wie sie im mittleren Chiapas ausgeprägt ist (s. Mitt. Geogr. Ges. Hamb. XXXVIII S. 19) und wie sie sich ebenso auch in der Alta Verapaz findet. Oberirdische Wasserläufe sind in der Zona Reina nur spärlich vorhanden. Die bedeutendsten sind der Rio Satán, der sich in den Copóm und der Rio Lancetillo, der sich in den Chixoy ergießt. Wie in der Alta Verapaz vollzieht sich die Entwässerung großenteils unterirdisch.

Überhaupt gleicht die Zona Reina sehr der Alta Verapaz, so daß der Rio Chixoy ebensowenig eine landschaftliche Grenze bildet, wie er eine geologische ist. Man könnte daher die Zona Reina eher der Alta Verapaz angliedern, als sie noch zum System der Cuchumatanes zu rechnen, dessen östliche Grenze am ehesten mit dem Rio Copóm zusammenfällt. Nur im Süden greift dieses mit der Sierra de Uspantán bis an den Chixoy vor. Der einzige und sehr wesentliche Unterschied zwischen der Zona Reina und der Alta Verapaz beruht aber auf der Vegetation, die in dieser von lichten Kiefernheiden, in jener von immergrünen feuchten Urwäldern bestimmt wird, so daß deswegen die isolierten Kalkhügel viel weniger hervortreten als in der zentralen Alta Verapaz. Um ein ähnliches Gebiet wie die Zona Reina zu finden, muß man schon in die Grenzgebiete des südlichen Petén gehen.

Dörfliche Siedelungen bestehen in der Zona Reina nirgends, was auch darauf hindeutet, daß sie lange von Indianern gemieden wurde. Die Fincas mit ihren wenigen Arbeiterhütten, zum Teil primitive, zum Teil aber auch schon trefflich ausgebaute Anlagen wie die Brolsche Finca Saquixpéc und die deutsche „La Taña" sind die einzigen Siedelungen bis heute geblieben. Guatemaltecos, Spanier, daneben 4 Deutsche und ein Italiener teilen sich in den Besitz des Landes. Das Ladinoelement überwiegt meinen Beobachtungen nach das indianische. Über die alten Besiedelungsverhältnisse weiß man bisher so gut wie nichts. Daß in alter Zeit das Gebiet besiedelt war, beweisen die zahlreichen Erdhügel und Erdpyramiden in den Senken zwischen den Kalkrücken. Robert Burkitt hat dort mehrfach gegraben, ohne bislang über seine Ergebnisse zu berichten, so daß von diesem vortrefflichen Kenner der Altertumskunde Guatemalas noch manche Aufschlüsse darüber zu erwarten sind. —

Von „La Taña" (760 m), der anmutig am Rio Satán gelegenen deutschen Finca, wo ich auf das herzlichste aufgenommen wurde, setzte ich die Weiterreise über Nápoles (840 m) und Saquixpéc (790 m), wo sich alte Hügel finden, an den Rio Chixoy fort, der bei Chamá mittels Einbäumen überschritten wurde. Teile des Weges von Saquixpéc an den Fluß gehören zu dem Schlechtesten, was ich an Wegen bisher in Guatemala kennen lernte, da sie nur aus Schlammassen mit Steinen dazwischen bestanden. Von Chamá, das schon so hervorragende Altertümer geliefert hat, gelangte ich über die 1680 m hohe Sierra von Samác mit weitem Blick in das südliche Petén, auf die letzten Ausläufer des Kettengebirges im Norden und den See von Chajvovúch nach der deutschen Finca Samác, wo mir der Besitzer, Herr Hellmerich, in seinem gastlichen Hause sehr interessante Tongefäße und menschliche Knochenreste zeigte, die er vor kurzem aus einem indianischen Grabhügel auf seiner Besitzung ans Tageslicht gefördert hatte. Ein kurzer Ritt trennte uns nun noch von Cobán (Abb. 1 auf Tafel 9), wo wir am 1. März anlangten, und auf der dicht bei der Stadt gelegenen Sapper'schen Finca Chimáx auf das herzlichste willkommen geheißen wurden.

Die notwendigen Ruhetage in Cobán benutzte ich zu einem Besuch von San Cristobal Cajcój und Tactíc, wo ich mit Herrn G. Hurter aus Quezaltenango zusammentraf, der sich zu meiner Freude bereit gefunden hatte, den letzten Teil der Reise mit mir zusammen zurückzulegen und wiederum wie früher die photographischen Arbeiten mit seiner bekannten Meisterschaft zu übernehmen. Wir weilten noch kurze Zeit in San Cristobal (Abb. 2 auf Tafel 9), die Gastfreundschaft des Herrn Waldemar Thiemer dankbar genießend und fanden Gelegenheit zu einem gemeinsamen Ausflug mit den Gastfreunden in das Tal des Rio Chixoy, der das Gebirge westlich von San Cristobal nach Norden durchbricht.

K. Sapper hat bereits den geologischen Aufbau dieser Gegend beschrieben (Peterm. Mitt. Erg. Heft 127 S. 44), so daß es sich erübrigt, hier nochmals darauf einzugehen. Hinzugefügt möge nur werden, daß sich am nördlichen Talgehänge bei San Joaquín eine Terrasse (360 m über dem Fluß) entlang zieht. Sie wird von Kalken gebildet, die Tonschiefer unterlagern, und die daher als Denudationsterrasse zu erklären ist. Auf ihr liegt die Zuckerrohrfinca San Joaquín. Begibt man sich nach Südsüdwesten von San Cristobal auf einen schmalen Gebirgszug (290 m über San Cristobal), so bietet sich ein vortrefflicher Überblick über die Sierra Madre südlich davon, in der sich eine alte Abtragungsfläche in ungefähr 1750 m Höhe heraushebt. Sie ist beiderseits leicht gegen das Chixoytal zugeneigt, so daß hier ein altes Tal in einem viel höheren Niveau angedeutet ist, in das sich später das steilwandige Kerbtal des heutigen Flusses einsenkte (800 m unter dem Paß). Überall lassen sich in diesem Abschnitt des Kettengebirges Zeichen einer bedeutenden jungen Hebung erkennen, wie sie in den westlichen Teilen Guatemalas zu beobachten sind, nur daß nicht so viele Terrassen auftreten wie in der westlichen Sierra Madre.

Andere Ausflüge von Cobán lehrten mich die Teeplantage Xiripéc, die einzige ihrer Art im Lande, und den belebten Ort San Pedro Carchá kennen, wo mir auffiel, wie stark sich in der indianischen Bevölkerung der Alta-Verapaz die moderne Kleidung gegenüber der früheren Tracht durchsetzt, wie man sie in so bunten, lebendigen Bildern noch immer im Westen Guatemalas antrifft. —

Von Cobán aus brachen wir schließlich am 14. März auf und benutzten den allgemein üblichen Weg über Tactíc und Tucurú zum Flußhafen Panzós durch das Polochíctal, der gegenwärtig zu einer vortrefflichen Straße für Kraftwagenverkehr ausgebaut wird. Von deutschen Ingenieuren vermessen, unter großen Geländeschwierigkeiten auf das beste und dauerhafteste konstruiert, und damit im voraus zur besten Straße der Republik bestimmt, ist sie ein Zeichen des energischen Unternehmergeistes, der in die Alta Verapaz seinen Einzug gehalten hat. Das deutsche Element ist daran an erster Stelle beteiligt, und es ist zu wünschen, daß die Ansätze zu einem neuen wirtschaftlichen Aufschwung des reichen Gebietes in modernem Sinne nicht durch Gegenströmungen gehemmt und gelähmt werden, wie sie sich nur leider zu häufig bei solchen Unternehmungen im Lande bemerkbar zu machen pflegen. Es wäre ein großer Schaden für den ganzen Norden der Republik[1]).

Das Polochíctal hat in den letzten beiden Jahrzehnten den Wechsel von einer Natur- in eine Kulturlandschaft durchgemacht, die es für den Reisenden heute weniger reizvoll erscheinen läßt als in früheren Zeiten. Die heiße Fahrt auf dem Polochíc entbehrt jetzt der reizvollen Eindrücke einer Tropenflußfahrt, da die dichten Urwälder zu beiden Seiten schon stark gelichtet worden sind. Wo Reste von ihnen erhalten blieben, ahnt man noch den einstigen Zauber (Abb. 1 auf Tafel 10), der aber doch sich bei allen Urwaldflüssen der heißen Zone letzten Endes gleich bleibt. Wegen ihres offenen Charakters wirkt die Landschaft um vieles weniger reizvoll als die wirren, phantastischen Szenerien der dichten Wälder, wie ich sie am Rio San Pedro Mártir im Petén im Jahre 1926 kennen gelernt hatte. Imposant dagegen reckt sich über der Bucht flachen Landes am Polochíc die kühne Sierra de las Minas auf, die mit ungeheuren Steilabfällen und dichten Urwäldern zum Polochíctal abstürzt.

Von Panzós aus unternahmen wir einen Abstecher in das südliche Polochíctal nach der Bananenfinca El Crique, zu der die Amerikaner gegenwärtig eine Zweigbahn von der Verapazlinie aus anlegen, und besuchten von dort die Ruinen einer altindianischen Siedelung, Pueblo Viejo genannt, an dem gleichnamigen, aus der Sierra de las Minas kommenden Flusse gelegen. Die Bauten waren indessen so sehr von Buschwerk und Gestrüpp überwuchert, daß ohne gründliche, zeit-

[1]) Vier Monate später erfuhr ich, daß die Arbeiten wegen Machenschaften von gegnerischer Seite eingestellt werden mußten. Es ist nicht das erste Mal, daß wichtige Unternehmungen im Lande dieses Schicksal erleiden.

raubende Säuberung kein Bild von der Gesamtanlage zu gewinnen war. Wir mußten uns damit zufrieden geben, einige aus Steinblöcken aufgeführte Hügel gesehen zu haben. Die Ausdehnung der Siedelung, deren erste Erwähnung wir schon Cortés verdanken, der sie 1525 sah und Chacujál nannte, muß beträchtlich gewesen sein.

Dank dem liebenswürdigen Entgegenkommen der Verapaz-Bahn war uns ein Extramotorboot zur Verfügung gestellt worden, das uns in 9stündiger Fahrt während der Tagesstunden den Polochíc abwärts brachte, so daß sich genügende Gelegenheit bot, das verhältnismäßig reiche Vogelleben und die zahlreichen Alligatoren im Fluß und auf den Sandbänken der Ufer zu beobachten. Am Mittag tat sich die weite Fläche des schönen Izabal-Sees auf, an dessen Nordufer die Häuser des Dorfes Estór vorüberglitten. Sonst sind die Ufer des Sees noch immer schwach besiedelt. An dem malerischen alten spanischen Fort San Felipe vorüber fuhr das Boot in den Rio Dulce ein, wo wir uns bei der Finca San Hubertus ans Land setzen ließen. Dort genossen wir die herzliche Gastfreundschaft des Herrn Richard Gregg und seiner Familie. Die Finca liegt auf einer aus Kalken bestehenden Terrasse, die sich dem Rio Dulce bis zum Golfete auf dem nördlichen Ufer entlang zieht. Die Kalke führen Versteinerungen, deren Bestimmung späteren Untersuchungen vorbehalten bleiben muß. An dem Abfall der Terrasse, die auch am Nordufer des Izabál-Sees vorhanden ist, finden sich am See selbst, wie am Rio Dulce und Golfete warme Quellen. Ich maß die Temperatur einer dieser kurz nach dem Austritt des Rio Dulce aus dem Golfete am nördlichen Ufer zu 54,5° C. Die Dämpfe hatten einen Geruch nach Schwefelwasserstoff.

Da diese Gegenden auf einer späteren Reise noch eingehender besucht werden sollen, so hielten wir uns dieses Mal nicht länger auf, sondern fuhren durch den oft beschriebenen und gepriesenen Golfo Dulce nach Livingston, das anmutig auf einer Küstenterrasse angelegt ist. Von dort aus erreichten wir Puerto Barrios und beschlossen vor der Rückkehr nach Guatemala noch den Goldminen von Las Quebradas und den Ruinen von Quiriguá einen Besuch zu widmen.

Das breite von der Sierra del Espíritu Santo im Osten und der Sierra del Mico im Westen begleitete Tal des Rio Motagua ist mit der Entwicklung von Puerto Barrios zum Haupthafenplatz der Republik und dem Ausbau der Nordbahn zum Einfallstor geworden und wird nach Vollendung der Bahnlinie Zacapa-Chiquimula-Santa Ana-San Salvador noch mehr an Bedeutung gewinnen. Wird doch damit El Salvador an den Verkehr des atlantischen Gestades angeschlossen.

Das Tal wird von mächtigen Flußablagerungen angefüllt, die auch zwei breite Terrassen an beiden Talflanken zusammensetzen. Sie sind aus groben und feineren Geröllen und Sanden aufgebaut. Die Talaue ist breit ausgedehnt, mit guter Alluvialerde bedeckt und war bis an das Ende des vorigen Jahrhunderts ein fast zusammenhängender Urwald von der Küste bis über Los Amates aufwärts, der zu den ungesundesten Gebieten Guatemalas gehörte. Nur unterhalb von Morales wurde der Wald schon damals von offenen Kiefernheiden mit Grasflächen durchsetzt, die scharf sich aus der immergrünen Laubvegetation abheben, selbst heute, wo diese als waldartiger Bestandteil der Landschaft so gut wie verschwunden ist. Das Vorkommen von Kiefern in Form echter „Pineridges“ in wenig mehr als 30 m Seehöhe ist durch die dort auftretenden Sandböden zu erklären. In keinem andern Teile Guatemalas, vielleicht mit Ausnahme der pazifischen Küste ist nun in der kurzen Zeit von rund 25 Jahren eine so durchgreifende Umgestaltung des Landschaftsbildes durch den Menschen vorgenommen worden, wie im unteren Motaguatal. Seitdem der nordamerikanische Bananentrust der United Fruit Company auf der Suche nach Ausbeutungsländern im westindischen Mittelmeerbezirk ausgegangen war, konnte es keinem Zweifel unterliegen, daß er sein Augenmerk auf die jungfräulichen, fruchtbaren Gebiete am unteren Motagua richtete, die nicht nur günstige Verkehrsvoraussetzungen nach der Küste und nach Übersee boten, sondern in ihrer verhältnismäßig abgetrennten Lage von den übrigen Hauptwirtschaftsgebieten Guatemalas ein ungestörtes Arbeiten ohne Konkurrenten oder anderweitige Behinderungen ermöglichten. So wurde denn ein Pachtvertrag mit der Landesregierung abgeschlossen, der das Gebiet von Los Amates bis Puerto Barrios in der ganzen Breite des Tales dem amerikanischen Trust auslieferte. Mit der ihnen eigenen Energie und ihrem Bewunderung erregenden Organisationstalent legten die Amerikaner die ungeheuren Bananenhaine an, wo vorher undurchdringlicher Urwald sich ausgedehnt hatte.

Nach allen Richtungen durchziehen heute Eisenbahnlinien der Kompanie die Bananenhaine, auf denen ständig Verkehr ist. Man rollt die Bananentrauben bis Puerto Barrios und verlädt sie dort auf die eigenen Fruchtdampfer der Gesellschaft. Nach einem bestimmten Plan ist das Gelände in Unterabteilungen aufgeteilt, die jede ihren Vorsteher und ihre Arbeiterschaft hat, die in gelb angestrichenen Einheitshäusern wohnen. Diese sind moskitosicher gebaut, durch hohe Pfahlroste vor Bodenfeuchtigkeit geschützt und mit Sammelzisternen für Regenwasser auf den Dächern versehen. Im Umkreis um die Häuser ist das Terrain freigeschlagen und mit ständig kurz geschnittenen Rasenflächen bedeckt. All das macht einen ordentlichen, sauberen, aber, weil überall gleichen, auch recht einförmigen, schematischen Eindruck, der in geradem Gegensatz zu der verwirrenden Fülle tropischer Waldlandschaften steht. Von der Menge der Bananenstauden, die in die Millionen gehen soll, vermag sich der der Gegend Unkundige kaum eine Vorstellung zu machen. Stundenlang kann man auf der Motordräsine in beängstigender Schnelligkeit durch sie dahin rasen; Bananenhaine, wohin man sieht, allenfalls unterbrochen von den Lichtungen der Beamten- und Arbeitersiedelungen.

Auf einer Dräsine fuhren wir von Morales La Bananera quer durch die Talaue auf eiserner Brücke über den träge fließenden Motagua nach Las Quebradas, einem Dorfe auf der Hochterrasse des rechten Ufers. Bis an ihren Fuß erstreckt sich das Pflanzungsland der United Fruit Company, das somit im Tal eine Breite von 10 km besitzt. Auf der Terrasse selbst, vor der völlig urwaldbedeckten Sierra del Espíritu Santo, haben sich amerikanische Minengesellschaften niedergelassen, die aus den Flußanschwemmungen mittels moderner Bagger- und hydraulischer Maschinen Gold gewinnen (Abb. 2 auf Tafel 10). Die Ausdehnung der Wäschereien und die maschinelle Einrichtung, in die uns einer der Vorsteher des Unternehmens, Mr. Houey, bereitwilligst Einblicke gewährte, spricht für die Güte der Minen, die heute die ergiebigsten in Guatemala sein dürften. Die Angaben, die Felipe N. Hernandez in seiner „Geografía de la América Central" (2. Aufl. Guatemala 1926, S. 135) über die Höhe der Förderung in Las Quebradas macht, 304 Unzen im Werte von 3000 Dollar (ohne Jahresangabe), sind sicher falsch und zu niedrig[1]).

Las Quebradas ist noch durch eine Reihe altindianischer Hügel ausgezeichnet, die bereits von Karl Sapper in den 90er Jahren des vorigen Jahrhunderts beschrieben wurden.

Wieder nach Morales zurückgekehrt, verbrachten wir die Nacht in dem dortigen Hotel der United Fruit Company, das von ihren Angestellten bewohnt wird. Diese ist eben Herrin über alles. Sie leitet die

---

[1]) Gesamtausfuhr an Gold aus Guatemala 1925: $9^1/_3$ quintales im Wert von 297 600.— $; im Jahre 1926: $13^1/_4$ quintales im Wert von 424 320 $ (nach Bol. de la Cámara de Comercio de Guatemala tomo V no. 41, Jan. 1926 und t. VI. no. 53, Jan. 1927). Davon entfällt mindestens die Hälfte auf Las Quebradas, der Rest auf die Minen in den östlichen Departamentos der Republik. Natürlich ist die Statistik ungenau.

Gasthäuser, ist Eigentümerin der Kaufläden in den Dörfern, in denen man alles haben kann, vom Kochtopf bis zum Stiefel und Hut, vom Fahrrad bis zum Grammophon; Lebensmittel, Getränke, Zigarren, alles natürlich durch die Kompanie aus den Staaten eingeführt. Ausgehängte Tafeln unterrichten über die Preise, so daß es kein Feilschen um die Ware gibt. Die Verkäufer sind Neger, ebenso die Hotelangestellten, wie überhaupt das schwarze Element, aus Westindien überführt, die Hauptmasse der Arbeiter und niederen Angestellten zusammensetzt. Indianer sieht man dort überhaupt nicht mehr. Auf die farbige Bevölkerung des Kompaniegebietes hat die Berührung mit den Amerikanern nicht vorteilhaft eingewirkt. Allgemein ist der gehobene Lebensstandard der Neger und Mischlinge sichtbar, der von den wesentlich höheren Arbeitslöhnen abhängt, die von der Kompanie gezahlt werden, freilich für eine schwere, ungesunde Arbeit. Damit geht auch zugleich ein selbstbewußtes, anmaßendes Auftreten der Farbigen einher, die sich den weißen Herren anzupassen suchen. Der Neger fühlt sich schon so etwas wie ebenbürtig dem Weißen; der Indianer dagegen sieht in ihm immer noch den überlegenen „Patron". So wird der Reisende, der die anderen Teile Guatemalas bereits kennen gelernt hat, wenig erbaut sein von dem hastenden Leben im unteren Motaguatal und — last not least — von den mangelhaften Umgangsformen, die in weißen und farbigen Kreisen herrschen und in so schroffem Gegensatz stehen zu der Höflichkeit und auch Bereitwilligkeit dem Fremden gegenüber, der sich die Lateinamerikaner befleißigen.

Quiriguá ist heute durch das ausgezeichnete Krankenhaus der United Fruit Company ebenso berühmt geworden wie es bisher durch seine Ruinen weltbekannt war, die jetzt sehr leicht zu erreichen sind. Die Monumente, oft beschrieben und abgebildet, sind jetzt von dem umgebenden Urwald befreit, den man nur in einem schmalen Kranz hat stehen lassen. Sie haben dadurch viel von ihrer einstigen Romantik eingebüßt, in der sie uns noch die trefflichen Bilder Alfred P. Maudsleys und Valdeavellano's zeigen und die erste Beschreibung von Catherwood aus dem Jahr 1839 kündet. Daß verschiedene Stellen bereits bedenklich zu verwittern beginnen, besonders die als Altäre gedeuteten Ungeheuer, läßt sich erkennen, wenn man die hier beigegebenen Bilder von Herrn G. Hurter von unserem Besuche mit den genannten von Maudsley etc. vergleicht (Abb. auf Tafel 11 u. 12). Deswegen ist die Absicht zu begrüßen, mit amerikanischer Hilfe auf chemischem Wege der Verwitterung des sehr bröckeligen Gesteins Einhalt zu tun. Vor einiger Zeit tauchte in guatemaltekischen Kreisen der

Hauptstadt der Gedanke auf, die Monumente samt und sonders nach Guatemala zu schaffen, um sie dort auf der Plaza aufzustellen, ein Plan, der hoffentlich niemals zur Ausführung gelangen wird. Vor einigen Jahren wurden auch östlich von dem Platze, auf dem die Stelen stehen, ein umfangreicher Gebäudekomplex freigelegt, eine ausgedehnte Terrasse mit mehreren aus gut behauenen Steinen aufgeführten Gebäuden. Stellenweise ist noch der Kalkputz der Innenräume erhalten mit Spuren bunter Bemalung. —

Nach der Besichtigung der Ruinen sagten wir Quiriguá Lebewohl. Aus der üppigen Pflanzenpracht der feuchten Tierra Caliente, den kraftstrotzenden Bananenhainen, brachte uns der Nordbahnzug in den trocken-heißen Glutofen des mittleren Motaguatales mit seiner xerophilen Vegetation von Kakteen und Mimosazeen, die sich in ihrer Pflanzengemeinschaft der „Chaparrales" so kraß abheben gegen das kurz vorher geschaute Bild unverwüstlichen Wachstums. In Guatemala-Stadt fand die Reise dann ihr Ende; wenige Tage darauf setzte die Regenzeit ein, zu längerem Verweilen an einem Punkte einladend, als den ich die Finca San Andres Osuna an der pazifischen Küste ausersah. —

Auch auf dieser Reise sind mir wiederum die wertvollsten Unterstützungen in entgegenkommender Weise von vielen Landsleuten zuteil geworden, die alle hier zu nennen eine stattliche Liste von Namen ergeben würde. Ihnen allen schulde ich aufrichtigen Dank. Und wenn ich hier nur besonders unter den vielen die Central American Plantation Corporation und da wieder die Herren Dr. H. Goebel und W. Lengemann hervorhebe, so geschieht es, weil ohne ihr weitgehendes Entgegenkommen in den technischen Vorbereitungen der Reise diese nicht in der Ausdehnung hätte unternommen werden können, wie es tatsächlich der Fall war. Dankespflicht aber glaube ich auch zu erfüllen, wenn ich hier der Herren Konsul H. Schilling, Fr. Meißner und Konsul P. Doescher gedenke, die mir den Aufenthalt in der Verapaz ermöglichten. Und schließlich Dank dem Freunde, Herrn G. Hurter, für seine so ungemein wertvolle Hilfe in den photographischen Arbeiten und seine treue Begleitung.

IV. Bericht über eine Reise durch die zentralen Gebiete Guatemalas.

Die zentralen Landesteile Guatemalas werden von dem Kettengebirge eingenommen, das von Westen in die Republik eintritt und sich bald danach in mehrere, west-östlich streichende Ketten gliedert. Die vulkanische Küstenkordillere begleitet das pazifische Land (vgl.

II. Bericht), nimmt aber an Höhe nach Osten allmählich ab. Die ihr angehörenden Vulkane erreichen noch stattliche Meereshöhen wie der Acatenango (3960 m), Fuego (3830 m), Agua (3750 m), Atitlán (3520 m) und beherrschen daher ihre Umgebung in weitem Umfang. Die zentrale Kordillere verflacht sich ebenfalls gegen Osten. Weiträumige Senken trennen ihre einzelnen Glieder voneinander, oder es treten an ihre Stelle einige abgeschlossene Becken, bis das Gebirge im Osten Guatemalas abermals zu bedeutenden Erhebungen ansteigt (Sierra de las Minas über 3000 m).

Schon hieraus ergibt sich ein Unterschied im Landschaftsbild und Landschaftscharakter gegenüber den westlichen Departamentos. Auf schmalem Raume zusammengedrängt, wird das Bodenrelief durch einen schroffen Wechsel von tiefen Kerbtälern und hochragenden Rücken sehr unruhig gestaltet, der zugleich die landschaftliche Schönheit Westguatemalas hervorruft. Im Zentrum aber weitet sich das Gebirge, gewinnt an räumlicher Ausdehnung. Aber auch hier fehlt nicht die Kleingliederung. Sie ist auf die Hohlformen beschränkt und läßt in ihnen ein unruhiges, gebrochenes Relief entstehen, das auch in den zentralen Gegenden ein schwer zu entwirrendes Durcheinander der Oberflächenformen hervorruft. Zwei Landschaftscharaktere sind hier gewissermaßen ineinander verflochten, die zu verschiedenen Zeiten erdgeschichtlicher Vergangenheit sich herausgebildet haben und deren Anlage auch auf eine genetisch verschiedene Entstehungsweise hindeutet. Die Entwässerung richtet sich nach Osten und Nordosten zum Atlantischen Ozean und wird in den beiden Hauptsammeladern des Rio Motagua und Rio Negro abgeleitet.

Die äußere Erscheinung des Pflanzenkleides ähnelt in den zentralen Gebieten denen des Westens. Lichter Wald, in den Hochregionen aus Nadel- und klimaharten Laubhölzern zusammengesetzt, prägt der Landschaft in beiden Landesteilen ihren typischen Charakter auf; aber es fehlen doch dem zentralen Gebiet die mehr feuchten Laubwälder der Tierra fria und höher gelegenen Tierra templada mit ihrem Orchideenreichtum, ihren Epiphyten und Moosen, wie sie im Bereich der westlichen Küstenkordillere und in den Altos Cuchumatanes aufzutreten pflegen. Wohl hüllen vereinzelte, isolierte Rücken- und Gipfelpartien der Sierra de Chuacús inselartige Flecken solcher Bestände ein, aber sie verschwinden in der Umgebung, die schon zur Kulturlandschaft umgewandelt ist. Sie sind die einzigen Spuren einer früher größeren Ausdehnung, die der rodende Mensch noch hat bestehen lassen. Die Zone der Tierra templada dagegen wird im zentralen Guatemala fast ausnahmslos von Kiefernwäldern mit Eichenbeständen bedeckt, die der Binnen- und daher der Trockenlage ihr Dasein verdanken. Durch sie werden dem Reisenden Erinnerungen an europäische Landschaftsbilder hervorgerufen, an die waldigen Gebirgslandschaften Mitteleuropas, sobald er sich in den Anblick einer kleinräumigen Landschaft Mittelguatemalas vertieft. Und gelangt er, noch solcher Erinnerungen voll, in eines der erwähnten Bekken; dann ist er überrascht durch den jähen Wechsel der Pflanzenwelt. Aus kahlen Grasflächen ragen vereinzelte Schirmakazien hervor, stachliger Busch schmiegt sich dicht an den Boden, während hohe Säulenkaktusse und niedrige stachelbewehrte Sukkulente fremdartig dazwischen wuchern. Alles kündet von der Trockenheit des Klimas; kein Wald lädt zum Verweilen in seinen Schatten ein, erbarmungslos brennt die Sonne in das dunstverschleierte Becken nieder, das nur in der feuchten Jahreszeit grünlichen Schimmer spiegelt, sonst aber dürre, braun verdorrte Steppe ist.

In der Bevölkerung Mittelguatemalas überwiegt in dem östlichen Abschnitt das Mischlingselement, im westlichen das indianische. Ackerbau, Heimindustrie, im Westen etwas Viehzucht sind die Hauptwirtschaftszweige. Dazu tritt unter den Indianern das Händlertum, die reisenden Kaufleute mit Wohnsitzen in Momostenango, Chiquimula, Santa Cruz Quiché, von wo sie im Hausierhandel die Republik bis in das Nachbarland Salvador durchziehen.

Politisch gehört Guatemala zu den Departamentos Chimaltenango, Baja Verapaz und Quiché, an die sich in südlichen und westlichen Randgebieten Teile der Departamentos von Sololá und Totonicapán anschließen. Am dichtesten bevölkert sind Chimaltenango, die zu Sololá und Totonicapán gehörenden Teile und das Gebiet des südlichen Quiché, wogegen das südöstliche Quiché und die Baja Verapaz schwächer bevölkert sind und nur in den Becken von Rabinál und Salamá höhere Einwohnerzahlen aufweisen.

Der Verkehr richtet sich überwiegend nach der pazifischen Küste. Nach den nördlich angrenzenden Gebieten des Quiché und der Alta Verapaz ist er nur schwach, obwohl die Baja Verapaz in der Vergangenheit als Durchgangsgebiet nach der Alta Verapaz und dem Petén von Wichtigkeit war, ehe die Zugangsstraße von Livingston über den Izabál-See und den Polochíc-Fluß sich als geeigneter herausstellte. Heute sind Bestrebungen im Gange, durch Ausbau der alten Straße vom Motaguatal bei El Rancho über Salamá nach Cobán diese Route wieder in Aufnahme zu bringen, was sicher bei Anlage eines guten Automobilweges Vorzüge vor dem Umweg über das Polochíc-Tal hätte, vor allem, was den Personenverkehr anbetrifft. Vor kurzem ist eine moderne Brücke über den Motagua bei El Rancho fertig gestellt worden, und gegenwärtig wird an dem Aufstieg der Straße auf das Gebirge gegen Salamá gearbeitet. Abgesehen von der näheren Umgebung bei Salamá entbehrt das östliche Gebiet Mittelguatemalas bisher noch jeden Automobilweges. Dagegen sind diesem Verkehrsmittel in den übrigen Teilen folgende Verbindungen eröffnet: Santa Cruz Quiché-Chichicastenango-Sololá; Santa Cruz Quiché-Tecpám-Guatemala; Santa Cruz Quiché-Totonicapán-Quezaltenango. Im Bau begriffen ist ein für Kraftfahrzeuge in Aussicht genommener Weg von Santa Cruz Quiché über Chiché, Chiniqué nach Joyabáj, dessen Fertigstellung noch einige Zeit in Anspruch nehmen dürfte. —

Nachdem die ersten Monate der Regenzeit verstrichen und von der kleinen Trockenzeit des Veranito im Monat Juli abgelöst worden waren, faßte ich den Entschluß, in dieser Periode günstiger Witterung eine Fußreise durch die oben besprochenen zentralen Teile Guatemalas zu unternehmen, die besonders anthropogeographischen und ethnographischen Studien gewidmet sein sollte. Geologisch hatten schon Karl Sapper und vor ihm Dollfuß und Montserrat diese Gegenden mehrfach bereist, ersterer auch kartographisch aufgenommen, so daß es angebracht schien, seine Wege möglichst zu meiden und damals von ihm noch nicht aufgenommene zu begehen, um gleichzeitig beim Marschieren Routenaufnahmen zu machen, wie das schon auf den vorhergehenden Reisen geschehen war. Als besondere Ziele waren die Ruinen von Mixco Viejo, die Dörfer Rabinál und Joyabáj und zum Schluß die Gegend von Momostenango in Aussicht genommen, so daß das Kettengebirge zweimal zu überschreiten und die Senke des Quiché von Osten nach Westen zu durchziehen war. Da die Reise wegen der Witterung zeitlich auf 4 bis 5 Wochen beschränkt blieb, entschied ich mich nur zur Mitnahme eines Packtieres und eines Dieners, zu dem jeweils von Ort zu Ort zwei gemietete Träger für die photographische und kinematographische Ausrüstung kamen. Packtier und Diener stellte mir wieder Herr W. Lengemann auf San Andres Osuna bereitwilligst zur Verfügung, versah mich außerdem noch mit mehreren nützlichen Empfehlungsschreiben für verschiedene Dörfer auf der Route. Ich möchte ihm dafür an dieser Stelle meinen besonderen Dank aussprechen. —

Am 21. Juli 1927 fuhr ich im Automobil von der Hauptstadt Guatemala auf einem der besten und bekanntesten Wege des Landes, der schon fast in allen älteren Werken beschrieben worden ist, über Mixco[1]) und San Lucas Sacatepequez nach La Antigua, der alten Hauptstadt des Königreichs Guatemala. Ihre Geschichte ist von Fuentes y Guzmán, Domingo Juarros und den meisten älteren Autoren mitgeteilt worden. Keine moderne Darstellung unterläßt ihre Schilderung, so daß hier darüber hinweggegangen werden kann. Von dort erreichte ich Chimaltenango, die Hauptstadt des gleichnamigen Departaments (1740 m). Sie liegt auf einer breiten Ebene, die oberflächlich von vulkanischen Lockermassen verhüllt und in freier Umgebung wenig reizvoll ist, sie ist mit etwa 6000 Einwohnern ein mittlerer Ort, der in früheren Zeiten Bedeutung durch seine Lage an der Hauptstraße von Guatemala nach dem Westen (Quezaltenango) hatte. Heute, wo der Güter- und Personenverkehr zum größten Teil die pazifische Küstenbahn benutzt und der Überlandverkehr sich in steigendem Maße des Kraftwagens bedient, hat sie ihre Stellung im Durchgangsverkehr eingebüßt. Sie ist ein stiller Ort geworden. In ihren Außenquartieren und in ihrer Umgebung wohnt noch eine verhältnismäßig starke indianische Bevölkerung, dem Kakchiquelstamme angehörend, deren fruchtbare Mais- und Weizenfelder den einzigen Schmuck der eintönigen Hochebene bilden. Im Süden recken sich die wolkensammelnden Vulkane Agua und Acatenango empor, im Norden erscheint fern die Kette der Sierra de Chuacús. Niedrige Gebirgszüge spalten sich dicht vor Beginn der Ebene im Westen vom Hauptkörper der Kordillere ab, um weiter als eine besondere Kette nach dem Osten Guatemalas sich hinzuziehen. Trotz ihrer Einförmigkeit wirkt die Landschaft großzügig, weil das Auge durch die fernen Gebirgszüge in die Weite gelenkt wird. Die Lockermassen werden von jungeruptiven Gesteinen unterlagert, die sich südlich der Stadt zu niedrigen, gerundeten, baumlosen Hügeln erheben. Auf einem von ihnen fand sich ein ausgedehntes Scherbenfeld mit zahlreichen Obsidiansplittern, die darauf hindeuten, daß dort früher eine Siedelung lag. Ob diese in vorspanische Zeit zurückreicht, vielleicht aber auch noch in der Kolonialzeit bewohnt wurde, müßten genauere Untersuchungen ergeben. Bisher sind mir keinerlei Nachrichten über diesen Platz bekannt geworden, auch konnte ich keinen Namen für ihn von den Indianern in Erfahrung bringen.

---

[1]) Mixco, von Pedro de Alvarado in der ersten Hälfte des 16. Jahrhunderts gegründet, ist nicht zu verwechseln mit dem unten erwähnten Mixco Viejo am Rio Pixcayá. Beide Orte sind etwa 28 Kilometer in Luftlinie voneinander entfernt. Domingo Juarros gibt die Entfernung zu 9 bis 10 Peguas = ca. 36 bis 40 km) an, wobei das stark gebrochene Terrain berücksichtigt ist.

Die Ebene von Chimaltenango geht nach Norden in eine waldige Barrancolandschaft über. Dicht nördlich der Stadt setzen tiefe, steilwandige Schluchten an, die zum Rio Pixcayá, einem südlichen Nebenfluß des Rio Motagua entwässern. Unmittelbar südlich des Ortes aber eilen die Quellbäche nach der pazifischen Seite, so daß Chimaltenango auf der Hauptwasserscheide zwischen Atlantischem und Pazifischem Ozean gelegen ist. Da die Erosionsbasis des Stillen Weltmeeres bedeutend weiter entfernt liegt als die tiefe Rinne des Motaguaflusses, so hat die Erosion nach diesem zu auch bedeutend kräftiger gearbeitet als nach der entgegengesetzten Seite. An Stelle der cañonartigen Barrancos treten im Süden flache Mulden, die gegen Antigua durch eruptive Rücken abgeschlossen sind. Das Durchbruchstal des Rio Guacalate entwässert sie nach dem Becken von Antigua. Lieblich wird die Landschaft, sobald man in das Bereich der Barrancozerschneidung kommt. In engen Waldtälern rauschen geröllreiche Bäche, die sich mit dem Pixcayá vereinigen. Bei 1390 m überschreitet man den gewundenen Fluß, um danach steil zu einem Rücken aufzusteigen, dessen jungeruptive Gesteine an einzelnen Stellen von schmalen Obsidianbändern durchsetzt sind. Nach fünfstündigem Marsch von Chimaltenango ist das Dorf San Martín Jilotepeque erreicht, das wie wenige des Landes durch seine waldige Mittelgebirgsgegend für sich einnimmt.

An einem Sonntag traf ich dort ein, gerade noch rechtzeitig, um ein Bild von dem Marktverkehr zu erhalten. In den einzelnen Indianerdörfern des Landes wird an bestimmten Wochentagen Markt abgehalten, der gewöhnlich nur wenige Tagesstunden (in der Regel von 10 Uhr vormittags bis 2 Uhr nachmittags) dauert, wegen seines regen Volkslebens aber immer die reizvollsten Bilder und die besten Kenntnisse über die Indianer in ihrem gegenseitigen Verkehr vermittelt. Auf dem weiten Platze vor der Kirche hockten die Verkäufer, unter denen das weibliche Element in der Mehrzahl war, Indianerinnen, in ihren farbenprächtigen Huipiles, unter kleinen hellen Sonnendächern aus Stoff (im Quiché umúj genannt[1]) oder in der prallen Sonne, dann aber mit einem zusammengefalteten Tuch auf dem Kopfe als Augenschutz gegen die Sonnenstrahlen, darin an die sizilianischen Bäuerinnen erinnernd. Man versorgt die Säuglinge, schwatzt mit der Nachbarin, wobei persönliche Themen den Hauptinhalt der Gespräche abgeben, oder man sieht schweigend vor sich hin, des Käufers geduldig

[1]) Wörtlich: sein Schatten.

harrend. Nichts vom lauten Anpreisen der Waren, von Lärm, von hastigen Gesten. Auch darin sind sich alle Märkte in den Indianergegenden gleich, daß im öffentlichen Verkehr eine große Ruhe gewahrt wird. Kommt ein Käufer, so beginnt das Feilschen, das zum guten Ton gehört. Dabei läßt sich die Indianerin langsam ihren Preis herunterhandeln. Will sie auf ein zu niedriges Angebot des Käufers nicht eingehen, dann schweigt sie und steht auf seine Fragen kaum noch Antwort. Stillschweigend begibt sich dieser dann an einen anderen Stand. Daß auf den gewöhnlichen Wochenmärkten in den Dörfern von dem einzelnen viel umgesetzt wird, ist kaum der Fall. Der Verkauf eines Schweines, eines Hammels, von einem oder zwei Hühnern, einem Truthahn ist die Regel, dazu die paar Früchte, das bißchen schwarzer Rohzucker (panela), die kleine Menge miserablen Kaffees, von Chile und Bohnen, von Aguacates und Guisquilles, Kartoffeln und Mais. Die wenigen Pesos, die dafür nach unserm Begriff eingenommen werden, drängen die Frage auf, ob wirklich die Leute mit diesen bescheidenen Ergebnissen zufrieden sind. Und doch ist dem so. Man ist bedürfnislos, weiß den Besitz von Geld wenig zu schätzen und legt ihn meistens gleich wieder in Sachwerten an. Dazu kommt, daß dem Indianer ein Handelstrieb eingeboren ist. Die Freude am Handeln selbst ist es vielleicht neben der Gewohnheit, die in alter Zeit wie noch heute den Markt zum Mittelpunkt des indianischen Volkslebens stempelt.

Die Kakchiquel-Indianer von San Martín Jilotepeque wie überhaupt im Bereich von Chimaltenango sind ein großwüchsiger, robuster Menschenschlag, im Gegensatz zu den kleinwüchsigen Quiché-Indianern. Intelligente Gesichter sieht man häufig, und auch die Sauberkeit in der äußeren Kleidung fiel mir hier mehr auf als in anderen Gebieten der Altos, namentlich im westlichen Quiché und in Huehuetenango. Überall, wo der Indianer Eigentümer von Grund und Boden ist, und das trifft namentlich im Departament Chimaltenango und im Quiché zu, macht er einen besseren Eindruck, als dort, wo er auf fremder Herren Grund und Boden wohnen muß. Wohlhabende Indianer mit Vermögenswerten bis zu 10000.— Dollar sind bei San Martín Jilotepeque und in dem südwestlich gelegenen großen Dorf Comalapa keine Seltenheit.

Im Nordosten von San Martín liegen die Ruinen von Mixco Viejo. Der Weg dorthin führt durch ein dünn besiedeltes, wenig fruchtbares, waldiges Gebirgsland, in dem verschiedene kleinere Viehhaciendas liegen. Je weiter nach dem Motagua-Tal zu, um so mehr tritt das indianische Element gegen das der Mischlinge zurück. Es dürften hierfür geschichtliche Bedingungen geltend zu machen sein. Denn diese Zone war in der Kolonialzeit schon seit dem 16. Jahrhundert in Haciendas und Fincas aufgeteilt worden, in sogenannte Encomiendas. Und liest man in den älteren Quellenwerken darüber nach, dann finden sich Hinweise, daß man damals schon zu Negern und Ladinos als Arbeitskräften griff, weil wahrscheinlich diese Gegend von Indianern entblößt war. Sie wohnten weiter südlich in den großen Dörfern von San Raimundo und Sacatepequez, Jilotepeque und Comalapa im Südwesten. Soweit unsere Kenntnisse reichen, waren die von den Spaniern dort angetroffenen Indianer Angehörige des Pocomám-Stammes, die mit den Poconchí- und Kekchí-Indianern zu einer besonderen Sprachengruppe gegenüber den benachbarten Kakchiquel- und Quiché-Indianern gehörten. Die Pocomames hatten ein Stammeszentrum in einer wohlbefestigten Burg, deren ursprünglicher Name nicht erhalten ist. Heute wird der Platz mit dem aus der spanischen Zeit stammenden Namen Mixco Viejo bezeichnet, während die Indianer, die in ein paar Familien im Umkreis herum wohnen, übrigens Kakchiquel-Indianer aus San Martín Jilotepeque, sie einfach „Los Cimientos“ nennen, ein häufiger Name für Ruinenplätze im Lande. —

Langsam stieg ich nach diesem Ziele hinab, fast immer in waldigen Mulden, seltener auf Rücken wandernd. Schließlich tat sich bei der Finca San Antonio fast unvermittelt die breite Talrinne des Motagua auf, die tief zwischen zwei Parallelketten der Kordillere eingesenkt ist. Dabei ist die Erosion so kräftig gewesen, daß der Boden der Rinne in eine wild zerfurchte Tallandschaft aufgelöst wurde. Waldlos ist sie den sengenden Sonnenstrahlen preisgegeben und ein Brutofen, der im ganzen Lande verrufen ist. Mehrfach sind Lockermassen vulkanischen Ursprungs angeweht worden, die nun ihrerseits wieder in tiefe Barrancos aufgelöst sind. Bis über 150 m tief sind solche Schluchten eingesenkt, und da sie mit steilen, oft geradezu senkrechten Wänden abstürzen, so bieten sie ein schwieriges Verkehrshindernis. An Stellen sind größere zusammenhängende Reste der Lockermassen erhalten geblieben, die nun wie Plateaus aus ihrer Umgebung sich erheben. Auf einem solchen verhältnismäßig engen Plateau liegen die Ruinen von Mixco Viejo (840 m, Abb. 1 auf Tafel 13). An allen Seiten werden sie von steilen Schluchten umgeben, von denen die nördlichen und östlichen einen sich in den Pixcayá ergießenden perennierenden Fluß, den Rio Pancajcó, bergen, während die übrigen trocken liegen oder nur vorübergehend von Bächen durcheilt werden. Der Höhenunterschied zwischen Plateaufläche und Barrancosohle am Rio Pancajcó beträgt 160 m. Die Hänge des Plateaus sind derart steil, daß nur an einer Stelle im Südsüdosten ein schmaler Pfad auf die Höhe hinauf führt, an manchen Stellen nur einem Fußgänger Raum gewährend. Südöstlich von diesem Plateau breitet sich eine größere Fläche aus, die sich im Westen an das Gebirge anlehnt, an den übrigen Seiten aber von Talschluchten begrenzt wird. Sie entspricht einer Hochterrasse des Rio Pixcayá und liegt etwa 120 m über diesem Fluß (Abb. 2 auf Tafel 13). Der fortifikatorischen Begabung der Indianer in vorspanischer Zeit muß Anerkennung und selbst Bewunderung gezollt werden. Das stark gebrochene Relief eines großen Teiles von Guatemala hat die Auswahl geeigneter Verteidigungs- und Stützpunkte nicht eben schwer gemacht; erstaunlich bleibt dennoch, wie die ehemaligen Bewohner an solchen Plätzen mit beschränkter räumlicher Ausdehnung das Gelände für die Anlage ihrer Bauwerke auszunutzen verstanden. Mixco Viejo übertrifft hierin noch das viel berühmtere, weil historisch bekanntere und öfter besuchte Utatlán (vgl. III. Bericht), sowohl was den Erhaltungszustand der Bauten wie die zweckentsprechende Anlage des Ganzen anbetrifft. An allen Stellen, wo auch nur die geringste Möglichkeit zum Erklimmen der Steilhänge vorhanden ist — das ist unter erheblicher Mühe nur im Westen der Fall — sind Bollwerke aus Steinen errichtet. Ja sogar einen winzigen, durch eine nicht eben tiefe, aber sehr steilwandige Schlucht vom Hauptkörper des Plateaus abgetrennten Rest hat man gewissermaßen als Außenfort befestigt. Auf der Plateaufläche selbst lagen einstmals die Kultstätten, die sich als Tempelpyramiden, rechteckige, langgestreckte Erdwälle oder als korridorartige Gebäude auf zweistufigen Terrassen erhoben. Inmitten dieser Gebäudegruppen lagen Höfe. So lassen sich noch die einzelnen Gebäudekomplexe erkennen, in die die ganze Anlage zerfiel, wie sie oft bei Mayabauten zu beobachten sind. Auch ein Ballspielplatz ist noch deutlich an den T-förmig verbreiterten Enden seiner Eintiefung zu erkennen. Das Baumaterial lieferten Glimmerschiefer, Granite und Marmore, die von weiter her herbeigeschafft sein müssen. Ohne Mörtel wurden sie aufeinander gepackt und bei den prunkvolleren Gebäuden mit Mörtel außen belegt oder mit Erde zugedeckt.

Wie fast bei allen Ruinenplätzen im Hochlande Guatemalas wird man auch in Mixco Viejo im Eindruck bestärkt, daß es sich um primitive Bauwerke handelte, die weit von der künstlerischen Höhe entfernt sind, durch die sich die Bauten im Petén und in Yucatán auszeichneten.

Mixco Viejo wurde von den Spaniern 1526 nach hartem, verlustreichem Kampfe eingenommen und zerstört. Die überlebenden Bewohner sollen danach von Pedro de Alvarado im heutigen Mixco angesiedelt worden sein, was allerdings nicht ganz sicher ist. Die kurzen Nachrichten hierüber bei Fuentes y Guzmán behandeln nur die Tatsachen der Eroberung und geben nicht mehr als eine summarische Beschreibung des Platzes. Der gleiche Geschichtschreiber führt das Bestehen einer Höhle an, die an einer der Barrancowände lag und die er selbst im 17. Jahrhundert noch besucht haben will. Bei meinem Besuch konnte ich sie nicht entdecken, zumal es mir nicht möglich war, irgendeine Auskunft darüber bei meinen indianischen Gastfreunden zu erhalten, in deren Hütte ich wohnte. Sie hielten die Stätte für verzaubert, so daß ihr ablehnendes Verhalten, sowohl was Auskünfte wie Führung anbetrifft, verständlich ist.

Schon in den vorausgegangenen Reiseberichten war öfters darauf hingewiesen worden, daß es sich bei den meisten Ruinenplätzen im Hochlande Guatemalas um Kultstätten und Zufluchtsburgen in einem handelt, daß diese Stätten unmöglich mit städtischen Siedelungen ident sein können, wie uns die spanischen Geschichtschreiber und nach ihnen ihre Kompilatoren glaubhaft zu machen versuchen. Schon Karl Sapper hat ähnliche Überlegungen angestellt (Altindianische Ansiedelungen in Guatemala und Chiapas, Veröffentlichungen königl. Museum f. Völkerkunde, Berlin, IV. Bd. [1895] S. 14) und jeder, der Gelegenheit hatte, mehrerer Ruinenstätten auf dem Hochlande ansichtig zu werden, wird dem beipflichten und zu den gleichen Schlüssen gelangen. Gerade Mixco Viejo ist ein Schulbeispiel dafür, daß die ehemalige Bevölkerung zerstreut im Umkreis um den befestigten Platz herumwohnte. Finden sich doch auf der den Ruinen benachbarten Hochterrasse (Abb. 2 auf Tafel 13) zwischen den Flüssen Pancajcó und Pixcayá eine Menge von Tonscherben und Obsidiansplittern, Zeugen einer ehemaligen Siedelung. Und ebenso ist anzunehmen, daß die günstigste Möglichkeit zur Anlage der Maisfelder auf derselben Terrasse gegeben war, da die übrige Umgebung zu stark gebrochen und zudem von unfruchtbarem Bimssandboden (sog. Tierra blanca) bedeckt ist, während sich auf der Hochterrasse Residualton mit alten Flußschottern über anstehendem Gestein findet. Ein großes Erfolg versprechendes Unternehmen würde es sein, die ganze Anlage von Mixco Viejo und ihre Umgebung einer gründlichen und systematischen archäologischen Untersuchung zu unterziehen. —

Um von Mixco Viejo nach Rabinál zu gelangen, muß man dicht nördlich der Ruinen in das schöne, enge Motaguatal hinabsteigen, das zwei Terrassen an den Talflanken begleiten, die eine etwa 140 m, die andere 20 m über dem Flußspiegel gelegen. Zuckerrohrfelder und Viehweiden nehmen die untere ein, wogegen die Hochterrasse nur von dürrem Graswuchs bedeckt und mit spärlichen Akazien und Kiefern bestanden ist. In 680 m Höhe überschreitet man den brausenden, rötlichbraun gefärbten Motagua-Fluß, um gleich danach steil um 430 m auf eine Höhe von 1110 m emporzuklimmen. Dieser Teil des Gebirges entspricht einer Vorkette der Sierra de Chuacús und wird von Serpentinen und Kalken aufgebaut, in die schmale Zonen von Graniten eingelagert sind. Quertäler, zum Motagua-Tal gerichtet, zergliedern sie in südlich und südöstlich streichende, bald breitere, bald schmälere Riedel. Der Weg quert diese, da er nach Osten dem Streichen des Gebirges folgt, berührt den kleinen Weiler Saltán (990 m) und mündet östlich davon in den Hauptweg, der von Guatemala über Vuelta Grande nach Rabinál führt.

Überall zeigte sich das Gelände in Kultur genommen. Zuckerrohr und Mais überwogen an Fläche die Viehweiden. Dagegen sieht man in dieser Gegend keinen Versuch Reis zu pflanzen, was bei Mixco Viejo der Fall ist. Die Fincas in dieser Zone nördlich des Motagua sind kleine Besitzungen, sämtlich Landeseinheimischen zu eigen. Von Indianern ist kaum etwas dort zu bemerken. Das Ladinoelement herrscht vor und stellt auch die Arbeitskräfte. Östlich von Saltán geht die Fincazone dann in waldige Kiefernhöhen über, die aber so lichte Bestände haben, daß man sie für Viehzucht benutzen kann. Erst bei Los Granados (960 m), einem ärmlichen, von unfreundlichen Mischlingen bewohnten Weiler, weitet sich das Gelände zu einem kleinen Kessel aus, in dem wieder etwas Landbau getrieben wird. Von dort quer zur Streichrichtung der Sierra de Chuacús gegen Nordosten ansteigend, erreicht man über das liebliche, kleine Dorf El Chol (990 m) die Paßhöhe in 1800 m Höhe. Von ihr aus öffnet sich ein umfassender Blick auf das weite Becken von Rabinál mit dem Dorf, eingerahmt von kahlen, gerundeten Höhen, über denen sich in der Ferne die Gebirge der Verapaz erheben.

Rabinál (970 m) liegt in der östlichen Hälfte des Beckens und ist in seiner heutigen Gestalt eine Anlage aus der spanischen Zeit (Abb. 1 auf Tafel 14). Doch bereits vor dieser muß das Becken dichter besiedelt gewesen sein. Denn überall im Umkreis um das heutige Dorf liegen künstliche Erdhügel und auf einer Anhöhe etwa 250 m nördlich über dem Dorf eine Tempelstätte, Cajuyúb genannt[1]). Die dortigen Glimmerschiefer und Gneishöhen ragen in breiten gerundeten Kuppen auf, sind aber an einer Stelle zu einem Rücken verschmälert, der nach Süden steil, nach Osten und Westen sanfter abfällt, nach Norden aber in eine weitere Erhebung überleitet, die als „La Picota" den höchsten Punkt des „Cajuyúb" darstellt. Von Natur daher durch den Südabfall gegen das Becken geschützt, hatten die einstigen Verteidiger nur nötig, an den Ost- und Westhängen künstliche Schutzanlagen zu schaffen. Sie legten an diesen Stellen gemauerte Terrassen oder Bastionen an, von denen im Westen noch sechs, im Osten noch drei oder vier zu erkennen sind. Reste von 12 Gebäuden sind innerhalb des so entstandenen Bezirks erhalten, und zwar handelt es sich um drei verschiedene Gruppen. Zur ersten gehören vier langgestreckte, auf zweistufigem Unterbau sich erhebende Gebäude, zur zweiten fünf pyramidenartige Tempel, während die dritte drei niedrige Tumuli umfaßt. Die Konstruktion der Unterbauten ist aus Erde und Steinschutt ausgeführt, die der Gebäude selbst aus an Ort und Stelle gebrochenen Gneisplatten, die an den Außenfronten mit Mörtel verputzt waren. Er ist mehrfach erhalten und zeigt stellenweise rötliche Spuren, die vielleicht auf Brandwirkung zurückgehen. Sonst ist Mörtel im Innern der Bauten nicht verwendet worden. Auffällig ist bei den Pyramiden und auch den Unterbauten der langgestreckten Gebäude, daß der unterste Absatz schräg geböscht ist und daß sich darüber senkrecht der obere erhebt (Abb. 2 auf Tafel 14). Es ist die gleiche Bauweise, wie sie an verschiedenen Bauten von Teotihuacán in Mexico zu beobachten ist. Ausgrabungen sollen zur Zeit von Justo Rufino Barrios versucht, dann aber wegen feindlicher Haltung der Indianer wieder aufgegeben worden sein; später hat E. P. Dieseldorff erfolglos dort gearbeitet. Zuletzt dürfte Robert Burkitt die Stelle untersucht haben. Ich selbst habe während meines Aufenthaltes in Rabinál einen Plan der Ruinen aufgenommen, der einer späteren Veröffentlichung vorbehalten bleiben muß.

Wie erwähnt, steigt das Gelände im Nordosten zu einem stumpfkegligen Gneisgipfel, La Picota genannt, auf (etwa 330 m über Rabi-

---

[1]) Cajuyúb im Quiché bedeutet „Vier Berge" oder „Vier Gipfel", von caj = vier und huyúb = Berg, Gipfel, Anhöhe. Die Benennung stimmt mit der Geländegestaltung gut überein. K. Sapper erwähnt die Stelle (Altindianische Ansiedlungen etc. s. o.) S. 20 unter dem Namen „Cakyuc", vermutlich nach Angaben von E. P. Dieseldorff. Ich hörte von den Indianern aber nur die oben angegebene Form.

nál). Auf ihm findet sich ein in vier Stufen aufsteigender Rundaltar von etwa 20 m Umfang an der Basis und etwa 5 m Höhe. Er ist aus dünnen Gneisplatten aufgeschichtet und trug früher einen Verputz von Mörtel auf der Außenseite. Rundaltäre dieser Art sind bisher aus Guatemala nicht bekannt geworden. Erinnert sei aber daran, daß Rundtempel in Mexico und Yucatán dem Windgott Ehecatl geweiht waren. Es ist daher nicht ausgeschlossen, daß es sich hier um ein mexikanisches Element handelt. Es gehört mit den oben erwähnten Konstruktionen der Bauten des Cajuyúb und mit einigen Altertümern, die ich aus der Umgebung Rabináls sah — darunter einen typischen Tlaloc-Kopf (Regengott Altmexikos) — in eine Reihe ortsfremder Elemente, die sich von den Mayaelementen deutlich unterscheiden.

Die heutigen Indianer nennen die Picota „Mumúz". Stoll (Die Ethnologie der Indianerstämme Guatemalas [1889] S. 43) reiht das Wort in den Sprachschatz des Quiché ein, wo es „Opfer- oder Gebetsstelle" bezeichnet. Es mag vorläufig dahingestellt bleiben, ob es nicht vom Aztekischen „momoztli" abzuleiten ist, was ebenfalls „Opferplatz" heißt. Jedenfalls dient die Stelle auf der Picota auch heute noch den indianischen Zauberern (brujo, ajítz, zahorín) als Gebetsplatz. An der Südseite der Basis findet sich eine aus Bruchstücken des alten Bauwerks errichtete kleine Nische, in der sich zur Zeit meines Besuches Hühnerfedern und Aschenreste vorfanden, von einem Opfer herstammend. Außen vor der Nische waren Reste eines Kopalfeuers zu bemerken, um die herum im Halbkreis Zigarren als Opfergaben gelegt waren. Auf der Spitze des Rundaltars erhob sich ein schmuckloses, einfaches Holzkreuz, das kaum einer heutigen Brujeriastelle fehlt.

Die Rabinál-Indianer sind der am weitesten nach Osten vorgeschobene Zweig der Quiché-Indianer und sprechen allgemein noch heute Quiché, das einige phonetische Abweichungen gegenüber den Mundarten des zentralen Quichégebietes bei Santa Cruz Quiché aufweist. Schon im Popol Vuh werden die Rabinal Achí, die Leute von Rabinál, in einer Stammliste der Quiché aufgeführt. Wenn wir somit versucht sind, in vorspanischer Zeit im Becken von Rabinál den Quichézweig der Mayafamilie als Siedler anzunehmen, so verwirren sich die alten Bevölkerungsverhältnisse, wenn man die Archäologie der Gegend berücksichtigt. Außer dem unmittelbar beim Dorf Rabinál gefundenen Tlalockopf wurden mir Tonköpfchen von Menschen- und Tierfiguren gezeigt, die den Typus der Pipilkunst an der pazifischen Küste zeigten. Wir wissen aber, daß mexikanische Pipiles noch am Anfang des 16. Jahrhunderts im Becken von Salamá dicht östlich von Rabinál wohnten, so daß daraus die Frage entsteht, ob nicht die Quiché verhältnismäßig junge Anwohner des Beckens von Rabinál und vor ihnen Pipiles dort ansäßig waren. So wahrscheinlich dieses zeitliche Verhältnis ist, so reichen doch die archäologischen Funde noch nicht zur endgültigen Beantwortung der Frage aus. Nur eine genaue archäologische Untersuchung der Umgebung von Rabinál könnte hierüber Aufschluß bringen, die aber bei der ablehnenden Haltung der heutigen Indianer gegen Ausgrabungen auf ihrem Grund und Boden mit erheblichen Schwierigkeiten verknüpft, wenn überhaupt möglich ist.

Die modernen Rabinál-Indianer sind ein intelligenter, sauberer Menschenschlag, der zum überwiegenden Teil für die pazifische Küste Saisonarbeiter stellt. Die ungünstigen Landbaubedingungen in dem verhältnismäßig trockenen Becken mit seinen wenig fruchtbaren vulkanischen Lockererden (Bimssande) veranlassen die Leute, ihr Brot außerhalb ihrer engeren Heimat zu verdienen. Als Heimarbeit findet sich Weberei und Flechterei. Eine Spezialität ist die Herstellung von bemalten und mit Ritzmustern bedeckten Kalebassen, die aber einen deutlichen Niedergang künstlerischen Stilgefühls gegenüber Arbeiten aus dem vorigen Jahrhundert erkennen lassen, von jenen der alten Zeit ganz zu schweigen. —

Nachdem ich Salamá einen kurzen Besuch gewidmet hatte, begab ich mich von Rabinál über Cubulco (990 m) nach Joyabáj, wobei zwischen beiden Dörfern die Sierra de Chuacús in 2100 m Höhe überschritten werden mußte. Sie besteht in ihrer ganzen Ausdehnung aus Gneisen und Glimmerschiefern, die zur Glimmergewinnung abgebaut werden. Im Süden begleitet sie die gleiche niedrige Vorkette wie bei Saltán. Zwischen den beiden Ketten liegt eine Senke mit barrancoartigen Tälern, die sich im Westen verbreitert und dort in die Senke des Quiché übergeht. Sie wird von vulkanischen Lockermassen erfüllt, die bei Joyabáj (1400 m) über jungeruptiven Gesteinen und Glimmerschiefern lagern. Die Mächtigkeit dieser äolisch zur Ablagerung gelangten Massen ist bei dem genannten Dorfe gering, nimmt aber je weiter nach Westen um so mehr zu.

Die Bewohner von Joyabáj sind in der Mehrzahl Ladinos. Die Indianer, dem Quiché-Stamme angehörend, wohnen zerstreut in der Umgegend, wobei die Sierra de Chuacús nördlich des Dorfes bevorzugt scheint.

Während der Zeit meiner Anwesenheit im Dorfe feierte man gerade das dreitägige Fest, das mit einem gut besuchten Markt verbunden war (Abb. 1 auf Tafel 15). Das indianische Händlerelement überwog auf dem Warenmarkt die Ladinos, diese dagegen widmeten sich dem gleichzeitig abgehaltenen Viehmarkt. Die indianischen Händler stammten aus Totonicapán, Momostenango und Dörfern am Atitlán-See; nur wenige waren aus Cubulco, keiner aus Rabinál erschienen. Die Waren wurden vielfach auf Tieren transportiert, was von Wohlhabenheit der betreffenden Händler zeugt. Denn früher war das Tragen der Lasten durch die Besitzer selbst oder angenommene Träger allein üblich.

Die Festveranstaltungen selbst boten das übliche Bild dörflicher Feste im Lande. In diesen herrscht eine Einförmigkeit, die zu den sonst zu beobachtenden Unterschieden in Sprache, Kleidung und Gebräuchen bei dicht benachbarten indianischen Bevölkerungsteilen in auffälligem Gegensatz steht. Veranlassung dazu hat die Kirche gegeben. Aber dennoch finden sich hier und dort noch Überbleibsel alter Zeit, die unauffällig in die modernen christlichen Festbräuche übernommen sind. Was überall gleich ist, ist die Ausschmückung des Kircheninnern mit bunten Papierguirlanden, die Bestreuung des Kirchenbodens mit Kiefernnadeln (eine vorspanische Sitte der Indianer), die Bekleidung der Heiligenfiguren mit mehr oder weniger schönen Stoffgewändern, die geschmacklosen, mit Federn ausstaffierten Aufbauten, auf denen die Heiligenstatuen in den Prozessionen durch den Ort getragen werden (Abb. 2 auf Tafel 15) und schließlich die Maskentänze. Sie sind heute in ihren Formen erstarrt. Die gleichförmige Maskierung aus einem Maskenverleihinstitut in Totonicapán stammend, führt immer die gleichen Bilder vor Augen. Die Tänze, die pantomimischen Charakter tragen, behandeln die Eroberung Guatemalas durch Pedro de Alvarado (Baile de la Conquista), die Kämpfe der Spanier und Mauren (B. de los Moros, Abb. 1 auf Tafel 16), die Stierkämpfe der spanischen Zeit (B. del Toro oder auch Torito), Motive, die sämtlich von den spanischen Geistlichen den zum Christentum bekehrten Indianern beigebracht wurden. In der heidnischen Zeit kannten die Indianer ebenfalls Tänze pantomimischer Art und mit Dialogen, so daß die modernen nur ihrem Inhalt nach von den heidnischen verschieden sind. Denn auch heute werden bei den genannten Tänzen noch Dialoge gesprochen, allerdings seltener als es noch zu Stoll's und Sapper's Zeiten war. Mehr an die alten Zeiten lehnt sich der Hirschtanz an (Baile del Venado), in dem verschiedene Tiere handelnd auftreten. Darüber haben die beiden genannten Autoren bereits früher gehandelt.

Die erwähnten Tänze sind die gebräuchlichsten, denen man überall auf den Dorffesten begegnet, wo noch das indianische Element in der Vorherrschaft ist. Einmal den einen oder anderen in einem beliebigen Dorf gesehen zu haben, genügt, da er in jedem anderen in gleicher Form mit den gleichen Masken und Trachten zur Darstellung gelangt. Das Volk verbindet mit den Tänzen gewisse religiöse Vorstellungen. Aufmerksam steht man im Umkreis umher, verfolgt mit ernster Miene und sichtlichem Interesse die aufeinander folgenden Szenen und ist über den Gang der Handlung genau unterrichtet. Bei einigen von meinen indianischen Dienern, die selbst niemals als Tänzer aufgetreten waren, fand ich ein solches Interesse an den Stücken, daß sie imstande waren, mir unterwegs auf den Reisen Stücke daraus aus dem Gedächtnis vorzutragen.

Die Tänzer bewegen sich zur Begleitung einer Marimba, die in den weitaus meisten Fällen anstelle der alten Kürbisschalltrichter moderne aus Holz trägt, oder zur Musik von großer Trommel und Flöte in zwei Reihen aufeinander zu oder voneinander fort, tanzen mit kurzen Nachstellschritten oder hüpfend auf der Stelle. Dabei werden pantomimische Gebärden gemacht, die Tod oder Flucht des Gegners, Sieg oder Niederlage darstellen sollen. Erstaunlich ist die Ausdauer der Tänzer, die in den drei Festtagen mit nur kurzen Pausen ununterbrochen tanzen, aber auch an bestimmten Tagen vor und nach dem Fest ebenfalls noch auftreten. Speise und Trank wird ihnen von den Weibern und Kindern zur Tanzstätte gebracht, sie erhalten Zigaretten von den Cofradias und tragen auch gelegentlich unter den Masken Stimulantia. Dies sah ich zum ersten Male bei Gelegenheit der unten näher besprochenen Fiesta in Pologuá. Hier trugen die Tänzer auf einer Schnur aufgereihte Früchte des Knoblauchs (ajo), die unter der Maske auf der linken Wange lag und mit einem Ende in der Nasenausstülpung der Maske befestigt war. Möglich ist, daß solche Mittel nur in den abgelegenen Gegenden benutzt werden. Auf den Festen in den größeren Dörfern, die ich bisher besuchen konnte, ist mir nie etwas Derartiges begegnet.

Es war von den häufigen Tänzen mit historischen Inhalten die Rede. Daneben muß aber noch anderer Erwähnung geschehen, die nur noch selten oder in abgelegenen Weilern gefeiert werden. Namentlich das Quichégebiet zeichnet sich dadurch aus. Am bedeutendsten darunter sind Schlangentänze (Baile de Culebra, in der Quichésprache „patztás“ phonetisch abweichend auch „patztax“) und der Fliegertanz (Baile del Volador, von den Indianern „Baile de San Miguel“ oder „Palo de

San Miguel" genannt), denen ich beiden auf dieser Reise beiwohnen konnte. Ein anderer wenig bekannter und selten aufgeführter Tanz ist der Chiquimultecos-Tanz (Baile de los Chiquimultecos), der noch in zeitlichen Abständen von mehreren Jahren in abgelegenen Weilern um Totonicápán herum aufgeführt wird. Der Inhalt soll eine burleske, komische Verhöhnung der Indianer von Santa Maria Chiquimula (s. unten) sein, wie mir Indianer erzählten.

Der Baile del Volador ist auf das Quichégebiet heute beschränkt, hat aber in spanischer Zeit auch noch im Kakchiquelgebiet bei Antigua bestanden. Es ist aber nicht sicher, ob die genaue Beschreibung von Fuentes y Guzmán Kakchiquel-Indianer der dortigen Gegend oder die von den Spaniern angesiedelten mexikanischen Hilfstruppen meint. Gegenwärtig findet sich dieser Tanz noch in Santo Tomás Chichicastenango (worüber kurz schon im I. Bericht S. 7 gesprochen wurde), wo er alle zwei Jahre stattfindet, in Chiché, Joyabaj, Cubulco. Vor etwa 50 bis 60 Jahren existierte er auch noch in Totonicapán, wurde dort aber später von der Regierung verboten. Wahrscheinlich war er früher auch sonst noch in Guatemala, und zwar auf dem Hochlande verbreitet, ist dann aber wohl wegen der dabei bestehenden Gefahren für die Tänzer verboten worden, wie in Mexico, wo er heute auch nur noch in wenigen Plätzen des Staates Veracruz vorkommt. In Joyabáj, wo ich den Tanz mit ansah, waren 12 Tänzer beteiligt, sämtlich in bunten modernen Tanztrachten reich behängt mit dem üblichen Flitterkram und den kleinen Taschenspiegeln. Sie unterschieden sich nur dadurch von den Trachten bei anderen Tänzen, daß auf dem Rücken aus dem gleichen Sammtstoff kleine Flügel angebracht waren. Zwei Tänzer waren als Affen verkleidet (Micos). Die Gruppe versammelte sich um den Pfahl vor der Kirche und tanzte zur Begleitung einer Tecomate-Marimba zunächst in der üblichen Weise in Reihen aufeinander zu und voneinander fort. Dann kletterten die beiden Affen auf das Drehgestell hinauf, ihnen folgten zwei andere Tänzer, die sich in die Schlaufen der beiden sich abwickelnden Seile setzten und sich in weiten Bogen von der Höhe herabschwingen ließen (Abb. 2 auf Tafel 16). Dabei rasselten sie mit ihren Kürbisrasseln in der rechten Hand. Die zwei Affen aber turnten halsbrecherisch auf dem Drehgestell herum, während es in Bewegung war, wobei sie von oben herab allerlei Gesten machten und ebenfalls mit den Kürbisrasseln klapperten. Der Rest der Tänzer vollführte vor der Marimba seine Bewegungen in derselben Weise weiter fort. Im Gegensatz zu Chichicastenango, wo der Volador zu einer Volksbelustigung herabgesunken ist, an der sich jeder Beliebige gegen Entrichtung einiger Pesos beteiligen kann, blieb er in Joyabáj allein den Tänzern vorbehalten und wurde mit großem Ernst aufgeführt. Schon das Vorhandensein bestimmter Bräuche bei der Herrichtung des Pfahles im Walde und später seiner Aufrichtung auf dem Platz vor der Kirche, wobei die Brujos in Funktion treten, deuten auf das Alter des Spieles hin. Auffällig ist, daß heute kein Name mehr in der Lengua besteht, sondern nur der des Heiligen Michael für den Pfahl üblich ist. Er mochte den Geistlichen als besonderes Teufelswerk erscheinen, weshalb sie den ursprünglichen Namen unterdrückten. Dagegen gibt es noch heute besondere Fachausdrücke für die einzelnen Konstruktionsteile des Pfahles. Das Vorkommen des Volador im Quichégebiet ist auffällig. Außer seinem Vorhandensein im alten Mexico ist er uns noch aus Nicaragua verbürgt (Torquemada), wo ihn die mexikanischen Nicarao kannten. Stellt man ihn in eine Reihe mit den oben erwähnten archäologischen Tatsachen aus Rabinál, so erhält die Annahme des Vorhandenseins mexikanischer Einflüsse unter den Stämmen in den Gebirgen Guatemalas eine weitere Unterstützung. —

Von Joyabáj führte die Reise westlich über Zacualpa (1480 m) (Abb. 1 auf Tafel 17) und Chinique (1900 m) durch Kiefernheiden ständig ansteigend nach Chiché (1950 m), einem bedeutenden Indianerdorf, das inmitten der weiten Quiché-Senke gelegen ist. Im Südwesten erheben sich 18 künstliche Hügel aus vorspanischer Zeit, die zwischen 2 und 10 m hoch sind. Eichenhaine bedecken sie, zwischen ihnen breiten sich Maisfelder aus und in der Mitte der ganzen Anlage istein Platz frei gelassen, auf dem sich bei Festen der Volador erhebt. Er wird also hier außerhalb des Dorfes in den Ruinen aufgeführt. Auf dem Gipfel der meisten Hügel liegen Brujerias, die noch ständig benutzt werden. Darunter war eine Stelle dadurch merkwürdig, daß um die aus Feldsteinen errichtete Nische eine Menge alter Steinäxte, Splitter und Kerne von Obsidianknauern und weiße Quarzstückchen ausgelegt waren, die man in den benachbarten Feldern aufgelesen hatte. Kiefernzweige und die gelben Blüten der „Flor de los Muertos" (im Quiché „cotzij" genannt, wobei j wie deutsches ch in „nicht") schmückten, wie auch sonst oft, den Gebetsplatz, vor dem ein eben noch benutztes Kopalfeuer qualmte. Bündelchen von Kiefernnadeln stellten andere Opfergaben vor.

Obsidiane und Quarze sind beliebte Zaubermittel der Brujos. Mit den dunklen Obsidianen vermag der Hexenmeister dem Menschen Übles anzutun, mit den hellen Quarzen macht er die Maisfelder fruchtbar. Auf einem anderen Hügel trafen wir einen Indianer mit seiner Frau gerade bei einer „Costumbre“, einer Opferhandlung. Soeben hatte die Frau Blüten der Heckenrose vor der Opferstätte auf den Boden gestreut, brennende Kerzen standen in der Steinnische, vor einem Kopalfeuer kauerte der Mann, in Quichésprache Gebete murmelnd, die sofort bei unserem Eintreffen abgebrochen wurden. Mein sprachkundiger Gastfreund aus dem Dorfe hatte aber soviel noch hören können, daß es sich um die Vorbereitungen zu einer Reise handelte.

Dicht westlich von Chiché liegt die Departamentshauptstadt Santa Cruz Quiché (s. III. Bericht, Abb. 2 auf Tafel 17), in der das Mischlingsele-ment überwiegt. Auch dort war „Fiesta“, doch war die Beteiligung der Indianer schwach. Man führte den seltenen Schlangentanz (Baile de Culebra) auf, aber in einer verderbten Form gegenüber anderen, die ich später bei Momostenango sah. Die 14 Tänzer trugen teils moderne Kleidung, Jakett und Hose und Masken, die komische Alte und Witzbolde vorstellen sollten, teils waren sie in die Indianertracht von Chichicastenango gekleidet, die auch die übliche in der Umgebung von Santa Cruz ist. Ein Tänzer war als Europäer durch seine Maske gekennzeichnet, ein anderer in die Tracht der Indianer von Sololá gekleidet, während ein weiterer Frauengewänder trug, Huipil und Enagua, und einen Männerhut auf dem Kopf. Den Inhalt des Tanzes bildeten Clownspässe, lustige Prügelszenen, wobei der Sololá-Darsteller stets den Kürzeren ziehen mußte, und Entführungsszenen mit der Frau, die jeder einmal zu rauben suchte, bis ihm die anderen die Beute wieder abjagten. Schließlich schüttete man aus einem Tonkrug zwei lebende Schlangen, die eine etwa 80, die andere etwa 50 cm lang. Sie wurden von den einzelnen Tänzern der Reihe nach gepackt und im Tanze herumgeführt. Danach beförderte man sie wieder in den Krug zurück. Als Marimba wurde ein altes Instrument mit Tecomates benutzt.

Schon früher war mir im Westen Guatemalas zu Ohren gekommen, daß im Quiché-Gebiet sowohl in der Umgegend von Totonicapán, als auch in Chicalajá, bei San Cristobal und in abgelegeneren Weilern bei Momostenango, endlich auch in Chichicastenango und bei Chiché Schlangentänze von den Indianern aufgeführt würden, über die in der vorhandenen Literatur noch nichts verlautet war. Um so glücklicher schätzte ich mich, als ich in Santa Cruz Quiché erfuhr, daß in den letzten Augusttagen bei Momostenango derartige Tänze stattfinden sollten. Sogleich entschloß ich mich, die Reise bis dorthin auszudehnen. War doch der Schlangentanz in Santa Cruz schon so verderbt, daß die Schlangen in ihm nur noch eine untergeordnete Rolle spielten.

Von Santa Cruz in westlicher und nordwestlicher Richtung wandernd, gelangte ich in das Barrancogebiet, das die westliche Senke des Quiché erfüllt (s. III. Bericht). Die Schluchten werden vom Quellfluß des Rio Negro und seinen Nebenflüssen und Nebenbächen durcheilt und verlaufen meist in nördlicher und nordöstlicher Richtung. Die Tiefe der Barrancos schwankt zwischen 80 und 120 m. Zwischen ihnen breitet sich die in Riedel und flache Rücken aufgelöste Lockermassenebene der Senke aus. Zu ihr aus dem Barranco des Rio Negro emporsteigend, gelangt man in das einförmige, an einem kleinen See gelegene Dorf San Antonio Ilotenango (1900 m). Westlich des Ortes sind interessante morphologische Verhältnisse zu beobachten (Abb. 1 auf Tafel 18). Dort finden sich in den Lockermassen eingebettet alte, breite, trocken liegende Sohlentäler mit alten Talmäandern, die jählings in ihrem unteren Ende von steilen tiefen Barrancos angeschnitten sind. Die junge Barrancobildung der Senke ist hier noch in voller Entfaltung begriffen, arbeitet sich rückwärts gegen das Gebirge von Totonicapán vor. Der Verlauf der alten Talstücke zeigt, daß auch schon früher die Entwässerung nach Nordosten gegen das Rio Negro-Tal gerichtet war. Terrassen sind nicht ausgebildet.

In dieser Landschaft, die Maisfelder und Schafweiden einnehmen, liegt das bedeutende Indianerdorf Santa Maria Chiquimula (2080 m), dessen unfruchtbare, wenig ergiebige Böden dazu Veranlassung gaben, daß ein Teil der Einwohner nach anderen Gebieten Guatemalas auswanderte oder sich dem Handel widmete. Daß Einwohner sich am südlichen Abhang der Altos Cuchumatanes und namentlich Frauen in San Miguel Uspantán niedergelassen haben, wurde bereits im III. Bericht erwähnt. Manche Chiquimultecos sind zu Reichtum durch ihren Handel gelangt, besitzen sogar kleinere Fincas an der pazifischen Küste. Bei ihren Nachbarn, den Indianern von Totonicapán stehen die Chiquimula-Leute in keinem günstigen Rufe, worauf schon ihre Verhöhnung in dem oben erwähnten Tanze hinweist. Man sagt ihnen die Fähigkeit nach, andere Menschen behexen zu können. Darin offenbart sich eine Dorfrivalität, die schon in alter Zeit bestanden haben mag und neben den Stammesrivalitäten den Spaniern die Eroberung Guatemalas so leicht gemacht hat. Ähnliche Reibereien bestehen noch heute zwischen den Indianern von Totonicapán und Cantél oder denen von Naguala.

Wie in manchen anderen Dörfern der Altos ist auch in Chiquimula noch der alte Kalender gebräuchlich, der 20tägige Jahresabschnitte mit Bezeichnungen der einzelnen Tage in Lenguanamen kennt. Einzelne dieser Tage sind besonderen Festen gewidmet, und als ich in Chiquimula eintraf, war gerade der Vorabend des „Belejeb Batz“ (9 Brüllaffe). Von nah und fern strömten indianische Familien zusammen. Man lagerte sich auf dem Dorfplatz und begann in der abendlichen Dunkelheit dort Kopalfeuer zu entfachen mit der Front nach der Kirche, und neben diesen Kerzen anzuzünden. Andere Einzelpersonen schwenkten kniend Kopalschalen mit dem brennenden Harz, wobei Gebete in Quichésprache gemurmelt wurden. Mit Einbruch der Nacht hub dann in zwei leergeräumten Häusern von Angehörigen der Cofradias das Tanzen an. In einem rechteckigen Raume war dem Eingang gegenüber ein Altar errichtet, auf dem Heiligenfiguren standen, an der einen Schmalseite stand die Marimba. Der Boden war mit Kiefernnadeln bestreut. Zu beiden Seiten des Altars saß je ein Angehöriger der Cofradia, prächtige alte Indianertypen, mit dem buntgestickten roten Kopftuch (sut) angetan. Vor den Heiligenfiguren und den beiden Cofrades tanzten die Männer und Weiber jeder einzeln für sich, hüpfende oder drehende Bewegungen vollführend. Bei der spärlichen Beleuchtung durch eine flackernde Öllampe bekamen diese Szenen eine phantastische Gestaltung und erinnerten unwillkürlich an die Berichte der Konquistadoren, die uns schildern, wie die Indianer nachts vor ihren Götterbildern tanzten. Auch in Quiquimula wurde die ganze Nacht ununterbrochen getanzt.

Am folgenden Tage mußte ich wieder aufbrechen, so daß ich leider die Zeremonien nicht mehr sehen konnte. Schon nach wenig mehr als drei Stunden war Momostenango (2180 m) erreicht, wo Padre I. H. Roßbach mir herzliche Gastfreundschaft gewährte. Ihm wie Herrn E. Lang, der seit einigen Jahren in dem Dorfe ansässig ist, sei an dieser Stelle mein aufrichtiger Dank für die wertvollen Mitteilungen und Unterstützungen ausgesprochen, die mir diese Herren auf Grund ihrer trefflichen Kenntnisse über die Indianer für meine ethnographischen Studien gewährt haben.

Nach kurzem Aufenthalt, der dem Besuche der Thermen nördlich des Ortes und der Erdpyramiden (Abb. 2 auf Tafel 18) gewidmet war, begab ich mich nach dem Weiler San Bartolo Aguas Calientes (2120 m) im Nordwesten von Momostenango (Abb. 1 auf Tafel 19). Auf dem Wege, der durch jungeruptives Gebirge führte, war geologisch das Auftreten gestörter Kalke mit Hornsteinen bemerkenswert, die das Liegende der jungeruptiven Massenergüsse bilden. Sie sind bei San Bartolo aufgeschlossen und gehören vermutlich in eine Reihe mit den engbegrenzten Kalkvorkommen bei San Carlos Sija und Cabricán im Norden von Quezaltenango, die zur Kreide gerechnet werden. Bei San Bartolo waren keine Versteinerungen zu finden. Dicht bei dem Ort sprudeln am Grunde eines Barrancos warme Qellen hervor, die zu Bädern von den Eingeborenen benutzt werden.

In diesem Weiler bot sich nun die Gelegenheit, die Schlangentänze zu beobachten, die neben dem üblichen Stiertanz (Baile del Toro) etwas abseits von der Kirche auf dem Dorfplatz aufgeführt wurden. Unter einem Sonnendach stand eine alte Marimba mit Tecomates, daneben auf einer Matte ein verhüllter Krug (Tinaja). Die Tänzer, sämtlich Männer, 12 an Zahl, zerfielen in zwei Gruppen. Zur einen gehörte eine Frau in Huipil und Enagua, einen Männerhut aus schwarzem Filz auf dem Kopfe, das Gesicht durch ein buntes Taschentuch verhüllt, über das rechte Handgelenk eine kurze Ledergerte tragend und in der Rechten eine Kürbisrassel haltend, und ein Mann mit heller Maske, einen Europäer vorstellend, und mit einem Schafspelz auf dem Kopf. In der Hand trug er eine lange Lederpeitsche, wie sie die Hirten in den Altos zum Treiben ihrer Schafherden benutzen. Zur anderen Gruppe gehörten 9 Männer in zerlumpter Kleidung, Jakett und langen Tuchhosen. Das Gesicht war mit einer dunklen, roh geschnitzten, drollig anmutenden Maske bedeckt; auf dem Kopfe trugen sie Schafsfelle, in den Händen lange Hetzpeitschen. Die Maske des einen Tänzers stellte einen Alten mit struppigem Bart und hervorquellenden Augäpfeln vor. Auf dem Rücken trug dieser den Balg eines Eichhörnchens (ardillo). Schließlich vervollständigten Kürbisrasseln die Tanzausrüstung (Abb. 2 auf Tafel 20). In andern Fällen sollen die Tänzer sich noch mit allerlei Früchten behängen.

Der Tanz selbst hatte als Kern der Handlung das Werben der Männer um die Frau, ihre gewaltsame Entführung aus dem Kreis der Tanzenden, die Jagd der übrigen hinter dem Räuber hinterher, bis ihm der Raub wieder abgejagt war. Der eigentliche Beschützer der Frau war der Weiße, dem dann bald von seiner besseren Hälfte der Laufpaß gegeben wurde zugunsten der wilden Gesellen. Um diese Handlung rankten sich spaßhafte Szenen, es wurden Witze gemacht, die auf Seiten des Publikums Heiterkeit erregten, man stellte allerlei Gliederverrenkungen an. Alle diese Szenen hatten obszönen Inhalt, der auch der Haupthandlung nicht fehlte. Schließlich wurde der solange verdeckte Krug auf ein Tuch am Boden ausgeschüttet. Heraus kam eine etwa 80 cm lange Schlange einer ungiftigen Art, die sogleich von einem Tänzer gepackt wurde. Er schlenkerte sie beim Umhertanzen einige Male in der rechten Hand herum, dann steckte er sie vorn in das Hemd und ließ sie am bloßen Körper von der Brust bis zum Fuß herunterrutschen, wo sie nach einigen Augenblicken aus der Hose wieder zum Vorschein kam. Währenddessen machten die übrigen Tänzer dem Schlangenträger gegenüber unanständige Gebärden und stießen juchzende Schreie aus. Dann kam als zweite die Frau an die Reihe, die sich das Tier ebenfalls in das Huipil steckte und am Körper heruntergleiten ließ. Dann brachte man die Schlange in den Krug zurück.

Das Tier wird drei Tage vor dem Fest im Busch außerhalb des Ortes an einer vom Brujo vorher bezeichneten Stelle gesucht und gefunden und gleich in den Krug gesteckt. Bis zum Festtage bleibt es so im Hause eines der Tänzer stehen. Wahrscheinlich erhält die Schlange in dieser Zeit keine Nahrung. Denn beim Tanze war zu sehen, daß das Tier matt war und alles mit sich machen ließ, ohne je einen Fluchtversuch zu wagen oder sich zur Wehr zu setzen. Man fängt beliebige Schlangen, giftige und ungiftige, wie es der Zufall will. Sind es giftige Tiere, dann werden ihnen entweder die Giftzähne ausgebrochen oder das Maul an den Enden vernäht. Nach Beendigung des Festes wird die Schlange wieder in den Busch hinausgebracht und dort in Freiheit gesetzt.

Zu dem Tanz treten dann noch Geißelszenen hinzu. Zwischendurch peitschten sich die Tänzer gegenseitig aus, doch war die Handlung in San Bartolo nicht so roh, wie ich sie kurz danach an einer anderen Stelle sah.

Das zuschauende Publikum nahm mit ruhiger Würde an dem Tanze teil, verzog bei den unanständigsten Szenen keine Miene, und nur wenn der eine oder andere Tänzer einen Witz machte oder einige andere besonders drollige Gliederverrenkungen zum besten gaben, lachte man. Auffällig war, daß der Zuschauerkreis verhältnismäßig klein blieb. Die Mehrzahl umstand den gleichzeitig stattfindenden Stiertanz, der durch die modernen Gewänder und die bunten Farben wohl mehr Anziehungskraft ausübte.

Wie schon oben bemerkt, hat der Schlangentanz noch seinen alten Namen in der Quiché-Sprache behalten, „Patztaz“ oder „Patztax“. Im Spanischen bezeichnet man ihn als „Baile de los Graseros“. Er ist ein altes Überbleibsel aus der heidnischen Zeit und erinnert an die Schlangentänze im alten Mexico und bei den heutigen Puebloindianern.

Dagegen sind uns keinerlei Nachrichten über Schlangentänze bei den Mayas überkommen. Daß auch aus Guatemala die Geschichtschreiber nie etwas darüber berichtet haben, dürfte dafür sprechen, daß er als heidnisches Gut versteckt vor den Geistlichen aufgeführt wurde. Mit dem Palo del Volador und den übrigen erwähnten archäologischen Indizien gehört der Schlangentanz in eine Reihe, die nach Mexico weist oder mexikanische Einflüsse auf dem Hochland Guatemalas wahrscheinlich macht. —

Zum zweiten Male sah ich dann Schlangentänze kurz darauf in Pologuá (2720 m). Hier handelt es sich um einen Wiesenplan, der in einer flachen Mulde der kahlen Hochfläche eingebettet ist. Auf ihm erhebt sich eine kleine schmucklose Kapelle, an der sich am Antoniustage die Schafhirten der Umgebung zusammenfinden (Abb. auf Tafel 20). Es entwickelt sich zugleich ein Markt, zu dem die umwohnenden Indianer sich einfinden. Es sind Leute, die in Weilern (aldeas) oder Einzelgehöften auf den kalten Hochflächen hausen, meist prächtige, sehnige und urwüchsige Gestalten.

Außer dem kleinen Häuschen für den Pfarrer gibt es keine weitere Hütte. Zum Fest werden einfach langgestreckte Behausungen aus Stangen und Büschelgras aufgerichtet, in denen sich zunächst die Schnapshändler etablieren. Das meiste Volk schläft im Freien, was bei der herrschenden Kälte die Abhärtung dieser Indianer zeigt.

Am Nachmittag vor dem Fest langte die Prozession aus einer im Süden gelegenen Aldea mit dem Heiligenbilde an. Ein langer Zug andächtigen Volkes bewegte sich langsam über die büschelgrasbewachsenen, kahlen Höhen, Marimbas spielten im Zuge, ab und zu wurden Raketen und Bomben abgeschossen. Vor dem Heiligenschrein schritten die Tänzer des Stiertanzes; erst am Ende des Zuges kamen die Graseros in der gleichen Aufmachung wie in San Bartolo. In der Nacht war die Kirche bis auf den letzten Platz gefüllt. Eine Unzahl brennender Kerzen erhellte den kleinen Raum, in dem dicht aneinandergedrängt Männer, Weiber und Kinder knieten oder kauerten. Vorbeter lasen aus Heften die lateinischen Gebete an den Heiligen ab. Hier wie auch sonst stets kann man beobachten, daß der Indianer eine tief religiöse empfindende Natur ist, was ihm trotz aller Naivität in seinen Glaubensvorstellungen Achtung abverlangt.

Am Tage darauf fand nach der Messe der Tanz der Graseros und der Stiertanz statt. Der erstere unterschied sich nur dadurch von jenem in San Bartolo, daß bei ihm die Schlange fehlte. Dagegen peitschten sich die Tänzer um vieles barbarischer aus als in dem andern Dorfe.

Das Publikum nahm in Pologuá viel regeren Anteil an den Graseros als an dem Stiertanz, ohne sich im geringsten bei den heikelsten Szenen etwas zu denken. Der Tanz fand nur einmal statt. Danach begaben sich die Graseros in die Umgebung zu anderen Hütten, um dort die Fortsetzung folgen zu lassen. Es ist daher möglich, daß erst dort, fern von dem Pfarrer die Schlange benutzt wurde. Bei der großen Scheu der Leute war darüber nichts in Erfahrung zu bringen. —

Nach Momostenango zurückgekehrt, hatte ich dort die Reise beendet, die neben manchen Ergänzungen zu den bisherigen geologischen Kenntnissen über Zentralguatemala besonders gute Ausbeute an ethnographischen und archäologischen Beobachtungen erbrachte. Sie lehrte, daß im heutigen Guatemala als wichtigste Gebiete für das Studium der Indianer die westlichen und Teile der zentralen Gebiete der Republik zu gelten haben, denen Gleichwertiges nur noch die Alta Verapaz an die Seite zu stellen vermag. Über sie sind wir durch die Studien Karl Sappers in so trefflicher Weise unterrichtet. Im Quichégebiet dagegen ist seit Brasseur de Bourbourg's und Stoll's Zeit kaum über die Ethnographie gearbeitet worden. Ein längerer Aufenthalt, über Jahre ausgedehnt, das gleichzeitige Erlernen der Sprache, würde notwendig sein, um die versteckten Reste alter Anschauungen und Bräuche ans Licht zu holen, die die modernen Indianer als das kostbarste Gut ihrer einstigen besseren Vergangenheit vor jedem Fremden zäh und wachsam zu hüten wissen.

Südamerikanische Städte

Eine wirtschaftliche Studie von

Dr. **Wahrhold Drascher,** Stuttgart

Das rasche Anwachsen der Städte ist eine Erscheinung, die wir seit etwa der Mitte des vorigen Jahrhunderts in allen Teilen der Welt verfolgen können. Sie hängt eng zusammen mit der zunehmenden Industrialisierung, da naturgemäß die Möglichkeiten der Begründung und des Betriebes von Fabriken in größeren Städten ganz andere sind, als in Kleinsiedlungen. Die Beschleunigung der modernen Verkehrsmittel und ihre Ausdehnung über früher schwerzugängliche Gebiete ist eine andere, ebenfalls zutreffende Erklärung. Auch für das Wachstum der südamerikanischen Städte sind diese Ursachen, die uns aus der europäischen Entwicklung geläufig sind, in hohem Grade mitbestimmend gewesen. Die Industrialisierung dieses Erdteils, die vor allem seit dem Anfang des 20. Jahrhunderts und erst recht seit dem Weltkrieg eingesetzt hat, brachte eine Vermehrung der städtischen Einwohnerzahlen, welche in vieler Beziehung nur mit derjenigen in den Vereinigten Staaten verglichen werden kann.

Allerdings sind daneben noch eine ganze Reihe anderer Faktoren zu berücksichtigen, die aus der besonderen Lage Südamerikas abgeleitet werden müssen. Zunächst einmal ist hier wie überhaupt in den Ländern lateinischer Zivilisation, die Hauptstadt weit mehr der Mittelpunkt der Kultur und des geistigen Lebens, als dies in den germanischen Ländern der Fall ist. Für Südamerika fällt dabei noch ins Gewicht, daß infolge der großen Armut weiter Bevölkerungsmassen die Schicht der Gebildeten verhältnismäßig gering ist und sich zu einem erheblichen Teile in den Hauptstädten zusammendrängt. Politik und Kunst, Bildungsmöglichkeit und geselliges Leben werden von den Zentralen maßgebend beeinflußt und jeder, der auf diesen Gebieten etwas leisten will, hat den sehnlichen Wunsch, in die Hauptstadt zu kommen, da es ihm in der Provinz an Anregung fast völlig fehlt. Die Universitäten sind zum großen Teile dort, der Großgrundbesitzer wie der Minenmagnat verleben lange Abschnitte des Jahres in diesen Mittelpunkten, der Politiker kann nur hier sein Spiel endgültig gewinnen. Letzteres fällt in Südamerika ins Gewicht, da die vermögenden Familien fast sämtlich den Ehrgeiz haben, sich direkt oder indirekt politisch zu betätigen, und deshalb besonders häufig in den großen Zentren leben. In ähnlichem Sinne wirkt auch der Umstand, daß zumal im letzten Jahrzehnt ein ansehnlicher Bruchteil der europäischen Einwanderer, die nach Südamerika kommen, nicht mehr sofort das flache Land aufsucht, sondern, sei es zeitweilig, sei es für die Dauer, ihren Wohnsitz in den größeren Orten aufschlägt. Es ist dies auf die Änderung in der sozialen Struktur der Einwanderung zurückzuführen, wie sie namentlich auch bei uns Deutschen stattgefunden hat. Der Landmann tritt, entsprechend der Zusammensetzung des deutschen Volkes, allmählich zurück und an seiner Stelle finden wir den Industriearbeiter, der lieber die großen Städte aufsucht. Hier liegen die Fabriken und hier bietet sich eher die Möglichkeit, in seinem Berufe oder in einem ähnlichen tätig zu sein, anstatt die harte Landarbeit verrichten oder das entbehrungsreiche Leben eines Siedlers führen zu müssen. Der vertraute Umgang mit den Menschen gleicher Zunge und der Umstand, daß ein Unterricht in der Muttersprache in kleinen Siedelungen nur sehr mangelhaft erteilt werden kann, während in den größeren Städten seitens der Kolonien Schulen unterhalten werden, die auch höheren Ansprüchen genügen, wirken in derselben Richtung.

Alle diese Momente haben dazu geführt, daß die Bevölkerungszahlen der Städte Südamerikas in raschem, teilweise sogar gewaltigem Steigen begriffen sind (vgl. Fig. 1). São Paulo, das Zentrum der brasilianischen Kaffeeprovinzen, beherbergte 1870 erst 25000 Einwohner und ist heute eine Stadt mit fast 800000. Diese Entwicklung stellt ein besonders interessantes Beispiel dar, weil der Ort verhältnismäßig nahe der Bundeshauptstadt liegt, deren relatives Wachstum weit geringer ist. Ferner gestattet dieser Vorgang zugleich einen Hinweis darauf, daß sich hier und dort auch größere Zentren in den Provinzen gebildet haben oder bilden, die bemüht sind, ein gewisses Eigenleben zu führen, das übrigens nicht selten in einem gewissen Gegensatz zu dem der Hauptstadt steht. Zum Teil geht diese Zunahme São Paulos übrigens auf Kosten der alten Städte Bahia und Pernambuco[1]) und ist eben dadurch bedingt, daß sich die brasilianische

[1]) Vgl. darüber die gehaltvolle Studie von Dr. W. Platschke: Von Pernambuco bis Porto Alegre. Berlin 1927. (Meereskunde, Band 15. Heft 10.)

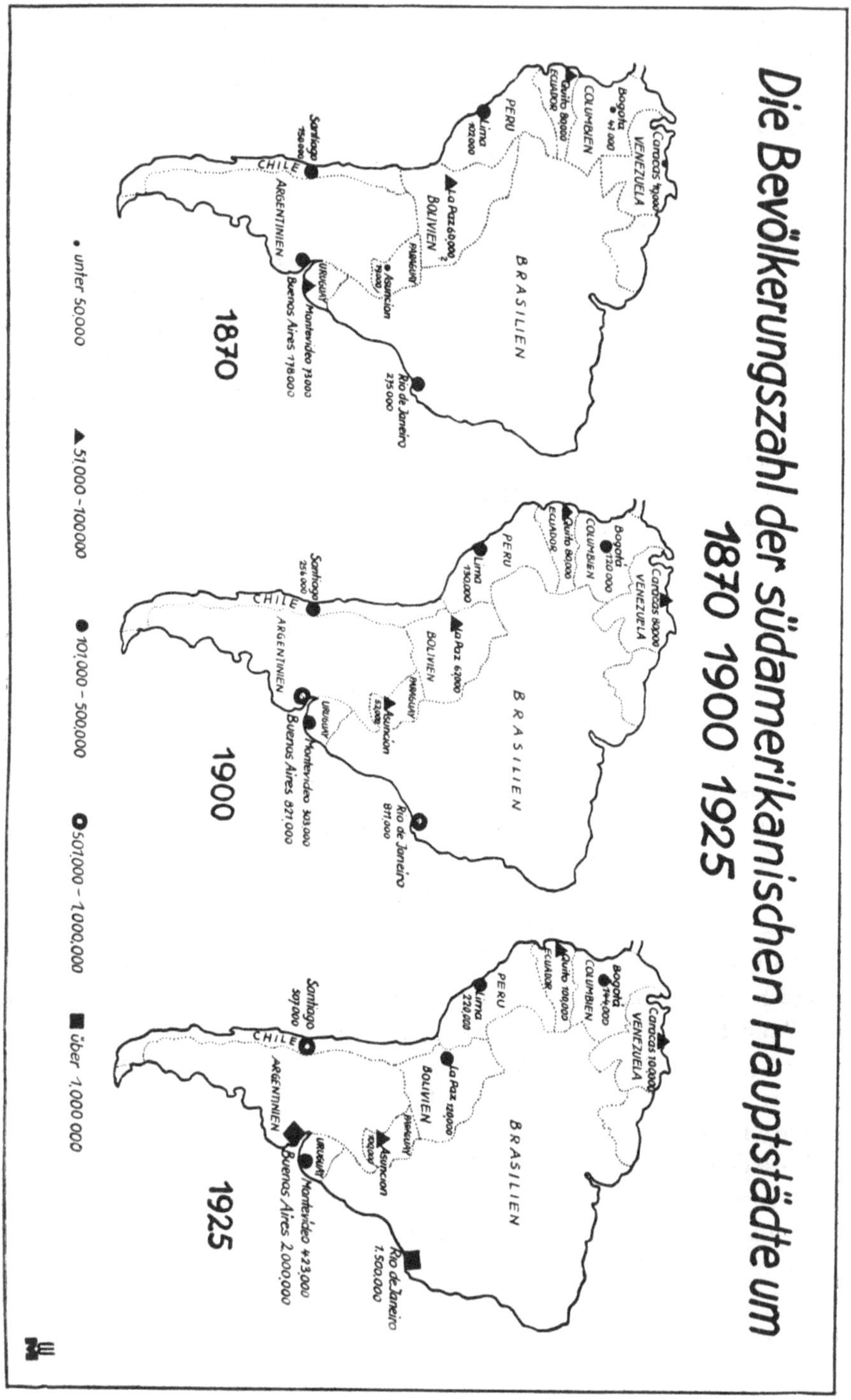

Die Bevölkerungszahl der südamerikanischen Hauptstädte um
1870 1900 1925
1870
1900
1925
BRASILIEN
BOLIVIEN
PERU
CHILE
ARGENTINIEN
VENEZUELA
COLUMBIEN
ECUADOR
PARAGUAY
URUGUAY
Rio de Janeiro 275.000
Buenos Aires 178.000
Montevideo 73.000
Santiago 150.000
Lima 102.000
La Paz 60.000 ?
Rio de Janeiro 811.000
Buenos Aires 821.000
Montevideo 303.000
Santiago 256.000
Lima 130.000
La Paz 63.000
Bogotá 120.000
Quito 80.000
Caracas 80.000
Rio de Janeiro 1.500.000
Buenos Aires 2.000.000
Montevideo 423.000
Santiago 507.000
Lima 220.000
La Paz 128.000
Asuncion 100.000
Bogotá 144.000
Quito 100.000
• unter 50.000
▲ 51.000 – 100.000
● 101.000 – 500.000
◎ 501.000 – 1.000.000
■ über 1.000.000

Abb. 1.

Wirtschaft immer ausschließlicher auf den Kaffee eingestellt hat, während die Produkte der nördlicheren Provinzen damit nicht Schritt gehalten haben. Sonst ist in diesem Zusammenhang als nebenhauptstädtlicher Mittelpunkt noch Valparaiso zu nennen, das als Hafenstadt neben der Hauptstadt Santiago stets seine Bedeutung behielt, wenn auch sein Wachstum immer langsamer erfolgte und in den letzten Jahren vorübergehend sogar ein Stillstand zu bemerken war, der wohl auf die wenig günstige Lage der chilenischen Wirtschaft zurückzuführen ist. (So zählten 1875: Santiago 149 000, Valparaiso 111 000; 1925: Santiago 530 000, Valparaiso 190 000 Einwohner.) Hervorhebung verdient dann noch das rasche Anwachsen der Städte in allen von Deutschen besiedelten Provinzen, das sich in Brasilien wie Chile feststellen läßt. Valdivia, das Anfang der 1850er Jahre kaum 1000 Einwohner umfaßte, besaß 1870 schon deren 4000, 1900 8000, während 1925 rund 32 000 angesetzt wurden[1]), ähnlich auch Porto Alegre, das von 25 000 im Jahre 1870 auf 180 000 heute sich vermehrt hat. Es ist dies u. a. darauf zurückzuführen, daß die Deutschen überall durch Industrialisierung der Städtevermehrung Vorschub geleistet haben. Sonst war die Bildung provinzialer Zentren im wesentlichen von der geographischen Lage abhängig: im Westen, wo sich einer raschen Verbindung mit der Hauptstadt erhebliche Schwierigkeiten in den Weg stellten, und wo Gebirgsschranken bestimmte Landesteile ganz abschlossen, mußten sich eben notgedrungen die Einwohner mehr auf die ihnen erreichbaren kleineren Zentren beschränken. Dagegen konnte das im weiten Flachland gelegene und rasch erreichbare Buenos Aires seine Stellung als führende Stadt Argentiniens immer weiter ausbauen und in diesem Lande gibt es heute Städte von einigermaßen selbständigem Ausmaß eigentlich nur im Norden, wo infolge der subtropischen Produktion und der Bodenbeschaffenheit eben besondere Bedingungen für eigene Mittelpunkte vorliegen.

Aber, wenn der Südamerikaner an die „Stadt“ denkt, so meint er damit im allgemeinen die Hauptstadt seines Landes, und wir dürfen daher wohl bei den folgenden Betrachtungen uns hauptsächlich an diese Hauptstädte halten, deren Gründung, geographische und geschichtliche sowie soziale Gegebenheiten vergleichend untersucht werden sollen.

---

[1]) Vgl. Valdivia, Sonderheft der Deutsch-Chilenischen Monatshefte. September 1925.

Die südamerikanische Kultur, so wie sie sich heute unseren Blicken darbietet, entstammt zwei Wurzeln (von dem für unser Problem weniger wichtigen Negerbevölkerung soll abgesehen werden): einmal den Indianern und zweitens den Europäern, vor allem den Spaniern. Diese haben sich weitgehend mit den Einheimischen vermischt, ihnen die eigene Religion und Sprache gegeben, ohne aber das indianische Element etwa vernichten zu können. Auch hier unterscheiden sich Westen und Osten: dort blieb der indianische Einschlag sehr stark, beinahe überwiegend in den unteren Kreisen, hier wurde der rote Mann gänzlich aufgesogen oder ausgerottet und der Lebenszuschnitt ganz nach dem Vorbild der alten Welt gestaltet, eine Entwicklung, deren Fortgang durch die europäischen Einwandererströme, die sich nach der Ostküste richteten, stets von neuem angeregt wurde. Als dritten Einfluß läßt sich heute schon deutlich derjenige Nordamerikas feststellen, der, insbesondere in den Großstädten, in ständigem Wachsen begriffen ist. Diese drei Faktoren finden wir im Stadtbilde der südamerikanischen Städte mit voller Deutlichkeit ausgeprägt.

Unsere Kenntnis der indianischen Vorzeit ist heute noch nicht umfassend genug, um sagen zu können, ob an den Stellen, wo sich heute die wichtigsten Städte erheben, in der Urzeit ebenfalls größere Niederlassungen vorhanden waren. Als gewiß kann dies für verschiedene Zentren Perus angesprochen werden. Sicher wissen wir es von Cuzco, auch für Lima ist anzunehmen, daß in der Nähe sich ein indianischer Ort befand. Andere, wie Santiago, Quito machen es durch ihre Lage wahrscheinlich, daß sie im Zusammenhang mit älteren Gründungen von den Spaniern angelegt wurden. Dagegen wird man bei den Städten der Ostküste, namentlich bei Buenos Aires, wohl mit ziemlicher Wahrscheinlichkeit annehmen dürfen, daß es sich um völlige Neuschöpfungen der Spanier handelt. Jedenfalls ist mit geringen Ausnahmen (wie etwa Cuzco), von den alten Indianersiedlungen wenig im heutigen Stadtbild nachzuweisen, und die Spanier und Portugiesen haben Anrecht darauf, diese Städte als ihre Neuschöpfungen gelten zu lassen.

Nun stoßen wir hier auf die sehr interessante Tatsache, daß beinahe alle Hauptstädte der verschiedenen Republiken ihre Entstehung bis auf die Conquista zurückführen können. Es seien die Gründungsjahre einiger der wichtigsten genannt:

Buenos Aires 1536	Quito 1533
Rio de Janeiro 1567	Bogotá 1538

San Paulo 1552	Asuncion 1537
Santiago 1541	Caracas 1567
Valparaiso 1541	Lima 1535

Hieraus geht hervor, daß die Spanier und Portugiesen von vornherein einen guten Blick dafür gehabt haben, wo sich Entwicklungsmöglichkeiten für eine Dauersiedelung boten. Die vielen Nachrichten, die solche Gründungen mehr aus Zufälligkeiten entstehen ließen, und die zum großen Teil sagenhaft sind, vermag derjenige, welcher die Lage der Städte überprüft, nicht zu glauben. So entstand Rio in einer der herrlichsten Buchten der Welt, Buenos Aires an der günstigsten Stelle der Einfahrt in den La Plata; Santiago, La Paz und Bogotá liegen in gutbewässerten, gesunden Hochgebirgstälern, beides für den Westen sehr wichtige Dinge.

Es kam den Kolonisatoren zugute, daß die pyrenäische Halbinsel der Städtegründung verschiedenster Art Vorschub geleistet hat. Neben die alten, vielfach aus der Römerzeit stammenden unregelmäßigen Siedelungen waren zu Beginn der neueren Zeit eine große Anzahl neuer, planmäßig ausgebauter getreten und diese haben wohl den südamerikanischen Gründungen zum Muster gedient.[1]) Ziemlich getreu spiegelt sich in ihnen das uralte Modell wieder, das einst die Römer in ihrem Castrum für alle romanischen Völker geschaffen haben. Zunächst einmal war es Grundsatz, daß die Städte möglichst nur in der Ebene errichtet wurden. Erst da, wo die Stadt später sich stark erweiterte, wie beispielsweise in Rio de Janeiro und Valparaiso oder wo mehrere, an sich getrennte Orte ineinanderwuchsen, indem sie Hügel überquerten, zogen sich die Siedlungen bergaufwärts. Früher lagen die Häuser der Reichen und Vornehmen immer in der Ebene, die Höhen waren den unteren Ständen vorbehalten. Erst unter dem Einfluß der Fremden, die aus gesundheitlichen Gründen die Hügel bevorzugten, ist darin allmählich eine Änderung eingetreten. — In jeder südamerikanischen Stadt finden wir als ursprünglichen Mittelpunkt die oft genannte Plaza. Diese war eigentlich der Waffenplatz, wie ihr denn der Name Plaza de Armas bis heute oft genug geblieben ist. In der Conquista stellte sie natürlich in erster Linie den Versammlungsort der Garnison bei drohender Gefahr dar, daneben war sie auch die offizielle Regierungsstätte, wo sich bei wichtigen Anlässen die Volksmenge zusammenballte. Allmählich

[1]) Vgl. C. Jessen. Spanische Städte (nach Jürgens). Geogr. Zeitschr. 1927. Heft 8.

wurde er bisweilen zum Markt, stets zum Festplatz und heute spielen sich auf diesen Plazas alle diejenigen Szenen des südamerikanischen Lebens ab, die irgendwie als erhebend empfunden werden. Die Plaza ist für die Städtegeschichte besonders wichtig, denn an ihrem Vorkommen in den einzelnen Stadtteilen läßt sich das allmähliche Zusammenwachsen der Orte bis in die Gegenwart noch deutlich sehen; es sei dabei u. a. an Valparaiso erinnert, das aus drei verschiedenen Orten entstanden ist, wie heute noch an den Plazas deutlich erkennbar ist. Im Laufe der Zeit wurden diese Plätze mit Anlagen und Denkmälern geschmückt, so daß sie auch architektonisch die Mittelpunkte der Städte sind. Genau wie im alten römischen Lager die Zelte des Feldherrn und der Offiziere um den Hauptplatz lagen, so befinden sich die wichtigsten und stattlichsten Gebäude der älteren Zeit um die Plaza aufgebaut. Dies sind in der Regel die Regierungsgebäude und die Hauptkirche, oft auch die Häuser wohlhabender Familien. Von der Plaza gehen dann 4 oder 6 Straßen aus, die schnurgerade angelegt und in cuadras zu 100 m abgeteilt sind, so daß ein Zurechtfinden in den flachen Städten sehr einfach ist. Je weiter man sich von diesem Stadtmittelpunkt entfernt, desto dürftiger werden im allgemeinen die Behausungen und erst neuerdings, ebenfalls unter dem Einfluß der Fremden sind die großen und bekannten Villenvorstädte wie Belgrano und Palermo bei Buenos Aires, Viña del Mar bei Valparaiso, Miraflores bei Lima usw. entstanden. — Die Straßen der südamerikanischen Städte sind außerordentlich eng. Dies ist wohl in erster Linie auf das spanische Vorbild zurückzuführen, dann aber ebenso wie dort auf das warme Klima und letzten Endes auf die dadurch gegebene leichtere Verteidigungsmöglichkeit der geschlossenen Siedlungen, die zwar als solche keine ausschlaggebende Rolle gespielt hat — Stadtmauern im europäischen Sinne waren selten — aber natürlich bei der Anlage berücksichtigt wurde. Diese Enge der Straßen hatte ferner noch einen anderen Grund: die Häuser der Kolonialzeit waren vorwiegend aus sehr leichtem Material gebaut. Teils war dies ebenfalls der Witterung zuzuschreiben, dann aber sprach dabei für viele Gebiete die Furcht vor Erdbeben mit, denen mehrstöckige Häuser nicht standhielten. Wollte man den Umfang der Stadt nicht allzusehr vergrößern, so mußte man mittels der engen Straßen dem niedrigen Bau der Häuser entgegenzuwirken versuchen. Ohnehin nehmen die meisten Städte Südamerikas einen für europäische Verhältnisse gewaltigen Umfang ein und auch heute, wo sich die breite Straße nach dem Vorbild des Pariser Boulevard überall durchzusetzen beginnt, sind die Entfernungen, die zurückzulegen sind, gewaltig. In den großen Städten bildet das Problem der engen Straßen eines der schwierigsten, denn der Verkehr läßt sich in ihrem Rahmen kaum bewältigen: in Buenos Aires kommt man in vielen Teilen der inneren Stadt zu Fuß schneller ans Ziel, als mit Auto und Straßenbahn. Wohl sind in besonderen Fällen, wie zu Beginn des Jahrhunderts in Rio de Janeiro großartige Straßendurchbrüche erfolgt, die für breite Avenidas Platz geschaffen haben: aber solche Umwandlungen kosten viel Geld und lassen sich in den großen Städten, wo das Areal teuer ist, nur bei besonderen Anlässen vornehmen. Die gegebene Lösung für die Zukunft ist die Untergrundbahn und das Hochhaus, mittels deren der Platz eingespart werden kann, der dann einer allmählichen Verbreiterung der Straßen zugute kommen wird.

In dem Straßenbild selbst haben sich in den letzten Jahrzehnten große Änderungen vollzogen. Um die Mitte des vorigen Jahrhunderts gehörten gepflasterte Straßen zu den Seltenheiten und heute noch sind sie in kleineren Städten nicht die Regel. Das Verbindungsmittel des Begüterten war früher überall das Pferd, und die vor den Häusern angebundenen, auf ihre Herren wartenden Tiere gehörten in den Großstädten zum Stadtbild, wie es allen Reisenden auffiel. Weniger wurden Wagen benützt, die als besonderer Luxus galten. Zu Fuß ging nur der Arme und für dessen Bequemlichkeit wurde in Südamerika wenig getan, was allerdings nicht so nötig war, da er infolge seines indianischen Blutes an Strapazen und Anstrengungen gewöhnt war. Infolge dieser weitgehenden Benutzung des Pferdes brauchte auf die Beschaffenheit der Straßen weniger Gewicht gelegt zu werden. Die Instandhaltung war, wie zugegeben wird, besonders schwierig, weil in den meisten Teilen Südamerikas mit schweren, oft tropischen Regengüssen gerechnet werden mußte, die infolge des leichten Materials der Häuser große Verheerungen anrichteten; Zusammenstürze waren und sind vielfach noch häufig. Erst seit dem Ende des vorigen Jahrhunderts begann sich in größeren Städten die Pflasterung allgemeiner durchzusetzen. Heute natürlich hat der Siegeszug des Automobils, auf das man in Südamerika infolge der weiten Entfernungen besonders angewiesen ist, den lebhaften Wunsch nach guten Wegen erweckt. Besonders Rio de Janeiro hat sich durch die Schaffung einer Anzahl Prachtstraßen, wie der Avenida Niemeyer, bedeutend verschönt. Aber in den Mittel- und gar Kleinstädten beherrscht das Pferd bis jetzt das Straßenbild: alle Geschäftsleute, der Bäcker, Milchhändler, Fleischer, benutzen das Tragtier zum Transport ihrer

Waren, und der Landmann, der von seinem Gute in die Stadt kommt, bedient sich fast durchweg des Pferdes. Wie dann an einem heißen Sommertage die monatelang nicht befeuchteten Straßen in der Trockenheit aussehen, wenn der pulverisisierte Sand alles dedeckt, kann man sich vorstellen.

Dies ist vom hygienischen Standpunkt aus um so bedenklicher, als das geschäftliche und öffentliche Leben in Südamerika, ähnlich wie es in Südeuropa der Fall ist, sich in viel stärkerem Maße auf der Straße abspielt als bei uns. Das hat zwei Gründe: erstens das wärmere Klima, das den Aufenthalt im Freien fast immer am Tage erlaubt und dann die schlechte Beschaffenheit der Wohnungen, die zum erheblichen Teile in der Armut des Volkes seine Begründung findet. Die Lust am Schauen und die Hinneigung zu prunkvollen und imposanten Straßendemonstrationen sind allen Südamerikanern angeboren; nicht ohne Einfluß ist ferner die Tatsache, daß ein erheblicher Teil der Bevölkerung noch des Lesens und Schreibens unkundig und auf mündlichen Nachrichtenempfang angewiesen ist. Es gehört zur Regierungskunst der Staatsmänner dort, alle öffentlichen Veranstaltungen richtig zu organisieren und mit der Verwendung von Militär oder früher der Feuerwehr wird dabei nicht gespart. Es sei hier erwähnt, daß gefährliche Feuersbrünste in allen südamerikanischen Städten an der Tagesordnung sind. Die leichte Bauart der Häuser setzt der Gewalt des Elements keinen Widerstand entgegen und insbesondere bei schweren Erdbeben, wie 1906 in Valparaiso, bildete das Feuer beinahe eine größere Gefahr als die einstürzenden Häuser. So, wie bei Feueralarm strömen bei allen wichtigen Ereignissen die Menschen auf der Straße zusammen und es ist nur schwer möglich, Einheimische bei der Arbeit zu halten, wenn etwas Derartiges sich ereignet. Die Straßen sind daher fast immer belebt und in kleineren Städten sowie in den Vorstädten der Großstädte ertönt auch heute noch das melodische Rufen der Verkäufer, die ihre verschiedenen Waren anpreisen, was den Eindruck des bewegten Rhythmus steigert.

Bietet somit die Straße ein bunteres Leben als in nördlichen Ländern dar, so könnte man sie durchaus mit den südeuropäischen Stadtbildern vergleichen, wenn nicht die Häuser und Wohnungen außen und innen recht unvorteilhaft davon abstechen würden. Die Wohnungsfrage gehört zu den ernsten und bisher völlig ungelösten Fragen Südamerikas und wenn wir auch nicht durchweg den europäischen Maßstab hier anlegen können, so ist doch sicher, daß die teilweise erschreckend hohe Ziffer der Kindersterblichkeit zum guten Teil auf die oft mehr als unhygienischen Wohnungen zurückgeht, in denen ein großer Teil des Volkes sein Leben zubringen muß. Der Indianer, der in einer Hütte haust; der Ansiedler, dem im Anfang eine nur wenig bessere Unterkunft zur Verfügung steht, der Industriearbeiter, der in Wellblechhütten am Rande der Millionenstädte kümmerlich sein Leben fristet oder der zwischen Abfallhaufen ohne Kanalisation und genügenden Luftzutritt in seiner dumpfigen, rauchigen Hütte wohnt, die oft genug nicht einmal Fenster hat; sie haben alle unter diesen ungünstigen Verhältnissen zu leiden. Es macht einen tiefen Eindruck, wenn man nach vielleicht 20 Minuten Bahnfahrt sich der Peripherie von Buenos Aires nähert und, nachdem man im Zentrum die prächtigen Wohnpaläste und luxuriösen Geschäfts- und Regierungsbauten gesehen und bewundert hat, nun diese Behausungen erblickt, die man einem europäischen, auch südeuropäischen Arbeiter nicht anbieten dürfte. Man darf ruhig behaupten, daß ungefähr 80 % aller Südamerikaner in Wohnungen leben, die der modernen Hygiene Hohn sprechen. Die Staatsgewalt versucht jetzt energisch, durch Aufnahme von Anleihen für Stadterweiterungs- und Kanalisierungszwecke Wandel zu schaffen. Aber dies scheitert heute noch oft an der mangelnden Einsicht der Bevölkerung selbst, die aus Bequemlichkeit am Alten hängt.

Der bessergestellte Stadtbewohner hat natürlich eine entsprechende Unterkunft. Wie eine Anzahl noch vorhandener Gebäude aus der Kolonialzeit beweisen — es sei dabei vor allem an Lima erinnert — gaben die schön geschnitzten Balkons und die sorgfältig behauenen Wände damals manchem Gebäude ein malerisches und ästhetisches Aussehen. Viele Kirchen zeigten reichen Schmuck an Bildhauerarbeit, wie insbesondere in Mittelamerika die Kathedrale von Mexiko, die man wohl mit Recht als das schönste Bauwerk des Kontinents bezeichnet hat. Leider aber blieb dies vereinzelt; die alten Bauwerke des ersten Jahrhunderts wurden nur zu bald von den Unbilden der Natur vernichtet, wobei die geringe Neigung der Südamerikaner zum Konservieren sicher ihren Anteil hatte. Dieser Zug spiegelt sich noch heute im Stadtbild wieder: Verfallendes wird wenig erneuert, dafür wird lieber etwas Neues an seine Stelle gesetzt. — Das Haus des Südamerikaners, der in der Stadt lebt, trägt durchaus den südeuropäischen Typ, der ebenfalls auf Rom zurückgeht. Die der Straße zugekehrte Seite ist meist einfach und schmucklos gehalten; schön gearbeitete Fenstergitter sind oft das einzig anziehende, zumal die niedrige, vielfach einstöckige Bauart, wie sie in früheren Jahrzehnten vorherrschte und das flache Dach wenig Möglichkeiten zu architektonischer Gestaltung bieten. Die Neigung, das Haus bunt anzustreichen, ist vielfach noch lebendig, auch sonst liebt man die Wand meist in heller Tönung zu halten. Steinhäuser sind erst seit der zweiten Hälfte des vorigen Jahrhunderts üblich geworden, vorher diente der Adobe, der aus Lehm gepreßte Luftziegel, der gegen Feuchtigkeit und Erschütterungen wenig Widerstand bietet, als hauptsächliches Baumaterial. Im Inneren des Hauses finden wir den Hof, den patio, in besseren Häusern mit Blumen bepflanzt, um den herum die einzelnen Zimmer liegen, die oft nur vom Hofe aus Licht und Luft erhalten und fensterlos sind. Der Kampf gegen Wärme und Licht überwiegt die hygienischen Forderungen. Das Etagenhaus hat sich natürlich weitgehend unserer Bauart anpassen müssen. Größere Gärten finden sich in der Stadt nur selten, denn der Aufenthalt in freier Luft zum Zwecke des Genusses ist dem Südamerikaner nicht recht verständlich. Es ist dies eine Folge des heißen Klimas, das ihn das schattige Zimmer (wie auch die unbesonnte Straßenseite!) suchen läßt, zumal er beruflich mehr im Freien tätig ist als der Europäer. —

In der Mitte des vorigen Jahrhunderts begann sich im südamerikanischen Geschmack ein Wandel zu vollziehen, den man gerade im Stadtbild deutlich feststellen kann. Durch die Unabhängigkeit war die Verbindung mit Spanien gelockert und andere europäische Hauptstädte begannen Vorbilder zu werden. In erster Linie ist da natürlich Paris zu nennen. So kann die Bedeutung dieser Stadt für Südamerikas Entwicklung nicht hoch genug eingeschätzt werden, wenn auch — von unserem Standpunkt aus erfreulicherweise — sich die Anerkennung der germanischen Kultur allmählich zu heben beginnt. Aber damals war Paris, die ville lumière, das Vorbild jeder südamerikanischen Stadt. Alles, was Geschmacksfragen anbetraf, wurde in Paris und nach seinem Vorbild entschieden. Es soll nicht geleugnet werden, daß die Anlage der Boulevards, die wir heute in allen größeren Städten finden und die dem Straßenbild viel von der sonst oft vorhandenen Monotonie genommen haben, einen erheblichen Fortschritt gegen früher bedeutet. Dagegen darf man wohl sagen, daß die Übertragung des französischen Baustils nach Südamerika, die insbesondere durch die vielen französischen oder in Frankreich ausgebildeten Architekten erfolgte, zu einem Zeitpunkt geschah, in dem die französische Architektur nicht auf einer besonderen Höhe stand. Viele Gebäude und Denkmäler jener Zeit zeigen etwas Gemachtes; es ist der sattsam bekannte Stil der Weltausstellung, der sich da wiederfindet und der oft störend wirkt. Diese weißen, glatten, oft mit etwas schwülstigen Skulpturen überladenen Gebäude wirken gegen die einfachen, geraden Linien der älteren Häuser oft unruhig und unecht. Dies trifft insbesondere für offizielle Gebäude zu, während die Privatbauten, die in größeren Städten, wenigstens des Ostens, allmählich mehrschossig erstellt wurden, ruhiger und gleichmäßiger gestaltet wurden, zumal wenn sie nach einem einheitlichen Plan errichtet sind. Dagegen bilden viele öffentlichen Plätze in ihrer geschmackvollen, architektonisch wirksamen Anlage ein prächtiges Bild und der große Kongreßplatz in Buenos Aires kann da als Muster gelten.

Erst seit dem Weltkrieg ist man zum Bau von Wolkenkratzern übergegangen und rasch haben sich diese immer weiter durchgesetzt, zumal der Beton gegen Erdbeben Sicherheit bieten soll. Die Stadtbilder haben dadurch entschieden gewonnen. An Stelle der früheren Unruhe und Überladenheit der größeren Gebäude beginnt Sachlichkeit zu treten und für den praktischen Gebrauch als Geschäftshäuser eignen sich diese Baulichkeiten besser. Deutsche Firmen haben auf diesem Gebiete mit großem Erfolge gearbeitet; der im vorigen Jahre fertiggestellte Umbau des Gebäudes des Banco Aleman Transatlantico in Buenos Aires oder der große Neubau der englischen Bank in Valparaiso können als Musterbeispiel des modernen Bauens genannt werden.

Überhaupt haben die Fremden, in deren Händen auch heute noch der wesentliche Teil des nichtagrarischen Wirtschaftslebens in Südamerika liegt[1]), die Stadtbilder verschiedentlich beeinflußt. Wir wollen hier nur darauf hinweisen, daß die Mittelpunkte der deutschen Siedelungsbezirke, wie Valdivia und Blumenau, zu einem erheblichen Teil auch im deutschen Stil erbaut sind. In den Großstädten sind die Geschäftshäuser, die fremde Firmen beherbergen, die Schulen und Klubs, sowie Krankenhäuser der fremden Gemeinden ebenso wie die Privatvillen oft in einer der Geschmacksrichtung des Besitzers entsprechenden Art errichtet. Durch das Spitzdach sind die deutschen Gebäude kenntlich, während die Villenvororte, die gepflegten Gärten vielfach englischen Charakter tragen. Überall, wo größere fremde Kolonien vorhanden sind, ist die Trennung von Geschäftsstadt und Wohnvorort weit fortgeschritten und im Gegensatz zur bisherigen Gepflogenheit haben einheimische, vermögende Kreise sich in steigendem Maße diesem Beispiel angeschlossen und sind in die Vororte ge-

---

[1]) Vgl. Drascher, Wirtschaftsentwicklung in Süd- und Mittelamerika (in: Schriften des Vereins für Sozialpolitik 171. III). J. München 1926.

zogen. Immerhin ist diese Entwicklung noch lange nicht in dem Maße fortgeschritten, wie in europäischen Ländern. Der Grund ist wohl mit darin zu suchen, daß der reiche Südamerikaner, der sich das teure Leben in solchen Vororten leisten könnte, meistens über größeren Gutsbesitz im Lande selbst verfügt, wo er den Sommer über lebt, um nur im Winter zur Zeit der erhöhten politischen und gesellschaftlichen Tätigkeit in die Hauptstadt zu kommen, wo er dann ein schönes Haus in der Nähe des Stadtzentrums vorzieht. —

Haben wir so in einzelnen Einzelzügen das äußere Bild der größeren südamerikanischen Städte zu zeichnen versucht, so soll dies durch eine Darlegung der wirtschaftsgeographischen Bedeutung ergänzt werden. Wir stellen fest, daß die Mehrzahl der Städte ihre Entstehung dem Wunsch der spanischen Eroberer verdankt, feste Stützpunkte, militärische und politische Standlager ihrer Herrschaft zu schaffen. Aber gleichzeitig wurden sie dadurch wirtschaftliche und kulturelle Mittelpunkte. Dabei ist wesentlich, daß die ersten wichtigen Städtegründungen, besonders die an der Westküste, nicht am Meere, sondern im Inneren gelegen waren. Die Lage an der Küste hatte in den unruhigen Zeiten des 16. und 17. Jahrhunderts, wo immer wieder mit Überfällen von der See aus gerechnet werden mußte, ihre großen Nachteile. Auch die Beherrschung der Indianer ließ sich von einer zentral im Inneren gelegenen Stadt, von der aus auf den alten Eingeborenenwegen entferntere Bezirke leichter erreichbar waren, besser durchführen. Es entstanden daher oft neben den Hauptstädten die Hafenstädte (Callao-Lima, Valparaiso-Santiago, Guayaquil-Quito, La Guaira-Caracas), ein Nebeneinander, das für Südamerika besonders bezeichnend ist. So ist Buenos Aires, in dem sich beides vereinigte, eigentlich erst viel später zu einem wirklich wichtigen Knotenpunkt geworden. In Brasilien lagen die Dinge insofern anders, als die Portugiesen viel mehr als die Spanier ein Händlervolk waren, dem der Sitz an der Küste in den Hafenstädten wie Bahia, Pernambuco und Rio, wo der Umschlag der Landesprodukte auf die europäischen Schiffe erfolgte, am wichtigsten war. Welche Nachteile dies in sich schloß, ergab die holländische Besetzung Brasiliens im 17. Jahrhundert, die nur von der Küste her erfolgen konnte. Während dieser Zeit haben folgerichtig diese Küstenstädte einen besonderen Aufschwung erfahren. Die Spanier, die sich vor allem zu den Minen hingezogen fühlten, waren aus diesem Grunde genötigt, bei der Wahl des Standorts für ihre städtischen Niederlassungen die Minengegenden, die meist im Inneren gelegen waren, zu berücksichtigen. Wie vorteilhaft die Kontinentallage in Krisenzeiten war, bewies der Verlauf des Unabhängigkeitskrieges, der im wesentlichen in den einzelnen Provinzen mit fremder, englischer Hilfe durchgefochten wurde, die in ihrer größten Wirkung von der Küste her einsetzen konnte.

Nach der Konstituierung der Republiken traten wirtschaftliche Gesichtspunkte in den Vordergrund. Der alte, unnatürliche Zustand, daß ganz Südamerika vom peruanischen Hochland aus beherrscht wurde, hörte auf. Die bisher künstlich niedergehaltenen Hauptstädte der einzelnen Provinzen wurden nun erst richtige Mittelpunkte des Landes. Die Einwohnerzahl Limas, die 1810 noch 87000 betragen hatte — nach Rio die größte Stadt des damaligen Südamerika — ging rasch zurück, 1842 wurden nur noch 52000 Einwohner gezählt[1]). Dafür aber entwickelten sich die übrigen Hauptstädte rasch. Während des ganzen 19. Jahrhunderts war unbestritten Rio de Janeiro[2]), das schon 1811 100000 Einwohner zählte, die führende Stadt des Erdteils. Einen besonderen Aufschwung nahm es dadurch, daß es die Hauptstadt des brasilianischen Kaiserreiches wurde und der Hof unter verständnisvollen Fürsten bemüht war, die Stadt auch durch Bauten und Anlagen verschiedener Art zu verschönern. Das alte, um den ehemaligen Kaiserpalast gelegene Viertel Rios, das heute allerdings seine frühere Bedeutung eingebüßt hat, legt davon noch Zeugnis ab. Vorteilhaft für diesen Aufstieg war aber noch, daß Brasilien von den Wirren der Unabhängigkeitskriege am wenigsten zu leiden hatte und daß es infolge seiner reichen Naturschätze sich manchen Luxus erlauben konnte, auf den die Bewohner anderer Länder damals verzichten mußten. Die schöne, natürliche Lage der Stadt, die sich an Hügel und Meeresbuchten anlehnen konnte, machte Fortschritte allerdings leichter als an anderen Plätzen. Leider aber wurde Rio lange Jahrzehnte hindurch von schweren Gelbfieberepidemien heimgesucht, die erst im letzten Drittel des 19. Jahrhunderts restlos eingedämmt werden konnten. Die großartige Neugestaltung Rios in hygienischer und städtebaulicher Beziehung ist vor allem dem Deutschbrasilianer Lauro Müller und dem brasilianischen Arzt Oswald Cruz zu danken, deren Name in der Geschichte des südamerikanischen Städtebaus nicht vergessen werden sollten. Bis heute ist Rio neben Bahia die vorzugsweise romantische und vielleicht

[1]) Vgl. darüber J. J. v. Tschudi, Peru. St. Gallen 1846.

[2]) Ein anschauliches Bild der Entwicklung der brasilianischen Hauptstadt im letzten Jahrhundert gibt das Buch von H. Hinden: Deutsche und deutscher Handel in Rio de Janeiro, dortselbst, 1921.

auch am meisten aristokratische Stadt Südamerikas geblieben. Allerdings hat sie ihr Hinterland nicht in dem Riesenumfang wie Buenos Aires festhalten können. Der Norden mit seinen tropischen Produkten hatte schon früh sein Eigenleben geführt und im Zentrum entsteht ihr in dem rasch aufblühenden São Paulo ein sehr ernster Mitbewerber und der hauptsächlich von Deutschen besiedelte Süden beginnt sich in dem aufblühenden Porto Alegre ebenfalls einen eigenen Mittelpunkt zu schaffen. Es ist nicht zu übersehen, daß eben Rio als politischer Mittelpunkt des Landes seine Bedeutung heute noch hat — ob dies auf die Dauer so bleiben wird, kann mit Gewißheit nicht gesagt werden, da ein großer Teil des Kaffees, der Brasiliens Haupthandelsprodukt zu 80 % darstellt, in San Paulo produziert und über Santos verschifft wird; diese wirtschaftliche Tatsache, die sich in dem rapiden Aufstieg Sao Paulos ausdrückt, wird, je länger, desto stärker, maßgebend werden.

Ein ganz anderes Bild bietet Buenos Aires[1]). Man darf wohl sagen, daß seine wirtschaftsgeographische Lage derart günstig ist, wie diejenige kaum einer anderen Stadt der Welt, wenn man von den Hafenplätzen an den großen chinesischen Flüssen, etwa von Schanghai oder Hankau, absieht. Buenos Aires liegt am Eingang des großen südamerikanischen Stromsystems, das diejenigen Teile Südamerikas erschließt, die in der gemäßigten Zone gelegen sind. Das ganze Hinterland ist flach und die unabsehbare Weite liegt dem Einfluß der Hauptstadt Argentiniens offen. Außer den Wasserstraßen bietet ein zentral von Buenos Aires ausgebautes Weg- und Eisenbahnnetz leichte Verbindungen, die bis zum Ostrand der Cordillere im Westen, bis nach Patagonien im Süden und bis zum brasilianischen Hochland im Norden reichen. Neben dieser an sich schon bevorzugten Lage, die es zum Durchgangsplatz für Reisende und Waren nach ganz Argentinien, Paraguay, Chile, ja neuerdings auch nach Eröffnung der Eisenbahnlinie über Tupiza nach Bolivien macht, ist es der Hauptlandungshafen für die europäische Einwanderung, die im letzten Jahrhundert immer stärker nach Argentinien gegangen ist. So steht es auch mit einer Hafentonnage (Mittel von Eingang und Ausgang) von rund 3 Millionen Tonnen bei weitem an der Spitze aller südamerikanischen Häfen, wobei zu berücksichtigen bleibt, daß diese Zahlen nur solche Schiffe enthalten, die Buenos Aires zum ausschließlichen Abfahrts-

[1]) K. Lohausen. Führer durch Buenos Aires (mit Plan und Karte). Buenos Aires. 3. Aufl. 1924.

oder Zielhafen gewählt haben, während in den hohen Frequenzziffern vieler anderer südamerikanischer Häfen ein großer Durchgangsverkehr steckt, der bei Buenos Aires ganz wegfällt. Rio mit etwa 1,8 Millionen Tonnen fällt dagegen weit ab, zumal es sich hier um viel Durchgangsverkehr handelt, was ebenso bei Valparaiso und Callao, die verhältnismäßig hohe Zahlen aufweisen, der Fall ist.

Der Auswandererverkehr und das Getreidegeschäft sind die beiden Grundpfeiler der Bedeutung des Hafens von Buenos Aires, dessen Hinterland heute wohl $^1/_3$ des südamerikanischen Festlandes überhaupt umfaßt. So ist die Stadt eine Art Auffangsvorrichtung für die nach Südamerika strömenden Europäer und diese Tatsache hat dazu geführt, daß verhältnismäßig der Prozentsatz der hier lebenden Ausländer ein sehr hoher ist. Allerdings hat das neben erfreulichen höchst unerwünschte Folgen gehabt. Es hat sich in Buenos Aires ein gewaltiges Proletariat angesammelt, das der Regierung schon manche Schwierigkeiten bereitet hat und noch bereiten wird. Die treibhausartige Zunahme der Stadt erinnert an das rasche Aufblühen nordamerikanischer Uransiedelungen[1]). Noch im Jahre 1840 zählte Argentiniens Hauptstadt nur 40000 Einwohner, 1860 erreichte es 100000, von da ab ging es schnell bergauf und 1900 war es bereits auf über 800000 angeschwollen. 1914 waren es 1 ½ Millionen und heute sind 2 Millionen bereits überschritten. Bedenkt man, daß Argentinien insgesamt 10 Millionen Einwohner hat (nach jüngster Zählung), so ist etwa jeder 5. Einwohner des Landes in der Hauptstadt ansässig, ein Verhältnis, das auf Deutschland übertragen bedeuten würde, daß Berlin etwa 12 Millionen Einwohner zählen würde, anstelle der 4 Millionen, die es hat. Die Gründe für dieses Anschwellen liegen neben manchem anderen — z. B. der Grundbesitzverteilung Argentiniens, die die Schaffung eines selbständigen Bauernstandes fast unmöglich macht und daher viele Siedler in die Städte zurückscheucht — vor allem eben in der Tatsache, daß der europäische Einwanderer der Gegenwart in erster Linie Stadtmensch ist und darum gern in der Großstadt bleibt, wo ihm das Leben gewohnter ist, als auf dem Lande. Das Wachsen ist um so bemerkenswerter, als Buenos Aires keineswegs in dem Maße als Industriezentrum Argentiniens angesprochen werden kann, wie dies etwa bei Sao Paulo für Brasilien und für Santiago bei Chile gesagt werden

---

[1]) Vgl. hierzu und zu dem Folgenden die beigegebenen Vergleichskarten, welche die Größe der Hauptstädte Südamerikas 1870, 1900, 1925 zeigen (Figur 1 S. 66). Die früheren Zahlen bedeuten oft nur Schätzungen, was zu beachten ist.

kann. Buenos Aires ist in erster Linie Umschlagplatz und die Bevölkerung lebt von dem sich hieraus ergebenden Verdienst.[1])

Diese ganze Entwicklung hat sich so schnell vollzogen, daß Buenos Aires überall darunter zu leiden hat. Die Straßen sind für den Verkehr viel zu eng, die Hafenanlagen trotz dauernder Verbesserungen für einen Umschlagplatz dieses Ausmaßes nicht geräumig genug. Als besonderer Übelstand mag erwähnt werden, daß durch die Lage seiner Bahnlinien Buenos Aires von dem eigenen Hafenviertel direkt abgeschnürt wird, was jeder schmerzlich empfindet, der vom Schiff zur Stadt will. Die englischen Eisenbahngesellschaften haben sich frühzeitig diesen wertvollen Raum gesichert und alle Versuche, ihn wieder zu erhalten, sind bisher vergeblich gewesen, trotzdem dadurch, wie gesagt, die größten Nachteile entstanden sind. Im Ganzen weist Buenos Aires alle Kennzeichen einer Weltstadt raschesten Wachstums auf. Die sozialen Gegensätze, die überall im Osten Südamerikas sehr stark sind und vom Europäer im Stadtbild empfunden werden, treten in Buenos Aires besonders kraß in Erscheinung. Während in den Palästen der reichen Familien der größte Luxus herrscht — Argentiniens Hauptstadt ist heute wohl Abnehmerin der teuersten und kostbarsten Luxusgegenstände der ganzen Welt und sein Seidenverbrauch soll größer sein als der New-Yorks — lassen die Behausungen der ärmeren Viertel in jeder Hinsicht zu wünschen übrig. Was diese Armut in Buenos Aires besonders deutlich hervortreten läßt, ist die landschaftliche Reizlosigkeit der Stadt. Zu ihrer Verschönerung hat die Natur nichts getan: am Strande wälzt sich grau und gleichförmig, ohne jede Brandung, der La Plata-Strom dahin, und keine Erhebung belebt das Bild. Jenseits der Stadt beginnt die weite, eintönige Pampa. Wohl hat die Stadtverwaltung durch Schaffung künstlicher Gartenanlagen viel zur Verschönerung getan und diese grünen Oasen sowie die breiten Prachtstraßen, der vorzügliche zoologische und botanische Garten würden jeder europäischen Stadt zur Zierde gereichen: aber den Mangel natürlicher Schönheit haben sie nicht ersetzen können. Auch das Klima kann nicht als günstig angesprochen werden: es fehlen die frischen Winde und in der sommerlichen Trockenheit gehört ein längerer Aufenthalt dort nicht zu den Annehmlichkeiten. In den letzten Jahren hat Buenos Aires rasch den Typ der internationalen Großstadt angenommen: überall ragen im Stadtbild die Riesenbauten

[1]) Reizvoll wäre eine Untersuchung der Wirtschaftsbedeutung der südamerikanischen Städte nach dem Sombartschen Schema (Das Wirtschaftsleben im Zeitalter des Hochkapitalismus. 1927. 1. Halbband. S. 399 ff.).

der Hochhäuser empor und es ist anzunehmen, daß der heute noch stark südeuropäische Charakter der Stadt, der unter anderem durch die große Zahl der Italiener bedingt wird, allmählich verschwinden und mehr dem internationalen Stil Platz machen wird, zumal in absehbarer Zeit mit einer starken Umwandlung des Stadtbildes wird gerechnet werden müssen. Für Montevideo liegen übrigens die Verhältnisse ähnlich.

Die Hauptstadt Chiles, Santiago[1]), die allerdings nur den vierten Teil der Einwohner von Buenos Aires (ca. 530000) zählt, hat den Charakter der Kolonialstadt viel treuer bewahrt. Im Mapochotal gelegen, genießt man die herrlichste Aussicht auf die schneebedeckte Cordillerenkette. Gegenüber den anderen Hauptstädten erscheint Santiago schmuckloser, aber auch einheitlicher in seinem Stil. Infolge der Erdbebengefahr war das einstöckige Haus bis in die jüngste Zeit durchaus vorherrschend, was der Stadt eine gewaltige Ausdehnung gab. Erst neuerdings ist man auch hier zum Bau von Hochhäusern übergegangen, die sich aber verhältnismäßig langsam durchsetzen. Die starke Geschlossenheit Chiles, die aus seiner einheitlichen, zwischen Meer und Cordillera das Land zusammenpressenden Lage herrührt, hat Santiago trotz seiner Lage inmitten des Gebirges, tatsächlich zur politischen und letzthin in immer stärkerem Maße zur wirtschaftlichen Zentrale des Landes werden lassen, zumal die Längstäler seine Verbindung mit Norden und Süden sicherstellen. Die Bedeutung Valparaisos ist zurückgegangen, zumal das Nachlassen des Salpetergeschäftes sich für Valparaiso ungünstig ausgewirkt hat und ihm in dem Hafen San Antonio ein gefährlicher Nebenbuhler entstanden ist. Santiago ist vor allem auch der gegebene Mittelpunkt für die reichen Getreidebezirke Mittelchiles und, ähnlich wie in Buenos Aires, verzehrt hier der Großgrundbesitzer seine Einkünfte, um am politischen Leben teilzunehmen. Wirtschaftlich kommt ferner in Betracht, daß ein beträchtlicher Teil der bolivianischen Minen von der Börse in Santiago aus finanziert wird, so daß die chilenische Hauptstadt auch Bolivien zu ihrem Hinterland rechnen kann, das keinen Zugang zum Meere hat und in dieser Beziehung von Chile abhängig ist, was natürlich dessen Hauptstadt zugute kommt.

Bogotá und Quito ähneln in mancher Beziehung Santiago, wenn sie auch beträchtlich kleiner sind. Beide sind in bezug auf ihr

[1]) Vgl. die aufschlußreiche Einführung von Dr. C. Keller zu dem Lithographienwerk „Santiago de Chile“. Herausgegeben vom Deutsch-Chil. Bund, Santiago 1927.

Hinterland beschränkt, weil die Cordillera die Länder zerschneidet und gewaltsam die Schaffung gewisser Sonderzentren mit eigener wirtschaftlicher Einflußsphäre erzwingt. Während Chile schmal ist und wie schon gesagt, die Längstäler, die durch das ganze Land laufen, Verbindungswege herstellen, die durch Eisenbahnen nach Nord und Süd, die sich in Santiago treffen, nutzbar gemacht sind und auch die einzige direkte Pazifikverbindung Valparaiso—Buenos Aires Chiles Hauptstadt berührt, verbauen die nordsüdlich laufenden Cordillerenketten sowohl La Paz wie auch Bogota die Verbindungswege in die Provinzen. Bogotá leidet dazu noch an seiner bisher sehr schlechten Verbindung zur See, die erst in jüngster Zeit durch die Aufnahme eines regelmäßigen, wenn auch kostspieligen deutschen Flugzeugverkehrs hat überwunden werden können.

Lima (etwa 200000 Einwohner) ist wohl die Stadt, die noch am meisten an die Kolonialzeit erinnert. Auch Limas Hinterland ist eingeengt, denn weder nach Norden noch nach Süden führen intensiv genug ausgenutzte Bahnverbindungen. Der Verkehr Perus vollzieht sich daher zum erheblichen Teile auf dem Wasserwege. Kurze Zubringerbahnen verbinden die Hafenstädte mit den Hauptplätzen des Hinterlandes; wie es typisch bei Arequipa ist, das, durch eine Strichbahn mit Mollendo verbunden, auf diesem Wege seinen Verkehr mit der Außenwelt aufrecht erhält, ohne mit dem übrigen Teil des Landes in engerer Verbindung zu stehen. Lange Zeit hindurch ist für Lima und erst recht für den Hafenplatz Callao sehr wenig geschehen und besonders die letztere Stadt, die heute etwa 60000 Einwohner zählt, bot ein trauriges Bild der Verwahrlosung. Erst unter der Regierung des jetzigen Präsidenten Leguia ist für die Modernisierung der beiden Städte mehr getan worden und eine Anzahl freundlicher Vororte gibt dem Stadtbild ein sauberes Aussehen. Die Lage Limas entsprach bei ihrer Gründung den Anforderungen, die die Spanier an sie stellten: sie lag nicht direkt am Meer, so daß sie feindlichen Überfällen in geringerem Grade ausgesetzt war, sie war aber dem Meere nahe genug, um als Verbindungspunkt mit der Heimat zu dienen. Diese Voraussetzungen haben heute ihren Wert verloren, so daß Lima mit mancherlei Schwierigkeiten zu kämpfen hat. Doch ist es sehr wohl möglich, daß an der ganzen Westküste in der nächsten Zeit erhebliche Änderungen eintreten: wie die Salpetergewinnung in Chile dazu führte, daß ganz neue (bisweilen Wellblech-)Städte wie Antofagasta und Iquique mitten im wüstenartigen Küstenstrich entstanden, die ganz auf die Zufuhr zur See angewiesen sind, so werden die großen Petroleumfunde längs

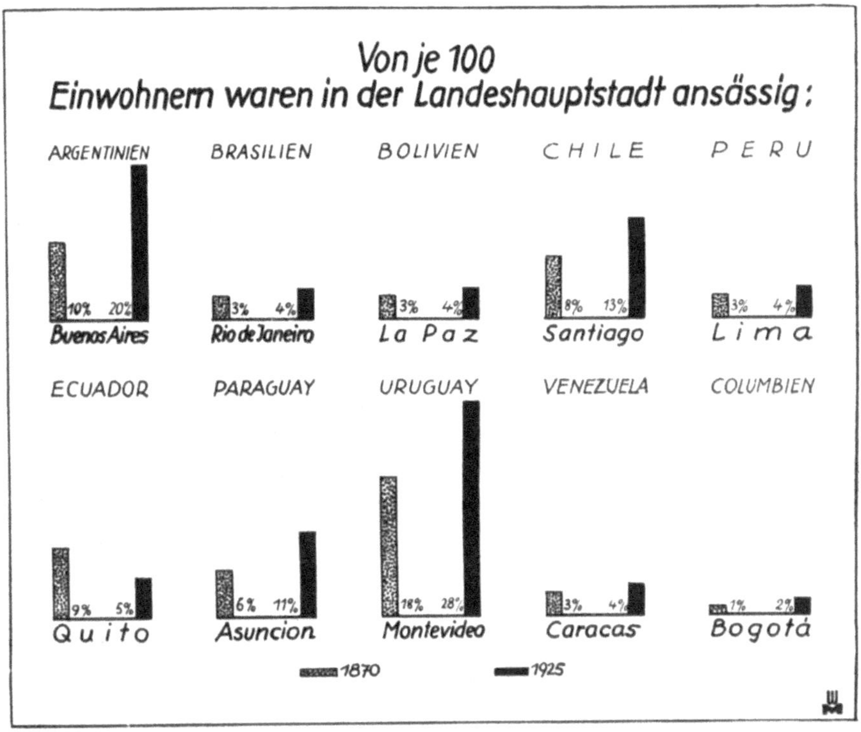

Abb. 2.

der Westküste sicher das Anwachsen neuer Städte rasch beeinflussen, die allerdings zunächst wohl reine Zweckmäßigkeitsgründungen sein werden.

Mit einem Blick auf Guayaquil, das ebenso wie Santos und Asuncion zu den großen Flußhafenstädten Südamerikas gehört, wollen wir diesen Umblick über die wichtigsten Städte Südamerikas schließen, um noch auf ein besonderes Problem einzugehen: nämlich auf die Frage, ob und aus welchen Gründen auch in Südamerika eine Abwanderung der ländlichen Bevölkerung in die Städte festzustellen ist[1]). Zu diesem Zwecke darf vielleicht auf die Übersichtskarte und die beiden Diagramme verwiesen werden. Es ergibt sich daraus, daß die großen Hafenstädte an der Ostküste bei weitem am stärksten zugenommen haben. Aber selbst bei voller Berücksichtigung der Tat-

[1]) Vgl. dazu die beigefügte graphische Darstellung (Abb. 2), die das zahlenmäßige Verhältnis der Hauptstadtbevölkerung zu der des übrigen Landes zeigt. Auch hier ist man in früheren Jahren und vielfach auch gegenwärtig auf Schätzungen angewiesen.

sache, daß es sich bei ihnen allen, bei Buenos Aires, Rio und Montevideo um die Hauptstädte der wichtigsten Länder Südamerikas, bei São Paulo um den Mittelpunkt der brasilianischen Wirtschaft handelt, ergibt sich aus den Diagrammen, daß auch relativ ihr Anteil an der Bevölkerungszunahme größer ist, als der Zuwachs des platten Landes trotz seiner gewaltigen Siedlungsmöglichkeiten. Wir führen das in erster Linie darauf zurück, daß eben diese Großstädte Fangnetze darstellen, welche die europäische Einwanderung, heute viel stärker als in früheren Jahrzehnten, in sich aufnehmen; ferner auf die Tatsache, daß ein Teil der Einwanderer, die gleich nach ihrer Ankunft als Arbeiter ins Innere gingen, allmählich wieder in die Großstädte zurückströmt, weil sich ihnen hier passendere und leichtere Lebensmöglichkeiten bieten. Dies steht in engem Zusammenhang mit dem starken Anwachsen der Industrie in den einzelnen Ländern, besonders seit dem Kriege, dann aber damit, daß der südamerikanische Erdteil zunehmend und immer schneller erschlossen, handelsmäßig und technisch in die Weltwirtschaft eingegliedert wird. Hierzu gehört ein gewaltiger in den Hauptstädten arbeitender Verwaltungsmechanismus, der vielen Köpfen und Händen Verdienstmöglichkeiten verschafft und somit eine Vorbedingung des Wachstums bildet. Diese Großzentren sind daher die Hochburgen des europäischen Einflusses, während sich auf dem Lande das Indianer- und Mischlingsblut stärker gehalten hat. Der Wunsch nach Zurückdrängung des fremden Einflusses mag später einmal auf das Verhältnis zwischen Stadt und Land nicht ohne Einfluß bleiben[1]). Es ist fraglos, daß diese gigantische Entwicklung der großen Städte zu einem erheblichen Teil, besonders in Argentinien, auf Kosten des Wachstums der kleineren und mittleren erfolgt ist. Millionenstadt und flaches Land treten im Osten in den Pampagebieten einander schroff gegenüber; das kleinere Zentrum behauptet zwar seinen bisherigen Besitzstand, weil es eben als Einkaufsplatz für die Landsitze und Transportstelle für die Güter und ihre Produkte nicht entbehrt werden kann, hat aber im allgemeinen keine nachhaltigen Fortschritte aufzuweisen. Wirtschaftlich gesprochen beweisen diese Vorgänge, daß Südamerika sich voll und ganz in der kapitalistischen Entwicklung befindet. Die Bedeutung der kleineren Stadtsiedlung als selbständiges Zentrum geht zurück, was dadurch gefördert wird, daß ohnehin das Dorf (im deutschen Sinne)

---

[1]) Vgl. A. Skalweit. Die wirtschaftliche Emanzipation in Südamerika Jena 1927.

eine dem iberischen und iberoamerikanischen Kulturkreis fremde Erscheinung ist.

Die Verhältnisse an der Westküste liegen etwas anders. Die geographische Beschaffenheit der Weststaaten, welche durch die Cordilleren auf eine ausgedehntere Provinzbildung hingedrängt werden[1]) und die in viel geringerem Maße mit einer in den Städten sich sammelnden Einwanderermasse zu rechnen haben, hat ein solches krasses Nebeneinanderstehen von flachem Land und Riesenstadt verhindert. Das starke Anwachsen dieser Großstädte ist, wie ihr äußeres Bild zeigt, organischer und konservativer; es steht in einem richtigeren Verhältnis zum Anwachsen der Länder. Allerdings gibt es auch hier einen unruhigen und schwer abzuschätzenden Faktor in der Entwicklung. Denn der Westen ist, je länger desto mehr wirtschaftsgeographisch abhängig von den Mineralschätzen der verschiedensten Art. Und in Minenbezirken geht das städtische Wachstum rasch hin und her. Welche Prognose kann man den chilenischen Salpeterstädten stellen, wenn eines Tages der Salpeterabbau immer weniger lohnend wird und hier und dort zur dauernden Einstellung kommt? Es ist nicht ausgeschlossen, daß dann die eine oder andere der inmitten der Wüste geschaffenen Städte aufgegeben wird und Neubildungen da entstehen, wo, wie in Chuquiquamata, große Kupfervorräte oder, wie an der peruanischen Küste, ergiebige Erdölquellen Neugründungen herausfordern. Die Entwicklung wird dann eine ähnliche sein, wie sie einst das Gold und heute das Erdöl in Kalifornien hervorgebracht haben.

Es ist keine Frage, daß auch in Südamerika sich die typisch nationalen, traditionellen Züge im Bilde der Großstadt und allmählich sogar der kleineren Stadt verwischen und der internationale Großstadttyp seinen Einzug hält. Denken wir daran, daß der geopolitische Panamerikanismus in immer stärkerem Maße Südamerika zu beherrschen beginnt, so bildet die Verwandlung des Stadtbildes einen äußeren Ausdruck für sich vollziehende inneren Vorgänge. Es ist in diesem Zusammenhang wirtschaftsgeographisch besonders bemerkenswert, daß in den allerletzten Jahren amerikanische Anleihen mit Vorliebe an südamerikanische Städte gegeben sind. Dadurch wird dem nordamerikanischen Unternehmer in besonderem Maße die Möglichkeit verschafft, Städte und das Stadtbild grundlegend im Sinne ihrer An-

---

[1]) Vielleicht ist der westliche Indianer der einzige Bevölkerungsteil Südamerikas, der dem Begriff des „Bauern“ in unserem Sinne nahekommt.

schauungen umzugestalten. Daß dies sehr vorteilhaft wirken kann, das sehen wir u. a. an der gelungenen Modernisierung Habanas, die unter diesem Einfluß eine prächtige und hygienisch durchaus einwandfreie Stadt geworden ist. Der Prozeß wird sich an der Ostküste am raschesten vollziehen, da die Bedingungen für die moderne Großstadt hier am günstigsten liegen, aber auch der Westen wird nachfolgen. Zweifellos werden diese Vorgänge dazu beitragen, die städtische Selbstverwaltung, die mancherorts noch viel zu wünschen übrig läßt, mit modernem Geiste zu erfüllen. Daß der Südamerikaner auch von sich aus große Erfolge in dieser Beziehung erzielen kann, dafür bildet die vorzügliche Verkehrsordnung in den dortigen Großstädten, die bis vor kurzer Zeit und teilweise bis heute derjenigen vieler europäischer Städte überlegen ist, den besten Beweis. Für den deutschen Städtebauer und Architekten ergeben sich in absehbarer Zeit große Möglichkeiten bei der Neugestaltung der Städte, die erst dann recht fruchtbar sein werden, wenn die deutsche Wissenschaft diesem südamerikanischen Spezialproblem in den nächsten Jahren ihr besonderes Augenmerk zuwenden würde, um die Vorbedingungen festzustellen, auf denen aufgebaut werden muß.

Die Renntier-Tschuktschen

von

Dr. H. U. Sverdrup
Professor der Meteorologie am Geofysisk Institut, Bergen

Es war am 24. September 1919. Längs der Küste der Ayon-Insel, 1100 km westlich der Beringsstraße, arbeitete sich „Maud" durch das Eis vorwärts. Wir hatten gehofft, die Chaun-Bucht zu erreichen, wo wir ein sicheres Winterquartier zu finden glaubten, aber das Eis war geschlossen. Nach einem kurzen Sommer stand das Packeis im Begriff, sich wieder der Küste zu nähern; zwei Wochen lang hatten wir einen hoffnungslosen Kampf dagegen geführt, unsern Weg nach Osten trotz Nebel und nächtlicher Finsternis forciert, aber jetzt mußten wir es aufgeben, nicht ganz 100 km von dem ärmlichen Ziele, das wir uns gesetzt hatten. Die Nordküste der Ayon-Insel ist ohne jede Bucht, ohne jeden Einschnitt. Für eine Überwinterung sah sie nicht einladend aus, denn jederzeit konnte das Eis hier aufbrechen und dem Meere zugehen, aber wir mußten trotzdem hier bleiben, wir hatten ja keine Wahl. Übrigens gab es einen Umstand, der das Risiko, hier bleiben zu müssen, nicht ganz so groß erscheinen ließ: von der Insel an hinaus war es seicht, so daß das Eis, das von den Stürmen hereingesetzt worden war, auf Grund saß, ein Gürtel aufgetürmten Eises streckte sich von der Küste bis über 2 km weit hinaus. „Maud" wurde so weit wie möglich durch diesen Gürtel hineinforciert und lag damit gesichert. Wir hofften, daß sie bis zum Frühjahr sicher liegen könnte und hatten uns darin nicht getäuscht.

Ungefähr ein Jahr zuvor ging „Maud" unter dem Kommando Roald Amundsens von Norwegen ab. Roald Amundsens Absicht war es, ostwärts längs der Küste Sibiriens bis östlich der Neu-Sibirischen Inseln vorzudringen, in das Treibeis hineinzugehen, und „Maud" mit dem Eis quer über das Polarmeer treiben zu lassen, so wie es Nansen auf der berühmten Fahrt der „Fram" von 1893 bis 1896 geglückt war. Die wertvollen Beobachtungen, die Nansen gewonnen hatte, wollten wir mit besseren Instrumenten wiederholen und ergänzen und hofften dadurch vielleicht einen Beitrag zur Erforschung des großen unbekannten Gebietes innerhalb der Grenzen des Polarmeeres geben zu können.

Aber wir hatten kein Glück. Im Herbst 1918 wurden wir am Kap Tscheljuskin vom Eis am weiteren Vordringen gehindert und dort bis Mitte September 1919 festgehalten. Als wir endlich unsere Reise fortsetzen konnten, war es so spät im Jahre, daß alle Wege wieder versperrt zu werden anfingen; ein Versuch, nordwärts zu dringen, mißglückte, und wir mußten einen Wettlauf mit dem Eis beginnen, um einen einigermaßen geschützten Winterhafen zu erreichen. Das Eis gewann; „Maud" blieb in einer gefährdeten Stellung außerhalb Ayon liegen.

Für uns, die wir ein Jahr hindurch völlige Einsamkeit durchlebt hatten, war es eine angenehme Überraschung, daß die Insel bewohnt war. Wir hatten nicht erwartet, Menschen zu treffen, da wir wußten, daß hier niemand fest ansässig ist, und wir dachten nicht an die Möglichkeit, Nomaden zu treffen.

Im Verlauf einiger Tage waren die Eisschollen zwischen uns und dem Land so gut von Neueis zusammengekittet, daß wir Verbindung mit unseren neuen Nachbarn bekommen konnten. Wir waren darauf vorbereitet, daß die Sprache unüberwindliche Schwierigkeiten für eine Verständigung bieten würde, da wir ja nicht im Besitze eines tschuktschischen Wörterverzeichnisses waren; glücklicherweise zeigte es sich aber, daß einer unserer neuen Freunde etwas russisch konnte, was die Muttersprache eines der „Maud"-Männer war, so daß wir ihn als Dolmetscher brauchen konnten. Dieser unser Freund war übrigens kein Tschuktsche, sondern ein Lamut, der bereits in jungen Jahren sich den Tschuktschen angeschlossen hatte und jetzt mit einer Tschuktschenfrau verheiratet war. Wir bekamen zu wissen, daß unsere Freunde große Herden zahmer Renntiere hatten (Abb. 1 u. 2 auf Tafel 21), daß sie den Sommer draußen an der Küste zuzubringen pflegten, wenn aber dann der Herbst kam, sich auf die Wanderschaft nach Süden begaben, das Gebirge überkreuzten, das wir am Horizont wahrnehmen konnten, und den Winter drinnen in den Wäldern, südlich des Gebirges, zubrachten. Jetzt wollten sie bald aufbrechen. Die von uns angetroffene Gruppe machte einen sehr primitiven und unberührten Eindruck. Sie ist praktisch genommen niemals von einem Handelsschiff im Sommer besucht worden, weil die Ayon-Insel von denen, die wohl einmal längs der Küste navigieren, gefürchtet ist wegen der Bänke, die sich von dort weit nach Norden ziehen. Die einzige Verbindung, welche diese Gruppe mit der Außenwelt hatte, bestand darin, daß ein Teil der Gruppe jedes Frühjahr nach den sibirischen Kolonien am Kolyma-Flusse zu reisen pflegte, um Pelzwerk gegen Tee, Tabak, Streichhölzer, Messer usw. einzutauschen.

Roald Amundsen sah, daß sich hier eine einzig dastehende Gelegenheit bot, um diese Menschen kennen zu lernen, und er schlug mir deshalb vor, mich den Tschuktschen anzuschließen, mit ihnen hinein in die Wälder zu ziehen, den Winter unter ihnen zuzubringen und im Frühling, wenn sie sich wieder auf die Wanderung nach der Küste begaben, zu „Maud" zurückzukehren. Meine Einwendung gegen diesen Vorschlag war, daß ich ja Meteorolog und Ozeanograph sei und mich niemals mit Ethnographie und Linguistik beschäftigt hätte, so daß der Gewinn eines solchen Aufenthaltes recht mager werden dürfte, aber davon abgesehen, wollte ich mehr als gern reisen, denn ein Winter unter den Tschuktschen würde ein Erlebnis sein, das wert war, mitgenommen zu werden. Damit war meine Reise bestimmt, und so kam es, daß ich fast acht Monate alleine unter den Renntiertschuktschen zubrachte. Aber meine Erzählungen von diesem Aufenthalt werden eines Laien Schilderungen sein, von dem, was er gehört und gesehen hat, nicht eines Fachmannes eingehende Analyse interessanter ethnographischer Fragen.

Aus einer ethnographischen Karte kann man ersehen, daß die Tschuktschen die nordöstlichste Ecke Sibiriens bewohnen. Wie einige andere arktische Völker, die unter entsprechenden natürlichen Verhältnissen leben, besteht der Stamm aus zwei Gruppen, einer, die an der Küste halbwegs ansässig ist und sich von Jagd und Fang ernährt und einer, die aus Nomaden besteht, die zahme Rennherden besitzen und den Sommer an der Küste zubringen, den Winter aber drinnen im Lande. Die Küstentschuktschen wohnen längs der Nordküste des Beringsmeeres vom Fluß Anadyr bis zur Beringsstraße und längs der Eismeerküste von der Beringsstraße bis zur Chaunbucht; sie sind verhältnismäßig gut bekannt, weil sie nicht so schwierig zu erreichen sind; jeden Sommer ist die Beringstraße eisfrei, so daß sie von einer Reihe Expeditionen besucht worden sind, von denen eingehende Beschreibungen von deren Gebräuchen und Lebensweise vorliegen. Darunter kann ich die englische Franklin-Expedition unter Kapitän Moore nennen, die 1848—49 bei Tschukotschkojnos überwintert hat, die schwedische „Vega"-Expedition unter A. E. Nordenskiöld, die 1878—79 bei Pitlekai überwinterte und die amerikanische Morris Jesup-Expedition, die sich 1900—01 unter den Tschuktschen aufgehalten hat.

Die Renntiertschuktschen bewohnen die ganze Strecke vom Kolyma-Fluß bis zur Beringsstraße, ja einzelne von ihnen sind auch auf der Westseite des Kolyma-Flusses anzutreffen. In der Nähe der Beringsstraße herrscht sehr lebhafter Verkehr zwischen Küsten- und Renntiertschuktschen, und hier verwischen sich die Grenzen zwischen ihnen, denn ein Küstentschuktsche kann Renntiere kaufen und Nomade werden, während auf der anderen Seite ein Renntiertschuktsche vom Unglück verfolgt sein kann, seine Renntiere einbüßt und dazu gezwungen wird, sich an der Küste niederzulassen und sich von dem unsicheren Fang zu ernähren. Weiter nach Westen, nach Kolyma zu, liegen die Verhältnisse anders. Hier findet man noch sehr isolierte Stämme, die schwer zu erreichen und darum wenig bekannt sind, besonders in West-Europa, weil die wenigen Schilderungen, die es von ihnen gibt, in Russisch veröffentlicht sind. Deshalb dürften meine Eindrücke von diesen Menschen von Interesse sein, selbst wenn sie mangelhaft sein sollten, ja an einzelnen Stellen vielleicht falsch, da ich auf den Gebieten, auf denen ich mich bewegte, kein trainierter Beobachter war.

Das Land zwischen dem Kolyma-Fluß und der Ayon-Insel ist ein typisches Land für Rennzucht. Hin nach dem Eismeer zu zieht sich die endlose, einförmige Tundra, nur hier und da von Bergrücken unterbrochen, die sich ganz hinaus in die See erstrecken. Die Küste eignet sich nicht für ständiges Bewohnen, denn wegen der Eisverhältnisse bestehen dort keine Bedingungen, um von Jagd zu leben. Alle die bewohnten arktischen Küstenstriche sind dadurch charakterisiert, daß sich außerhalb derselben im Laufe des Winters ständig Wake bilden, so daß dort gute Bedingungen für Robbenfang bestehen, oder dadurch, daß das Packeis sie nicht erreicht, so daß die Robbe sich dort ständig aufhalten kann und ihre Atemlöcher in neugefrorenem Eis hat. Das Packeis bewegt sich überall längs der Sibirienküste, folgen wir ihm aber von der Beringsstraße westwärts, so finden wir, daß, je mehr wir uns von der Beringsstraße entfernen, desto seltener werden im Winter die Waken außerhalb der Küste, d. h. desto schlechter werden die Lebensbedingungen für ein Jägervolk. Damit übereinstimmend wird der Abstand zwischen den Wohnplätzen größer und größer, je weiter wir von der Beringsstraße nach Westen kommen, bis sie bei der Chaunbucht gänzlich aufhören. In früheren Zeiten sind die Verhältnisse vielleicht günstiger gewesen, denn wir sind auf

Reiseweg von der „Maud“ bei der Ayon Insel zu den Renntiertschuktschen und zurück

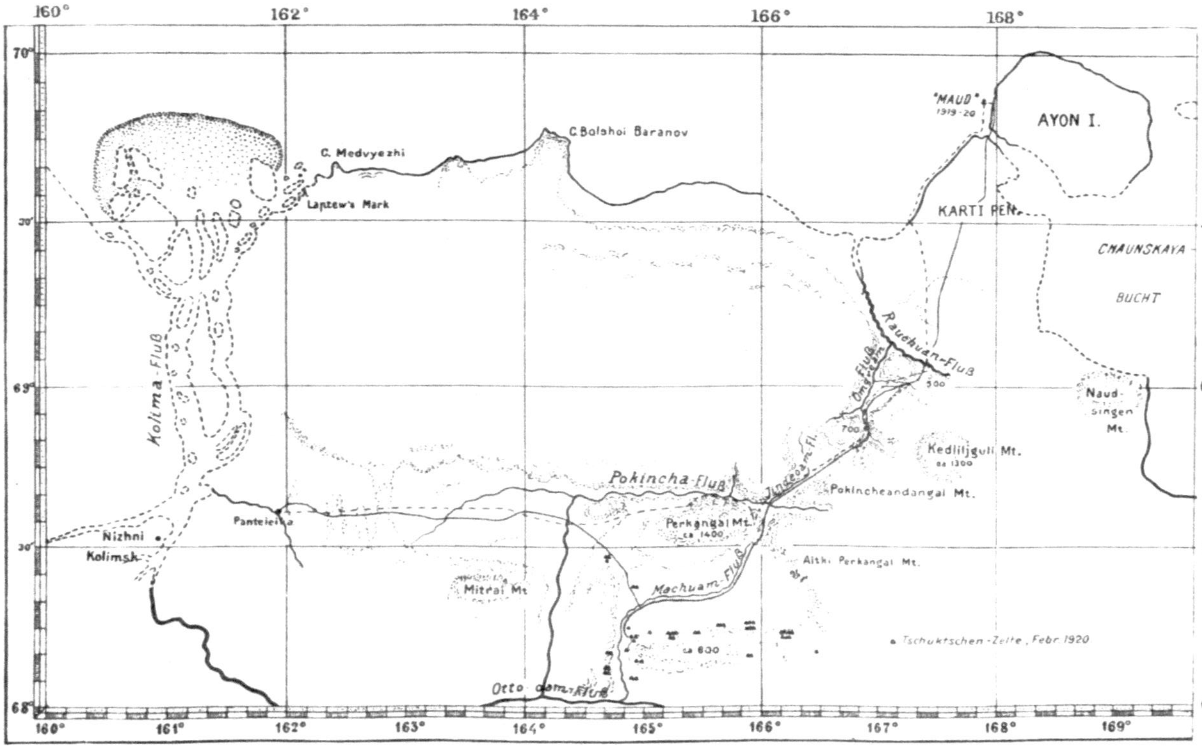

— Ausreise ---- Rückreise

Reste einer alten festen Bebauung gestoßen, sowohl auf der Ayon-Insel wie auf den Bären-Inseln weiter nach Westen. Hier gibt es viele interessante Probleme für archäologische Untersuchungen.

Wie erwähnt, ist die Küste von Ayon an und westwärts, jetzt nur im Sommer bewohnt, aber dann bietet sie ausgezeichnete Bedingungen für die Renntiere. Ein kurzes Stück hinein ins Land sind die Täler voll von Weidengebüschen, und zeitig im Frühling, zur Schneeschmelze, sind die jungen Triebe von den Renntieren sehr begehrt. Später, sobald das Land schneefrei wird, bedeckt es sich mit einem üppigen Graswuchs, so daß die Renntiere Futter im Überfluß finden, rund und dick werden, so daß sie für die lange Wanderung im Herbst gut vorbereitet sind. Dann begeben sie sich über das Gebirge ins Inland. Zwar gibt es auch draußen in den Tundren viel Renntiermoos, so daß die Renntiere also gut den ganzen Winter dort verbringen könnten, dies ist aber aus anderen Gründen sehr riskant. Es geschieht nämlich, daß im Herbst, nachdem der erste Schnee gefallen ist, Regen kommt, und dann wird der Boden mit einer Eiskruste bedeckt, die die Renntiere nicht entfernen können, und selbst, wenn dies nicht eintritt, fegen die Herbststürme den Schnee zu steinharten Wehen zusammen, durch die sich die Renntiere oft genau so schwierig arbeiten können, so daß sie stets ein gefahrvolles Dasein draußen auf den Tundren fristen würden. Davon bekommt man einen lebendigen Eindruck nach der Beringsstraße zu, wo die Rennbesitzer sich Sommer und Winter auf den Tundren aufhalten müssen, weil der Abstand zu den Wäldern zu groß ist, und wo deren Lebensweg ein unsicherer ist. Drinnen in den Wäldern dagegen ist der Schnee immer weich, und darunter wächst Renntiermoos in Mengen, so daß die Weideverhältnisse dort sehr günstig sind. Die Gefahr, die hier droht, besteht darin, daß die Schneemengen zu groß werden können, so daß es für die jungen Tiere schwierig wird, zu dem Renntiermoos zu gelangen, aber dort fällt durchwegs nicht viel Niederschlag im Winter.

Man könnte fragen, warum denn die Renntiere nicht das ganze Jahr drinnen in den Wäldern bleiben, wo sie ja so gute Bedingungen zum Leben haben. Die Antwort darauf ist, daß da drinnen die Insektenplage im Sommer unerträglich sein würde. Die Renntierbremse ist ein sehr unbehaglicher Schmarotzer, so daß die Renntiere sich nach der Küste begeben, sobald der Frühling kommt, weil sie dort weniger von den Bremsen geplagt werden.

Ich habe von den Wäldern gesprochen. Diese werden von sibirischen Lärchen gebildet, aber hier und dort, besonders längs der

Flüsse, wachsen Laubbäume, die der Pappel nahe verwandt sind. Die Lärchenwälder ziehen sich hoch über die Bergrücken, wo ein Gürtel mit Buschkiefern sie abschließt. Als Bauholz haben diese Wälder kaum irgendeinen Wert, dazu geschieht das Wachsen zu langsam, sind die Bäume zu verkrüppelt und knorrig, aber überall finden sich kleine Bäume, die für die Zukunft bürgen. Selbst wenn der Wald durchwegs erbärmlich ist, so gibt er den Tschuktschen doch in reichem Maße, was sie brauchen, Material zu ihren zahlreichen Schlitten, zu Zeltstangen usw., und Holz zur Feuerung. Auf großen Strecken sind die Wälder von Brand heimgesucht worden, und davon stehen noch überall trockene Stämme, so daß die Tschuktschen niemals Mangel an trockenem Holz haben. Ich war etwas erstaunt beim Anblick der großen abgebrannten Strecken, da ich ja wußte, daß im Sommer keine Menschen hier drinnen wohnen, und im Winter, wenn alles schneebedeckt ist, die Gefahr der Entstehung eines Waldbrandes nicht besteht. Die Tschuktschen erzählten aber, daß die Sonne mit großem Gepolter und Krachen Feuer zur Erde sende, und daß dieses die Wälder anzünde. Waldbrände sollten also durch Blitzschläge verursacht sein, und nach den Gewittern, die wir gleich an der Küste erlebt haben, hört sich dies sehr wahrscheinlich an.

Man kann sich kaum ein herrlicheres Winterklima als das in den Wäldern der Renntiertschuktschen denken, vorausgesetzt, daß man sich so kleiden kann, daß Temperaturen um minus 40 Grad nicht genieren. Wind war selten, oft hatten wir Tage und Wochen hindurch ganz stilles Wetter mit wolkenfreiem Himmel. Besonders die frühen Lenzmonate März und April sind hier herrlich; zwar ist es dann dort nachts immer noch kalt, aber tagsüber steht die Sonne so hoch am Himmel und wärmt so stark, daß man weder Fäustlinge noch Mütze braucht. Im April hatten wir eine Periode von drei Wochen ohne eine Wolke am Himmel.

Das Land gehört dem Zahmrenn, und das gibt dem übrigen Tierleben seine Prägung, denn wo die Renntierherden vorüberkommen, verziehen sich viele der wilden Tiere. Wilde Renntiere gibt es überall in den angrenzenden Gebieten, ja zuweilen geschieht es, daß sich ein Wildrenn den zahmen Renntieren anschließt, und das sehen die Tschuktschen als ein sehr großes Glück an. Elche trifft man, sobald man südlich der Gebiete kommt, wo sich das Zahmrenn aufhält, und oben im Gebirge, das niemals von diesem besucht wird, ist das Gebirgsschaf nicht selten. Es kommt in Herden bis ganz zur Eismeerküste vor.

Das Kleinwild verzieht sich nicht. Drinnen in den Wäldern wimmelt es von Hasen und Schneehühnern, aber die Tschuktschen kümmern sich nicht darum, sie zu jagen oder zu fangen, denn wer wird sich wohl anstrengen, um ein Schneehuhn zu erwischen, wenn er gleich vor seinem Zelt ein Renntier schlachten kann. Dagegen ist das Eichhörnchen seines Pelzes wegen sehr begehrt. Die Tschuktschen schießen es mit Pfeil und Bogen, wobei sie Pfeile verwenden, die mit einem stumpfen Beschlag aus Rennhorn versehen sind, vom selben Typus, wie die draußen an der Küste für Vogeljagd verwendeten.

Raubtiere gibt es eine ganze Reihe. Zuallererst den großen braunen Landbären. Er geht wahrscheinlich Anfang Mai aus seinem Winterloch heraus, er wurde in dem Winter, den ich bei den Tschuktschen verbrachte, von einigen unserer Nachbarn gesehen. Im Sommer ist er gewöhnlich auf der Tundra, aber die Tschuktschen töten selten Bären sie wagen es nicht. Sicher nicht deswegen, weil die Tschuktschen den Bären fürchten, sondern weil sie eine Reihe abergläubische Vorstellungen mit ihm verknüpfen. Ein Mann erzählte mir, daß, töte man einen Bären, kämen viele andere, um Rache zu nehmen. Geschieht es einmal, daß sie einen Bären erlegen, so essen sie nicht das Fleisch, aber ich weiß nicht, was für Vorstellungen es sind, die sie daran hindern. Lassen die Tschuktschen den Bären im allgemeinen in Frieden, so beruht das sicher nicht nur auf Aberglauben, sondern auch auf dem Umstand, daß das Bärenfell wenig Wert als Handelsware hat. Wäre der Preis höher gewesen, hätten sie sich wohl über den Aberglauben hinweggesetzt. Einen Beleg für diese Auffassung habe ich in dem Faktum, daß Mammutzähne jetzt eine gewöhnliche Handelsware sind, und daß nun die Tschuktschen nach Mammutzähnen suchen und so viele davon verkaufen, wie sie nur können, trotzdem sich sicher eine Reihe abergläubische Vorstellungen an die Mammutzähne knüpfen. Die Tschuktschen nennen nämlich die Mammutzähne „Kamaurettän“ oder „Kamaks“ Horn. „Kamak“ ist der Todesgott, der in der Erde wohnt und lebt, und „Kamak“ hat genau wie die Tschuktschen selbst Renntiere. Aber falls eines dieser unterirdischen Renntiere sich den Weg hinauf zur Erdoberfläche bahnt, und die Sonne es bescheint, so stirbt es; und dessen Horn ist es, das man findet, das ist es, was die weißen Männer „Mammutzähne“ nennen, und für das sie solche Preise bezahlen, so daß die Tschuktschen ihre Furcht überwinden und die Mammutzähne hervorgraben, die sie herausgucken sehen, wo ein Fluß etwas mehr von seiner Breite weggegraben hat, und verkaufen sie. Aber für das Bärenfell wird nicht viel bezahlt, deshalb darf der Bär in Frieden leben. Daß der Bär nicht von den Tschuktschen gejagt wird, kann auch vielleicht auf dem Umstand beruhen, daß der Bär selten oder nie die Renntiere angreift. Der schlimmste Feind der Renntiere ist der Wolf. In den Wäldern kommen selten Wölfe vor. Den Winter hindurch halten sie sich auf der Tundra und fallen von dort aus die Herden an, die in der Nähe des Gebirges weiden. Im Winter 1919—20 waren dort sehr viele Wölfe, und die Tschuktschen, die am Gebirge wohnten, verloren viele Renntiere. Im Frühling, als die Rennherden nordwärts hinaus auf die baumlosen Tundren getrieben wurden, mußten sie Tag und Nacht bewacht werden, und doch waren es nicht wenige Renntiere, die sich der Wolf holte. Ich kann einen Fall erwähnen. Im Mai 1920 hatte mein Wirt Gregory seine Rennherde etwas südlich des Flusses Rauchuan, zu der Zeit, wo die Rennkühe kalben. Die Herde wurde ständig von zwei jungen Burschen, Oomje und Sergej, überwacht. Dann sollte die Herde ein kleines Stück weg nach einer anderen Weide gebracht werden. Die Burschen mußten dann einige der Rennkühe, die gerade gekalbt hatten, zurücklassen, und einer von ihnen sollte bei diesen bleiben, während der andere die Rennherde wegtrieb; aber die Herde mit den vielen kleinen Kälbern war so schwierig zu treiben, daß beide einander damit helfen mußten. Oomje kehrte sobald als möglich um, als er sich aber den Rennkühen näherte, bekam er zwei mächtige Wölfe und einen kleineren zu sehen, die in der Herde wüteten. Er beeilte sich so sehr er konnte, brüllte und schrie, und ehe er auf Schußweite herangekommen war, strichen die Wölfe davon, aber da hatten sie schon zwölf neugeborene Kälber getötet.

Füchse gibt es verschiedene Arten; Rotfuchs, Weißfuchs, Blaufuchs, Kreuzfuchs, Silberfuchs und Schwarzfuchs, die zwei letzten Arten sind zwar sehr selten, während der Weißfuchs sehr häufig vorkommt. Die Tschuktschen fangen den Fuchs in Fallen oder töten ihn durch Gift, und die Fuchspelze sind das beste Tauschmittel, das sie gegenüber den Handelsleuten am Kolyma-Fluß haben. Der sibirische Vielfraß und das kleine hübsche Hermelin sind beide auch sehr begehrt wegen ihres Pelzes.

Wenn ich noch erwähne, daß es hier verschiedene Arten von Erdratten und Lemmingen gibt, so sind die meisten der wichtigsten Tierarten genannt.

Zuletzt sollen noch dem Vogelleben ein paar Worte gewidmet werden. Im Winter gibt es, wie schon erwähnt, Schneehühner in Menge, und drinnen in den Wäldern soll außerdem eine Art großer Vögel hausen. Die Schneehühner sind von Habicht und Eulen sehr begehrt, und zum Frühling findet sich auch der majestätische Landadler ein, der sogar den Rennherden schadet, weil er sich Kälber holt. Im Winter ist das Vogelleben übrigens arm, aber wenn der Sommer kommt, wird es reich.

Ich habe so ausführlich vom Tierleben erzählt, weil das auch dazu dient, ein Bild vom Charakter dieses Landes zu formen. Aber eine solche Aufzählung wie diese, kann leicht falsche Vorstellungen von einem reicheren Land wecken, von einem Land mit weit größeren Möglichkeiten als die, die es in Wirklichkeit gibt. Im großen ganzen ist das Land öde und arm, aber mit guten Bedingungen für das Renn. Von Natur aus gehört es hierher, und Menschen können den Kampf gegen diese Natur nicht aufnehmen, sofern sie sich nicht das Renntier zunutze zu machen verstehen und davon leben, und das haben die Tschuktschen verstanden.

Es ist schwierig zu erfahren, wie viele Renntiere ein Tschuktsche besitzt. Die Sache ist nämlich so, daß, kennt der Tschuktsche auch alle seine Renntiere am Aussehen, so kennt er trotzdem nicht die Anzahl, denn das Zahlensystem der Tschuktschen ist sehr unvollkommen. Ihre höchste Zahleneinheit ist zwanzig, die gesammelte Anzahl der Finger und Zehen, und größere Zahlen werden durch Multiplizieren von zwanzig mit eins, zwei, drei usw. gebildet. Auf diese Weise kann ein Tschuktsche zur Not auf 200 kommen, aber dann sollen am liebsten zehn Personen zur Stelle sein, die er zur Seite schieben kann, so daß sie dasitzen können und 200 darstellen. Eine so große Zahl wie die Anzahl seiner Renntiere darstellt zu erreichen, ist hoffnungslos. Ich mußte darum so vorgehen, daß ich selbst die Rennherden bei verschiedenen Gelegenheiten zählte. Es zeigte sich da, daß, falls eine Familie, die aus zwei Erwachsenen und vier Kindern bestand, ungefähr 300 Renntiere hatte, wovon die Hälfte Rennkühe waren, für ziemlich arm galt und nicht genug zum Hausbedarf hatte. Hatte sie dagegen ungefähr 500, so war sie wohlgestellt, und erreichte die Zahl 800 und 1000, war sie reich. Ich traf mehrere Tschuktschen, die rund 1000 Renntiere besaßen, und der reichste Mann, den ich traf, hatte 5 Rennherden, die nach den Beschreibungen, die ich von ihnen bekam, je ungefähr 1000 Tiere haben mußte. Ein solcher Mann kann seine Renntiere natürlich nicht selbst überwachen, sondern er muß sich Hilfe dazu mieten. Geordnete Dienerverhältnisse gibt es nicht, aber Übereinkommen darüber, daß ein ärmerer Mann die Aufsicht über diese und jene Herde gegen die Erlaubnis übernimmt, so und so viele

Kälber zum Hausgebrauch schlachten zu können oder so und so viele zu bekommen oder ähnliches.

Es ist schwierig, eine kurze und gute Beschreibung vom Aussehen der Tschuktschen zu geben, weil die einzelnen Individuen so sehr voneinander abweichen, daß der Typus kaum rein zu nennen ist. Die meisten sind unter Mittelhöhe nach unseren Begriffen, aber schlank und wohlgebaut mit auffallend kleinen Händen und Füßen. Das Haar ist rabenschwarz und strähnig, und die Männer tragen es entweder kurz geschnitten oder lang (Abb. auf Tafel 22). Im ersteren Fall ist die Stirne von einem Kranz längerer Haare umgeben, im letzteren ist das Haar getrennt und zu zwei Zöpfen geflochten, die entweder über den Rücken herunterhängen oder im Nacken geknotet sind. Die Frauen haben nie ganz kurz geschnittenes Haar, sondern meistens langes, das dann so wie bei den Männern geflochten ist, oder nur im Nacken geschnitten („Bubikopf“). Die Stirnhaare werden oft direkt nach vorn gekämmt und über den Augen gekürzt. Die Augenbrauen sind schwarz und sitzen sehr hoch. Die Augen, bei den Jungen groß und klar, sind dunkelbraun, fast schwarz mit bläulichem Augapfel. Sie sind nicht schief, so daß die Tschuktschen kein typisch mongolisches Aussehen haben.

Die Nasenform variiert sehr von lang und schmal, gerade oder fast römisch gebogen zu breit und stumpf. Sie ist durchgehend klein und niedrig an der Wurzel, besonders bei den Frauen. Die Backenknochen treten stark hervor, der Mund ist groß mit dicken Lippen und der Unterkiefer kräftig. Der kräftige Unterkiefer und die niedrige Stirne machen, daß das Profil stark zurückgeneigt erscheint.

Die Männer haben einen sehr spärlichen Bartwuchs. Sie bekommen keinen Flaum auf der Oberlippe ehe sie ungefähr 20 Jahre alt sind und meistens schon Frau und Kinder haben, und Bart am Kinn bekommen sie erst, wenn sie sich den 30 nähern. Nur ganz selten haben die Männer Bartwuchs unter dem Kinn oder einen Backenbart. Im Winter schneiden sie sich den Bart aus praktischen Gründen kurz, um zu vermeiden, ihn voll von Eis zu bekommen.

Sprachlich gesehen stehen die Tschuktschen sehr isoliert, weil ihre Sprache nur mit der näher verwandt ist, die von ihren Nachbarn im Südosten, den Korjäken, gesprochen wird. Übrigens zeigt die Sprache verschiedene Übereinstimmung mit einzelnen indianischen. Darüber sagt Professor Franz Boas in seiner Einleitung zu der Abhandlung über Tschuktschisch, das er im „Handbook of American Indian Languages“ aufgenommen hat: „Es schien richtig zu sein, Tschuktschisch den Entwürfen zuzufügen, die im Handbuch vorkommen, weil es sich endgültig zeigt, daß die Züge, die für viele der amerikanischen Sprachen am charakteristischsten sind, sich auch auf dem asiatischen Festland finden.“

Ich wage aber nicht, mich auf eine nähere Beschreibung der Tschuktschen-Sprache einzulassen, denn ich hatte ja allzu wenige Voraussetzungen, um ein gründliches Studium aufnehmen zu können. Als ich mich den Tschuktschen anschloß, kannte ich nicht ein Wort, denn wir hatten uns ja gar nicht darauf vorbereitet, mit diesen Menschen in Berührung zu kommen, und uns deshalb nicht mit einem der wenigen und unvollständigen Wörterverzeichnisse, die es damals gab, versehen. Ich mußte die Sprache durchs Ohr lernen und war dadurch auch den vielen und komischen Mißverständnissen ausgesetzt, die dabei entstehen können. Da hatte ich z. B. von einem Mann ein Lasso gekauft und wollte die tschuktschische Bezeichnung dafür wissen. Ich zeigte auf den Lasso und der Mann sagte „Pänin“. Ich notierte mir das Wort, aber es zeigte sich bald, daß, brauchte ich dies Wort für ein Lasso, ich nicht verstanden wurde, und nach einer Zeit entdeckte ich, daß der Mann mir hatte sagen wollen, daß „er alt ist“. Daß die Sprache ganz verschieden von den westeuropäischen gebaut war, daß z. B. Präpositionen hinter die Worte gesetzt wurden u. ä., verursachte mir natürlich große Schwierigkeiten. Ebenfalls waren es gewisse Züge im Wortvorrat, die mir Kopfzerbrechen machten, besonders der Umstand, daß in vielen Fällen, wo unsere Sprachen arm sind, die der Tschuktschen reich ist und umgekehrt. Dies gilt natürlich den Gebieten, wo die Tschuktschen besondere Interessen haben. Für Renntier haben also die Tschuktschen eine sehr große Anzahl Worte, verschiedene Bezeichnungen für einen ein-, zwei-, drei-, vier- und fünfjährigen Bock und für die entsprechenden Jahrgänge der Rennkühe, verschiedene Bezeichnungen nach Farbe und Aussehen usw., eine Variation von Namen für Renntier, die sehr verwirrend wirkte. Eine der größten Schwierigkeiten bot die verschiedene Aussprache, die von Männern und Frauen gebraucht wurde. In einer großen Anzahl Fälle ersetzten die Frauen einen harten Konsonanten wie s, r, ck und t in der Aussprache der Männer mit einem weich pfeifenden z-Laut. Das Wort Walroß wird also „rerka“ von einem Mann ausgesprochen, aber „ze-za“ von einer Frau, die Bezeichnung für die Renntiersehne wird von einem Mann „ret-tit“ ausgesprochen, aber „zet-zit“ von einer Frau, und diese Beispiele könnten ins Unendliche vervielfältigt werden. Die Konsonanten, von denen hier die Rede ist, kommen sehr häufig vor, so daß die Frauenaussprache des Tschuktschischen an den ständigen Zischlauten reich wird, was das Verständnis für ein ungeübtes Ohr sehr erschwert. Die Frauen können natürlich sehr gut die Worte so aussprechen wie die Männer, und das tun sie auch, wenn sie wörtlich zitieren, aber es wird allgemein als unweiblich angesehen, die harte Sprache der Männer zu verwenden. Der Unterschied zwischen den zwei Aussprachen ist so auffallend, daß Handelsleute, die ich traf, die jahrelang unter den Küstentschuktschen gelebt haben, erzählten, daß die Frauen eine andere Sprache hätten als die Männer.

In den fast acht Monaten, die ich als Tschuktsche gelebt habe, erwarb ich mir wenigstens eine so gute Kenntnis des Tschuktschischen, daß ich mich gut verständigen konnte und das meiste verstand, was mir in einem Gespräch zu zweit gesagt wurde. Dagegen war ich nicht imstande, einem Gespräch zwischen Tschuktschen zu folgen, mußte aber froh sein, wenn ich ein oder das andere Wort aufschnappte und dadurch verstehen konnte, worum sich das Gespräch drehte. Wegen meiner mangelhaften Sprachkenntnisse war es nicht möglich, mehr von den Traditionen und Überlieferungen zu erfahren, die sich unter den Tschuktschen finden, und die von Interesse sind, um deren Geschichte zu beleuchten. Ihren eigenen Erzählungen nach haben die Renntschuktschen immer da gewohnt, wo sie jetzt wohnen, und immer haben sie Renntiere gehabt. Aber vor langen Zeiten wanderten sie nicht wie jetzt im Winter nach den Wäldern, sondern verbrachten das ganze Jahr draußen auf der Tundra. Damals kannten sie weder Eisen noch irgend ein anderes Metall. Ihre Messer waren aus hartem Stein gemacht, ihre Spieße und Pfeile mit Spitzen aus Walroß-Elfenbein oder Rennhorn versehen, und ihre Töpfe waren aus feuchter „Erde“ verfertigt, die mit verschiedenen Dingen gemischt und gebrannt wurden. Als die Russen, „miltetanit“, vordrangen, kämpften sie lange mit diesen, und besonders die Alten erzählen mit Stolz von diesen Tagen, wo die Tschuktschen den Kampf gegen die Fremden aufzunehmen wagten; jetzt waren die Tschuktschen weich und furchtsam geworden. Erst nachdem sie aufgehört hatten, gegen die Russen zu kämpfen, bekamen sie genug Eisen, Messer, Gewehre, Werkzeug und Töpfe von Metall usw.

An dieser Stelle möchte ich darauf aufmerksam machen, daß der Umstand, daß die Tschuktschen jetzt gute Messer, Gewehre usw. haben, daß sie jetzt täglich Streichhölzer verwenden u. a., nicht zu einer durchgreifenden Veränderung in ihren Gewohnheiten und in ihren Lebensbedingungen geführt hat. Die Renntschuktschen sind eben ein Nomadenvolk, das ganz vom Renntier abhängig ist und für die die Jagd eine verschwindend kleine Rolle spielt. Ihnen kann es ziemlich gleichgültig sein, ob sie ein Renntier mit einem Messer aus Stein oder aus Stahl stechen, oder ob sie, wenn sie den Wolf von der Rennherde fernhalten sollen, mit Pfeil und Bogen und Speer bewaffnet sind oder mit einem modernen Gewehr. Und was eine solche Erleichterung wie die Einführung der Streichhölzer betrifft, so bekommt diese aus verschiedenen Gründen keine so große Bedeutung, weil sich so viele Vorstellungen an die „Feuerhölzer", die in früheren Zeiten zum Feuerreiben verwendet wurden, anknüpfen, so daß diese nicht nur aufbewahrt werden, sondern auch bei einer Reihe Gelegenheiten gebraucht werden, wo es verwerflich wäre mit den Streichhölzern des weißen Mannes Feuer zu machen. Die Berührung mit der Zivilisation hat kaum irgendeine neue Prägung auf das tägliche Leben der Renntschuktschen gesetzt, ihre Gebräuche sind sicher noch dieselben wie vor Hunderten von Jahren. Für ein Jägervolk stellt sich das natürlich ganz anders. Für die würde die Einführung von Schießwaffen eine entscheidende Veränderung in ihren Lebensbedingungen bedeuten, und die würde bald ihre Lebensweise und ihre Gebräuche prägen.

Der geographische Horizont der Tschuktschen ist sehr beschränkt und ihre Kenntnis von den Nachbarvölkern gering. Im Süden wohnen „Karamken", oder wie ich den Namen auch ausgesprochen gehört habe: „Kora-ramkelen", d. h. die Fremden, die Renntiere haben. Vielleicht kann man dem eine gewisse Bedeutung beimessen, daß sie ihre Nachbarn im Süden „die Fremden, die Renntiere haben" nennen? Vielleicht weist das darauf hin, daß hier eine Periode bestanden hat, wo die Tschuktschen selbst keine Renntiere hatten, sondern sich diese erst später erworben haben? Eine Frage, die in dieser Verbindung von Interesse sein wird, ist die, ob man sich denken kann, daß eine Rennzucht draußen auf der Tundra begonnen haben kann, die ja nicht besonders gute Bedingungen für die Renntiere bietet, oder ob man annehmen muß, daß sich die Zahmrennzucht in waldbewachsenen Gebieten entwickelt hat. Die Lebensweise der Renntschuktschen ist nämlich in hohem Grade den Verhältnissen auf der baumlosen Tundra angepaßt, in so hohem Grade, daß es im Winter drinnen in den Wäldern auffallend war, wie wenig sie die reichen Hilfsmittel, die der Wald ihnen gab, auszunutzen verstanden. Dies stimmt völlig mit den Überlieferungen überein, die erzählen, daß die Tschuktschen vor langen Zeiten nicht im Winter in die Wälder gezogen sind, und falls man weiterhin Anhaltspunkte dafür finden könnte, daß Zucht zahmer Renntiere kaum als auf der Tundra entstanden gedacht werden kann, so hätte man Grund zu der Annahme, daß die Tschuktschen ihre Renntiere erst im Kontakt mit ihrem Nachbarvolk, „den Fremden, die Renntiere haben", erworben haben.

„Karamken" sind Lamuten. Die Lamuten sind über große Gebiete im östlichen Sibirien verstreut, und einzelne von ihnen wohnen im Winter unter den Tschuktschen. Es geschieht, daß Lamuten sich den Tschuktschen anschließen, deren Sprache annehmen und zu deren Stamm übergehen, so war ja, wie schon gesagt, der Mann, bei dem ich während meines Aufenthaltes „wohnte", ein Lamut, der schon als junger Bursche sein eignes Volk verlassen hatte. Das Entgegengesetzte, daß ein Tschuktsche sich den Lamuten anschließt, kommt, soweit ich weiß nicht vor, und es ist ganz charakteristisch, daß, während die Lamuten, mit denen ich in Berührung kam, alle Tschuktschisch sprachen, ich niemals einen Tschuktschen traf, der mehr als ein paar Worte der Lamuten-Sprache konnte. Es war sehr interessant, Lamuten und Tschuktschen in den Wäldern im Winter Seite an Seite wohnen zu sehen, denn ihre Lebensweise, ihre ganze Kultur war grundverschieden von der der Tschuktschen, trotzdem die zwei Stämme zum Teil unter denselben natürlichen Verhältnissen gelebt haben. Ich werde später Gelegenheit bekommen, um dieses näher zu berühren.

Nach Osten zu wohnen die Jakuten, „jakutelen", wie die Tschuktschen sie nennen. Diese sind tüchtige Schmiede, und die Tschuktschen tauschen sich viele ihrer Messer bei ihnen um. Im Südwesten wohnen „liö-taniet", die Korjäken. Von diesen wird erzählt, daß sie Renntiere und ähnliche Zelte wie die Tschuktschen hätten, aber mit dem Unterschied, daß, während meistens nur eine Familie in einem Tschuktschenzelt wohnt, so wohnen in einem „liö-tanit"-Zelt viele Familien zusammen. Das ist durchaus korrekt. Im Westen am Meere, an der Beringsstraße wohnt ein Volk, das Mäntel mit Hauben anstelle von Mützen trägt, und das seine Wangen durchlöchert und Schmuck, Perlen, Muscheln oder Zähne von Tieren darin befestigt. Das sind also offenbar die Eskimos. Auf der anderen Seite des Meeres soll außerdem ein Volk wohnen, „därakan", das sehr arm ist und meistens von Fisch lebt, und deren Sprache wie Vogelgezwitscher klingt. Vielleicht ist hier die Rede von indianischen Stämmen.

Soweit sind die Vorstellungen wahrscheinlich, dann aber wird die Phantasie zur Hilfe genommen. Auf der anderen Seite des Meeres, im Norden, wohnt ein Riesenvolk, Menschen so groß, daß ein Wal nur ein kleiner Fisch für sie ist und ein Eisbär nur eine Laus. Dort soll es auch einen so großen Vogel geben, daß er auf einen Wal niederstoßen und ihn mit sich wegführen kann. Und weit, weit weg wohnen sehr schlechte Menschen, die Hundeköpfe haben. In Verbindung mit der Erzählung vom Riesenvogel kann erwähnt werden, daß Nordenskiöld darauf aufmerksam macht, daß die Sage vom Riesenvogel Roch, die jeder aus „Tausend und eine Nacht“ kennt, sehr unter den nordasiatischen Völkern verbreitet ist, und mehrere von diesen fassen die gewaltigen Hörner des vorhistorischen Nashorns als die Klauen des Vogels Roch auf.

Die Kenntnis der Tschuktschen von der Zivilisation ist sehr mangelhaft. Zwar besuchen sie jeden Frühling die Sibiriaken, die ihre Wohnstätten am Kolyma-Fluß haben und die sie „milje-tanit“ nennen. Diese sind aber sehr stark mit den verschiedenen einheimischen Stämmen vermischt, leben sehr primitiv und stehen in vielen Hinsichten nicht weit über den Tschuktschen selbst. Darum haben die Tschuktschen recht, wenn sie zwischen „miljetanit“ und „erotchilen“, den russischen Kaufleuten, unterscheiden, die von Zeit zu Zeit Kolyma oder die Küste an der Beringsstraße besuchen. Außerdem kennen die Tschuktschen noch die Amerikaner, „lälu utogelen“, die „auf der anderen Seite des Meeres“ wohnen und sehr reich sind.

Diese Züge geben vielleicht ein ausreichendes Bild von dem Vorstellungskreis der Tschuktschen, von den Kenntnissen, die sie von der Welt haben, die außerhalb ihrer eignen liegt. Im großen ganzen interessieren sie sich wenig für diese Welt, sie sind sich selbst genug, und ihre Welt ist die, in der das Renn lebt.

Es ist selbstverständlich, daß sich die Interessen der Renntschuktschen um das Renntier sammeln und alles dessen, was es betrifft, denn das Renntier gibt ihnen alles, was sie brauchen, Zelte, Kleider und Essen, und es ist auch das Zugtier, das die klumpigen Schlitten schleppt, wenn die Tschuktschen von einer Stelle zu einer anderen ziehen wollen.

Die Zelte, in denen die Renntschuktschen Sommer und Winter wohnen, sind den klimatischen Verhältnissen sowie dem Nomadenleben der Tschuktschen sehr gut angepaßt. Der charakteristischste Zug an diesen ist, daß sie doppelt sind, innerhalb des einen befindet sich ein anderes Zelt. Das äußere Zelt ist sehr groß, aber unsymmetrisch, um dem inneren, dem Schlafzelt, wie wir es zu nennen gewöhnt waren, Raum zu geben. Abb. 1 auf Tafel 23 gibt einen guten Eindruck von dem Ständerbau der Stangen, die das Skelett des Zeltes bilden. Das Zelttuch besteht aus Renntierhaut, von dem die Haare gleich an der Wurzel abgeschoren sind, um das Gewicht zu vermindern; es sind oft alte Schlafzelte, die zu Zelttüchern für das Außenzelt umgearbeitet werden. Es ist aber klar, daß ein so großes Zelt oft unpraktisch und unzweckmäßig sein würde. Im Winter wäre eine Masse Holz erforderlich, um ein so großes Zelt auf eine vernünftige Temperatur zu bringen; aber die Tschuktschen verbringen nur einige Monate der kältesten Jahreszeit in den Wäldern, wo es reichlich Holz gibt, die größte Zeit leben sie draußen auf der Tundra, wo es wohl einige Büsche und etwas getrocknete Weide gibt, die genug Holz zum Kochen geben können, aber nicht zum Heizen und zur Beleuchtung. Deshalb ist innerhalb des großen Zeltes ein kleineres aufgeführt, in dem sie essen und schlafen und das auch, wenn sich die Tschuktschen nicht auf Wanderung befinden, den Frauen als Aufenthaltsstelle dient (Abb. 2 auf Tafel 23).

Das innere Zelt hat die Form eines quadratischen Kastens, der von oben herunterhängt und ohne Boden ist. Es ist aus riesigen dichtbehaarten Renntierfellen zusammengenäht, die sehr wärmeisolierend sind und mit der Haarseite nach innen gebraucht werden, wenn es kalt ist, aber mit der Haarseite nach außen, wenn es warm ist. Die Größe des Schlafzeltes variiert sehr. Die meisten Familien haben einige Schlafzelte verschiedener Größen zum Gebrauch, je nach der Temperatur und der Anzahl Familienmitglieder oder Gäste, die beherbergt werden sollen. Ein mittleres Schlafzelt hat eine Grundfläche von 1,8×2 m und eine Höhe von 1,5 m. Das Schlafzelt hat, wie gesagt, keinen Boden, aber die Wände sind so lang, daß ihre untere Kante auf der Erde liegt, so daß das Zelt dicht und frei von Zug wird. Die Erde, worauf es steht, wird so gut es sich machen läßt, ausgeglichen, wenn möglich mit einer Schicht frischer Zweige bedeckt, und auf diese wird dann eine Schicht unzubereitete dicke Renntierfelle gelegt, so daß man ein warmes und weiches Lager bekommt. Zuvorderst werden ein paar lange „Kissen“ gelegt, Säcke aus Renntierfell, die mit Fellresten, Kleidern usw. gefüllt sind, die nachts als Kopfkissen dienen und tagsüber zum Sitzen, wenn man im äußeren Zelt ißt oder Tee trinkt. Die Vorderwand dient als Tür, man lüftet sie und kriecht hinein.

An der Rückwand steht die Lampe, eine flache Schale, meistens aus Holz mit Blecheinlage, zuweilen ein emaillierter Teller, seltener eine Lampe aus Topfstein. Die Schale ist mit Robbentran gefüllt, in Ermangelung des Tranes mit Renntierfett und zuvorderst liegt der

Docht, ein ringförmiges Büschel Moos oder feingeschabtes nasses Holz, das mit klarer Flamme brennt und verhältnismäßig gutes Licht gibt. Die Lampe steht auf einem kleinen Holzbehälter zur Aufbewahrung des Tranes, und quer über der Lampe liegt gewöhnlich ein Holzstab, um damit den Docht in Ordnung zu bringen, wenn die Lampe blakt oder zu verlöschen droht. Auf eine solche Lampe muß dauernd achtgegeben werden, wenn sie gut brennen soll. Von Zeit zu Zeit muß die Hausfrau Tran aus dem Behälter auf die Lampe gießen, und wenn sie fertig ist, leckt sie sich die Finger mit großem Wohlbehagen, denn Tran ist eine Delikatesse für die Tschuktschen, eine Delikatesse, die ich ihnen immer mit Vergnügen überließ.

In einem normalen Schlafzelt ist Platz für 6—8 Menschen. Selbst wenn es draußen noch so kalt ist, wird es drinnen schnell warm, denn das äußere Zelt beschützt das innere vor dem Winde, und das Schlafzelt ist aus Renntierfellen gemacht, die ausgezeichnet isolieren. Die Lampe heizt, die vielen Menschen geben Wärme und wenn der Tee kochendheiß hereingebracht wird, steigt die Temperatur ins unerträgliche, so daß die Tschuktschen sich die Kleider vom Oberkörper abziehen, ja ab und zu müssen sie sogar die Vorderwand aufheben, um zu lüften. Sonst lieben sie es gar nicht, die Wärme herauszulassen, es gilt, sie für die Nacht festzuhalten, wenn die Lampe gelöscht wird. Dann werden alle Öffnungen dicht verstopft. Sind wenige im Schlafzelt, kann die Nacht trotzdem ganz gut werden, denn etwas Luft findet schon den Weg herein; ist das Zelt aber so voll, wie es nur geht, erwacht man morgens, wenn man überhaupt hat Schlaf finden können, in einer unbeschreiblichen Atmosphäre.

Ich gab gleich auf, ganz und gar unter den Tschuktschen zu wohnen, sondern begann damit, in meinem Schlafsack im äußeren Zelt zu schlafen. Später aber, als die Temperatur bis ca. — 30 Grad sank, wurde es ein wenig zu kalt da draußen, so daß ich mein eigenes Schlafzelt bekam, und als wir endlich die Stelle in den Wäldern erreichten, wo wir drei Monate in Ruhe liegen wollten, baute ich mir eine sehr primitive aber brauchbare Hütte. Aber im Laufe des Winters und Frühlings reiste ich öfters auf Besuch und mußte dann damit vorliebnehmen, wie ein Eingeborner zu leben, so daß ich gute Begriffe davon bekam, was es sagen will, in einem Tschuktschenzelt zu schlafen.

Obwohl ich nicht die ganze Zeit wie ein Tschuktsche gelebt habe, so fand ich doch, daß es am praktischsten wäre, sich ungefähr so wie ein Tschuktsche zu kleiden. Vom Scheitel bis zur Zehe sind die Renntschuktschen in Renntierfelle gekleidet. Die Felle werden dadurch zubereitet, daß sie mit einer Fellschabe weichgeschabt werden, einem runden Messer, das mitten auf einem ungefähr 60 cm langen gebogenen Holzstück sitzt. Zu Kleidern werden vorzugsweise Felle von Rennkälbern genommen, die im August geschlachtet werden, wenn sie 4 Monate alt sind, aber zuweilen auch Felle von älteren Tieren; und zu richtig feinen und warmen Unterkleidern wird Fell von neugeborenen Rennkälbern verwendet. Die Tracht ist einfach und kleidsam. Die Männer tragen oben zwei Jacken aus Renntierfell, eine dünnbehaarte mit den Haaren nach innen und eine dichtbehaarte mit den Haaren nach außen. Die Jacke reicht nicht ganz zum Knie, ist unten mit Hundefell eingefaßt und wird um den Leib mit einem Gürtel zusammengehalten. Die Halsöffnung ist so weit, daß der Hals bloß ist. Die Ärmel, die lang sind und mit einem ziemlich engen Bund abschließen, sind mit Hundefell gekantet und sind so weit, daß der Arm ohne Schwierigkeit hinein an den Körper gezogen werden kann. Wenn es warm wird, wird die schwere Außenjacke mit einer alten und haararmen vertauscht, und später wird diese abgeworfen. Die Unterjacke ist oft mit einer oder mehreren Taschen versehen, sicher nach russischem Muster, denn für Tasche wird das russische Wort gebraucht, das „karmalj" ausgesprochen wird.

Die Beinkleider sind so lang, daß sie bis zu den Knöcheln reichen, aber oben bis nur etwas über die Hüften. Im Winter werden zwei Paar getragen, eine mit der Haarseite nach innen und eine mit der Haarseite nach außen, im Sommer aber nur ein Paar. Die Fußbekleidung ist praktisch und warm. Zuunterst ein Paar Strümpfe aus Renntierfell, dick oder dünn, je nach der Temperatur und darüber ein Paar Stiefel aus Rennschenkelfell. Diese sind mit einer senkrechten, rund um die Sohle gehenden Kante genäht und sind so geräumig, daß man noch eine reichliche Schicht trockenes Gras darin haben kann. Als Sohlen werden zubereitete Bartrobbenhäute verwendet, oder bei starker Kälte Sohlen, die aus den lang- und dichthaarigen Fellstücken an den Renntierhufen zusammengenäht sind. Die Stiefel werden gleich über den Knöcheln zusammengeschnürt und dann die Beinkleider darübergezogen und ebenfalls dicht zusammengeschnürt, und zwar so dicht, daß es mir unmöglich war, in diesen strammen Zuschnürungen zu gehen. Zuweilen, besonders bei gewissen Anlässen, werden Stiefel getragen, die bis zum Knie reichen und Kniebeinkleider.

Die Fäustlinge sind aus Rennschenkelfell gemacht, mit den Haaren nach außen, sie sind sehr warm und solid. Im Gegensatz zu den

Eskimos haben die Tschuktschen nie Hauben an ihren Fellmänteln, sondern tragen Mützen als Kopfbedeckung, um, wie sie sagen, den Kopf frei bewegen zu können. Mützen gibt es eine ganze Reihe Typen, von solchen, die praktisch genommen nur die Ohren beschützen bis zu solchen, die Kopf sowie Hals einhüllen. Der Hals wird zuweilen besonders geschützt, entweder mit einem aus Hundefell verfertigten Halsschützer oder, ist der Mann reich, mit einem aus Eichhornschwänzen.

Die Frauentracht ist von der Männertracht ganz verschieden. Sie ist eine Art Kombination, eine weite Jacke, die in weite Beinkleider übergeht. Die Halsöffnung ist sehr groß, so daß ein oder beide Arme bequem herausgezogen werden können. Sie ist mit Hundefell eingefaßt und kann bei Kälte zugeschnürt werden. Die Ärmel sind sehr weit, am weitesten am Handgelenk, wo sie mit Hundefell besetzt sind. Sie sind so lang, daß sie weit über die Hände fallen, und das ist sehr zweckmäßig, denn die Frauen müssen oft in der Kälte mit bloßen Händen arbeiten, und dann geben die langen Ärmel einen sehr guten Schutz. Die Fußbekleidung besteht aus Fellstrümpfen mit gewaltigen Schenkeln und großen Fellstiefeln aus Rennschenkelfell. Die Beinkleider werden über die Stiefel gezogen und unter dem Knie stramm zugeschnürt. Die Frauen tragen für gewöhnlich zwei Trachten, eine mit den Haaren innen und die andere mit den Haaren außen. Die letztere ist im Winter dick und warm, im Sommer aber fast haarlos. Mütze und Fäustlinge sind vom selben Typus wie bei den Männern. Bei gewissen Gelegenheiten und bei starker Kälte wird eine Überjacke aus dünnem Fell, mit der Haarseite innen, getragen, die oft reich mit kleinen Quasten, Riemchen und Streifen aus Fellstickereien verziert sind.

Die Kinder werden genau so wie die Erwachsenen gekleidet, sobald sie ganz alleine gehen können; sind sie noch klein, werden sie in einen doppelten Fellsack gesteckt mit vier kleinen Extrasäcken für Arme und Beine und mit einer großen losen Klappe zwischen den Beinen. Diese Klappe ist mit Moos, zerkleinertem morschen Holz oder zur Not Renntierhaaren gefüllt, ein Inhalt, der ausgewechselt wird, sobald es notwendig ist.

Weder die Männer- noch die Frauentracht ist weiter ausgeschmückt. Bisweilen werden den Rücken herunter oder an Armbogen und Knien gefärbte Fellquasten angebracht, Verzierungen, die sicher ihre Bedeutung als Amulette haben. Ab und zu ist ein Rand der Mütze oder die untere Kante der Beinkleider mit Fellstickereien versehen, wobei die verschieden gefärbten Fellstücke zu geometrischen Mustern zusammengenäht sind. Diese Stickereien sind aber meistens nicht selbst von den Tschuktschen ausgeführt worden, sondern von ihren Nachbarn, den Lamuten, die in solcher Arbeit sehr geschickt sind. Die Tschuktschen erreichen übrigens sehr geschmackvolle Wirkungen dadurch, daß sie schwarze Renntierfelle mit weißen Flecken gebrauchen, wobei sie die Tracht dann immer so nähen, daß die Flecke symmetrisch angebracht werden.

Im großen ganzen ist der Kunstsinn der Tschuktschen sehr wenig entwickelt. Dies zeigt ihre einfache Kleidung und ebenfalls der Umstand, daß man auf ihren Gebrauchsgegenständen niemals Verzierungen oder Ornamente irgendeiner Art sieht.

Das Hausgerät ist auf das allernotwendigste eingeschränkt. Es besteht aus ein paar Töpfen und einem Teekessel, einer großen Schüssel aus Holz — oder jetzt zuweilen einer emaillierten Waschschüssel — um das gekochte Fleisch darauf zu legen, einigen Tassen, die in einem kleinen Holzkasten aufbewahrt und wie ein Heiligtum bewacht werden und einem großen runden Stein mit dazugehörigem Steinhammer, um gefrorenes Fleisch damit in Stücke zu schlagen und Knochen zu zerhauen, außerdem aus ein paar guten Messern. Jeder Mann trägt sein Messer bei sich, und zuweilen führen auch die Frauen ein Messer mit sich, wenn sie auf Besuch reisen, denn das Messer ist das einzige und gleichzeitig unentbehrliche Eßgerät. Wird noch hinzugefügt, daß sich in jedem Zelt etwas Werkzeug findet, eine Axt, eine Säge und ein oder zwei Bohrer, und daß einige der Holzstücke zum Feueranreiben in jedem einzelnen Zelt zur Stelle sind, so ist die Liste über das, was eine Tschuktschenfamilie mit sich führt, fertig.

Die Tschuktschen leben ausschließlich von Renntierfleisch. Wenn ich hier sage Renntierfleisch, so darf das nicht buchstäblich dahin mißverstanden werden, daß sie nur das reine Fleisch essen, sie essen nämlich das ganze Renntier, alles was überhaupt gegessen werden kann, aber keine andere Speise. Mehl kennen sie nicht, und was sie an Gemüsen kennen, beschränkt sich darauf, daß sie im Frühjahr einige wenige Wurzeln ausgraben, diese aufbewahren und zu festlichen Gelegenheiten brauchen. Vielleicht muß ich hinzufügen, daß sie Gemüse dadurch etwas kennen lernen, daß sie den Mageninhalt der Renntiere essen. Im Herbst fischen sie zuweilen einmal, aber sie machen nie große Anstrengungen, um sich andere Speise als Renntierfleisch zu verschaffen.

Die Kost ist aber trotzdem nicht so einförmig wie man glauben sollte. Eine fette Renntierrippe schmeckt ganz anders wie ein Stück vom Braten und Renntierzunge oder Mark sind die reinen Delikatessen.

Das Renn ist auch das Zugtier der Tschuktschen, aber es steht nicht besonders hoch in dieser Hinsicht. Ein einzelnes Renn kann nicht mehr als ca. 60 kg an den schweren und ungefügen Schlitten ziehen, die die Tschuktschen verwenden, und es kann nicht ununterbrochen Tag für Tag vor dem Schlitten gehen, dazu braucht es allzulange Zeit, um sich satt zu fressen. Ist man ein oder zwei Tage in einem fort gewandert, muß man deswegen mindestens einen Tag liegen, damit das Renn Zeit bekommt, sich satt zu fressen.

Schnell geht es deshalb nicht mit einer tschuktschischen Renntierkarawane zu ziehen. Das ist ein großer Apparat, der jeden Tag in Gang gesetzt werden soll. Frühzeitig am Morgen, lange ehe es hell ist, kriecht eins der jungen Mädchen oder Frauen aus dem Zelt, um im äußeren Zelt Feuer zu machen und den Morgentee zu kochen. Der ist bisweilen 4 Uhr fertig, bisweilen 8 Uhr, je nachdem der Mann im Zelt erwacht ist oder von den kleinen Kindern geweckt worden ist. Das Frühstück wird im Schlafzelt gegessen und ist die am wenigsten delikate Mahlzeit der Tschuktschen. Es besteht aus kaltem Fleisch mit „Schlafzeltgeschmack", Fleisch, das die ganze Nacht drinnen im Schlafzelt in einer unbedeckten Schüssel gestanden hat, und das voll von Renntierhaaren ist und einen ausgeprägten Geschmack von der kräftigen Atmosphäre, in der es aufbewahrt gewesen, angenommen hat. Ich versuchte so viel wie nur möglich, diesem Frühstück zu entgehen. Nach dem Fleisch kommt siedendheißer Tee, so daß man sich schweißtriefend trinkt, worauf man zur Abkühlung gefrorenes rohes Fleisch ißt, das in sehr dünne Scheiben geschnitten oder mit einem Steinhammer kleingeklopft ist.

Schon ehe das Frühstück vorbei ist, beginnen die jungen Männer, das äußere Zelt herunterzunehmen, schlagen Schnee und Reif vom Zelttuch, legen es zusammen und bringen es auf ihre Schlitten. Wenn dann endlich alle fertig sind und aus dem Schlafzelt herausgekommen sind, muß dieses heruntergenommen und frei von Reif geklopft werden. Ist es kalt draußen, so sind die Wände voll von Reif, denn das Zelt ist zum wesentlichen Teil von den Menschen erwärmt worden, die darin waren, so daß die Luft ständig mit Feuchtigkeit gesättigt ist. Wird der Reif nicht aus dem Zelt herausgeklopft, ehe es abends wieder aufgestellt wird, so wird es feucht, die Haare lösen sich ab und es wird zerstört, abgesehen davon, daß es sehr unbehaglich ist, sich darin aufzuhalten. Es ist aber eine schwere sowie langwierige Arbeit, den Reif von einem Schlafzelt zu entfernen: das schafft den jungen Mädchen und Frauen stundenlang Arbeit. Friert es nicht gerade Stein und Bein, so stehen sie da mit dem einen Arm ganz bloß und schwingen ihre großen krummen Klopfhölzer unermüdlich. Der Ton der regelmäßigen schweren Schläge bildet den Baß in der Lagermusik, während die kleinen Kinder und die Hunde für den Diskant sorgen.

Währenddessen werden Renntierfelle, Kleider, Hausgerät, Werkzeug usw. auf die Schlitten gepackt, und die Fuhre ordentlich festgebunden, denn es dauert gar nicht lange, so kippt unterwegs ein Schlitten um. Der Ordnungssinn der Tschuktschen ist nicht sehr entwickelt: was sie gebraucht haben, legen sie von sich, wohin es im Augenblick gerade paßt, und die Folge ist, daß, wenn sich am Morgen alles sammeln soll, es ständig lautet: „Wo ist mein Messer", „Wo ist der kleine Topf" usw. Trotzdem hinterlassen die Tschuktschen einen Lagerplatz immer in guter Ordnung, Fellreste, zerrissene Kleider u. a., was sie nicht mehr brauchen, bleibt nie liegen, sondern wird gesammelt und verbrannt, und sind einmal ein paar Renntiere gerade dort geschlachtet worden, so werden die Hörner vor dem Zeltplatz zusammengelegt. Alles das steht in Verbindung mit ihren religiösen Vorstellungen, es würde z. B. Unglück bringen, wenn ein Fremder Kleider finden und brauchen würde, die ein anderer angehabt hat.

So nach und nach, wenn die Schlitten fertig gepackt sind, werden sie hervorgezogen und zusammengestellt, der eine mit den Kufen auf dem andern so, daß sie einen Halbkreis bilden, mit einer großen Öffnung in der Mitte (Abb. auf Tafel 24). In diese Einhegung soll später das Zugrenn getrieben werden. Während der Wanderung schließen sich oft 3—4 Familien zusammen und haben dann 50—80 Schlitten. Die Arbeitsschlitten sind schwer und ungefüge, aber solid. Die kräftigen Kufen sind aus Lärchenholz gemacht und mit vier hohen Bogen aus natürlich gekrümmtem Holz oder Rennhorn verbunden, während das Obergestell aus vier Querlatten über den Bogen und vier Längslatten gebildet wird, wovon die zwei äußersten bis vorn an die Spitze der stark nach oben gebogenen Kufen reichen.

Wenn endlich alle Schlitten fertig gepackt sind, soll das Zugrenn eingefangen werden. Die Rennherde wird von ein paar Jungen geholt, während die letzten Schlitten festgebunden werden und die Tiere werden dann nach der Einhegung zu getrieben. An der äußeren Seite gehen die jungen Burschen, während die Alten, Frauen und Kinder sich in der Nähe der Schlitten halten. Rennkühe, Kälber und Böcke, die nicht als Zugtiere verwendet werden können, werden mit Zuruf und Pfeifen durch die Zähne aus der Herde herausgelockt; versucht dann dabei auch ein Zugrenn zu entwischen, wird es mit lauten Rufen zurückgeschreckt. Hilft das nichts, dann sausen die Lassos durch die Luft, und es ist selten, daß die ihr Ziel verfehlen.

Der Lasso der Renntiertschuktschen ist aus langen Streifen Renntierhaut geflochten, bisweilen aus Robbenhaut, die stärker, aber schwerer ist. Vorne ist ein beweglicher Ring, der meistens aus Rennhorn gemacht ist, manchmal aber aus dem Horn des Gebirgsschafes. Die Länge beträgt 20—30 m und alle gebrauchen den Lasso mit großer Sicherheit auf einen Abstand von ca. 20 m. Aus einer Herde in wilder Fahrt können sie genau das Renn herausholen, das sie gerade wollen, aber sie haben ja auch angefangen, Lasso zu werfen, ehe sie laufen lernten.

Ein Renn, das den mißglückten Versuch gemacht hat, Reißaus zu nehmen, wird nicht gnädig behandelt. Es wird hingeworfen, kriegt Fußtritte auf die Schenkel und den Hals und wird zuletzt zur Herde zurückgetrieben. Je öfter ein Zugrenn zu entschlüpfen versucht hat, desto unsanftere Behandlung wird ihm zuteil. Die Tschuktschen behandeln ihre Renntiere überhaupt nicht sehr liebevoll. Das ist nicht so zu verstehen, daß sie die Renntiere ohne Grund mißhandeln, aber ein Renn, das sich bäumt und widersetzt, wird zum Gehorsam geprügelt, und gilt es schnell vorwärts zu kommen, so wird das Renn mit allen Mitteln rücksichtslos getrieben bis es stürzt.

Das Einfahren des Renntieres geht sehr einfach vor sich. Das Renn wird eingefangen, mit einem Riemen um Hals und Kopf an einen Baum oder einen sehr schweren Schlitten gebunden, so daß es sich nicht selbst schaden kann, wenn es auch noch so viele Sprünge und Sätze macht. Dort darf es dann einen ganzen Tag stehen und wird dann des Versuchs, zu entwischen, so müde sein, daß es einigermaßen ruhig wird. Es wird dann vor einen Schlitten gespannt, am liebsten vor einen solchen, mit dem es ohne Gefahr herumtummeln kann, und nach ein paar Tagen führt es sich dann manierlich auf, wenn es dann aber vor einen Zugschlitten gespannt werden soll, beginnt der Zirkus oft wieder von neuem.

Wenn endlich die Zugrenntiere allein übrig sind, werden sie in die Einhegung, die von den Schlitten gebildet wird, hineingetrieben, und quer über die offene Seite des Halbkreises wird ein lebender Zaun von Alten und Kindern gebildet, die mit den Armen schwenken und schreien, wenn ein Renn auszureißen versucht. Die Jungen gehen in die Herde hinein, holen die einzelnen Renntiere heraus und führen sie zu ihren Schlitten, etwas, was gar nicht so ungefährlich ist, denn es gibt viele stätische Renntiere, und man muß sehr flink sein, um ihren Hörnern zu entgehen. Schrammen im Gesicht gehören zur Tagesordnung, und es gibt mehr als einen Tschuktschen, der einäugig ist, weil er einem Rennhorn nicht entging.

Gegen Mittag ist endlich alles fertig, und die Karawane kann sich in Bewegung setzen. Die Schlitten werden in Reihen von 8 bis 10 Stück geordnet, jedes Renn ist mit einem Riemen um den Hals an den vorhergehenden gebunden und zieht seinen eigenen mit einem breiten Riemen aus Bartrobben- oder Walroßhaut nach sich, der über den Nacken und durch die Vorderbeine geht. Der Zugriemen am Schlitten besteht aus Walroßhaut und ist schräg befestigt, so daß das Renn nicht direkt vor seinem Schlitten gehen kann, sondern vorn und etwas nach links. Auf diese Weise geht die Reihe der Renntiere auf der linken Seite der Schlittenreihe, was in hügeligem Terrain sehr zweckmäßig ist, denn gleitet der Schlitten schnell eine Schräge herunter, so stößt er nur auf den vorangehenden Schlitten und schadet dem Renn nicht.

An der Spitze einer Schlittenreihe fährt eine Frau oder ein junges Mädchen in einem, mit zwei Renntieren vorgespannten Schlitten. Gleich nach dem Frauenschlitten kommt der Kinderschlitten, von einem alten, verläßlichen Renn gezogen. Auf diesem Schlitten ist eine Art viereckiges Zelt angebracht, das gut mit Renntierfell ausgefüttert ist, so daß die Kleinen warm und geschützt sitzen, selbst in der größten Kälte. Dann kommen Schlitten mit Kleidern, Fleisch, Zeltdecken usw., und zuletzt ein kleiner niedriger Schlitten, an den ein Teil Zeltstangen so festgebunden sind, daß sie am Boden entlang schleppen.

Wenn sich die Karawane in Bewegung setzt, gehen die jungen Burschen zur Rennherde, um sie vorwärts zu treiben, aber die Männer nehmen sich eine letzte Pfeife Tabak und fahren dann auf ihren leichten Schlitten, mit zwei guten Renntieren vorgespannt, unabhängig davon. Bisweilen nehmen sie den Weg zu den Nachbarn, um Neuigkeiten auszutauschen, oder sie fahren direkt, um einen neuen Lagerplatz zu wählen, wo gute Weide für die Renntiere ist.

Der große Zug bewegt sich im Schneckengang vorwärts, vielleicht zwei bis drei Stunden, vielleicht auch ganze sechs. Schnell geht es nicht. Bald geht es etwas aufwärts und das Renn muß jeden Augenblick stehen bleiben und verpusten, dann kippt ein Schlitten um, und in die ganze Reihe kommt Unordnung oder es stürzt ein Renn und muß vor einen leichteren Schlitten gespannt werden. Ernstere Unglücksfälle sind selten. Wenn endlich die Stelle für den neuen Lagerplatz erreicht ist, werden die Renntiere losgelassen und die Frauen und Mädchen gehen sogleich daran, das Zelt zu errichten und eine Tasse Tee zu kochen. Erst mehrere, oft 3—4 Stunden, nachdem der Lagerplatz erreicht ist, sind die Zelte ganz in Ordnung und der große Fleischtopf mit der Hauptmahlzeit des Tages ist fertig, so daß man ins Schlafzelt hineinkriechen kann, nachdem man sich den Schnee sorgfältig mit „tiogen“, einem krummen Rennhorn, abgeklopft hat. Eine Holzschüssel mit großen dampfenden Fleischstücken wird hereingebracht, und die Frau des Zeltes teilt die Stücke je nach Alter und Würde aus. Man nimmt sein Stück in die Finger, beißt zu und schneidet in einer passenden Entfernung vom Munde ab. Und dabei geht nichts verloren, nicht das geringste Fäserchen einer Sehne bleibt an einem Knochen zurück. Wenn man satt ist, bekommt man einen kleinen Fellfetzen oder ein Grasbüschel, um sich die Finger damit abzutrocknen, denn es wird als sehr unpassend angesehen, sich die Finger an den Kleidern abzuwischen. Dann kommt der Tee, kochend warm und allmählich steigt die Temperatur im Schlafzelt dermaßen, daß die Männer die Jacken abwerfen, und die Frauen ziehen die Arme durch die Halsöffnung heraus und lassen die weiten Blusen zur Mitte heruntergleiten. Alle sitzen mit bloßem Oberkörper. Jetzt gehen die Tabakspfeifen herum, die Ereignisse des Tages werden erzählt oder aufs neue durchlebt; aber bald beginnt einer nach dem anderen Zeichen von Müdigkeit zu zeigen. Die Lampe wird gelöscht, man zieht sich aus und kriecht unter die zubereiteten weichen Renntierfelle, die als Decken dienen. Und dann reist man den nächsten Tag und vielleicht noch den übernächsten so weiter; ist man dann aber so 3—4 Tage in einem fort gezogen, müssen die Renntiere ausruhen und fressen, so daß man ein oder zwei Tage verweilen kann.

Wenn die Tschuktschen auf der Wanderung sind, haben die Jungen vollauf zu tun. Jede zweite oder dritte Nacht müssen sie bei der Rennherde wachen, denn draußen auf der Tundra muß diese unter ständiger Aufsicht sein, damit sie nicht südwärts nach den Wäldern abrückt. Morgens helfen sie das Zelt abbrechen und die Schlitten festbinden, und wenn die Zugrenntiere eingefangen werden sollen, bedeutet das neues Laufen für sie. Dann muß die Herde zum nächsten Lagerplatz getrieben werden. Und oft müssen sie dann noch weit hinter einzelnen Renntieren nachlaufen, die auf eigene Hand das Weite gesucht haben, und erst lange, nachdem es dunkel geworden ist und die Alten zur Ruhe gegangen sind, kommen sie zu den Zelten. Die jungen Frauen und Mädchen sind auch nicht müßig. Sie sind die ersten morgens und schließen ihre Arbeit abends als die letzten. Ihre Erholung haben sie, wenn sie mitten am Tage gehen oder an der Spitze ihrer Schlittenreihe fahren.

Die Alten dagegen nehmen die Welt mit Ruhe. Wenn ein Mann so weit gekommen ist, daß er erwachsene Söhne hat, ist es selbstverständlich, daß diese die Arbeit übernehmen. Als er jung war, mußte er bei der Rennherde wachen, ihr nachlaufen, oder den ganzen Tag zu Fuß folgen. Jetzt schläft er so lange wie möglich, kommt erst dann aus dem Schlafzelt heraus, wenn es zum Abbrechen fertig ist, sieht nach, daß alles ordentlich gemacht wird und fährt dann zuletzt unabhängig dahin, wo er Lust hat. Die Jungen betrachten es ihrerseits als selbstverständlich, daß die Älteren und Alten sich nicht anstrengen, und behandeln sie immer mit großer Ehrerbietung. Das hängt bei den Tschuktschen mit der Auffassung von der Seele zusammen. Sie meinen, daß diese sich mit dem Körper entwickelt, ein alter Mensch hat eine große Seele und muß deshalb hochgeehrt werden.

Aus der Schilderung von der Übersiedlung der Tschuktschen wird man verstehen, daß sie sich nicht übereilen. Aber für sie ist es ja nicht die Hauptsache, vorwärts zu kommen, das Nomadenleben ist ein Teil ihres Lebens. Wir brauchten über zwei Monate, um die wohl 250 km von Ayon nach der Stelle im Walde, wo wir den Winter zubringen wollten, zurückzulegen. Soweit ich verstanden habe, bringen die verschiedenen Familien den Sommer immer an ungefähr derselben Stelle der Küste zu und den Winter an ungefähr derselben Stelle im Walde, so daß das Geschlecht eine Art Recht auf die eine oder andere Stelle bekommt. Strenge Regeln gibt es aber nicht, denn die Küste ist lang und die Wälder sind groß: will jemand einen neuen Platz wählen, so steht ihm das frei.

Wir ließen uns mitten im dichten Walde nieder, oben am Abhange, ein gutes Stück vom Flusse. Unten am Fluß selbst wohnte niemand, denn da weht oft ein schneidender Wind, und es ist dort viel kälter als oben am Abhang. Unsere Nachbarn wohnten drüben längs des Höhenzuges, der sich nach Osten streckt, in Gruppen von zwei bis drei, bis zu sechs Familien, zusammen. Viele, vielleicht die meisten, wohnen den ganzen Winter genau so wie während der Wanderung. Sie errichteten dasselbe verhältnismäßig kleine Außenzelt und brachten innen das Schlafzelt an, das jeden Tag heruntergenommen und vom Reif frei geklopft werden mußte. Kommt man mitten am

Tage nach einem solchen Tschuktschenzelt, findet man wenig Schutz vor der Kälte. Im Zelt ist kein Feuer, denn drinnen im Walde kochen die Tschuktschen, die auf diese Art leben, stets draußen. Das Schlafzelt ist herausgenommen und liegt auf der Erde, und ab und zu schlägt die Frau ein paar Mal darauf, denn jetzt, wo sie den ganzen Tag zur Verfügung hat, hat sie keinen Grund, sich zu übereilen. Alle Familienmitglieder halten sich draußen auf, vom Säugling, der in seinem quadratischen Außensack sitzt und mit nackten drallen Ärmchen herumfuchtelt, bis zum Greis, der fröstelt und friert und die Arme an den Körper hereinzieht. Der Gast muß sich auch darein finden draußen zu bleiben, selbst wenn es kalt ist.

Andere dagegen richten sich auf eine andere Weise ein, die wohl zweckmäßiger erscheint, wenn man mehrere Monate auf derselben Stelle wohnt. Sie errichten ein sehr großes Zelt mit einem überbauten Eingang, worin man sich den Schnee abklopfen kann (Abb. 1 auf Tafel 25). In diesem großen Zelt ist genug Platz zu einem geräumigen Schlafzelt, das außen mit großen Bündeln trockenen Grases bedeckt ist, so daß es so gut isoliert wird, daß innen keine Reifbildung entstehen kann. Es kann darum monatelang stehen und einen Aufenthaltsort bilden, nach dem man sich flüchten kann, wenn das Wetter zu kalt ist, und wo die Frauen mit ihrer Arbeit sitzen können, neue Kleider nähen oder alte reparieren. Aber alle gröbere Arbeit geht draußen vor sich, dort wird das geschlachtete Renn zerteilt, dort werden die Felle geschabt usw. Das äußere Zelt ist kein angenehmer Aufenthaltsort, denn wenn darin gekocht wird, ist es voll von Rauch, aber einem Mann fällt es niemals ein, sich in das Schlafzelt hineinzusetzen, wenn nur das Wetter einigermaßen gut ist: er bleibt draußen.

Hier könnte ein ganz kleiner Vergleich mit den Lamuten am Platze sein. Fürs erste muß erwähnt werden, daß die Lamuten nicht fahren, sondern auf den Renntieren reiten, und wenn sie auf der Wanderung sind, führen sie alles, was sie haben, auf dem Rücken des Renntiers mit sich. Deshalb haben sie es viel leichter im Winter durch die Wälder vorwärts zu kommen als die Tschuktschen, denn selbst wenn der Schnee tief liegt, können sie ohne Schwierigkeiten weiterziehen, während die Tschuktschen mit ihren ungefügen Schlitten sich bald fest fahren und sehr kleine Tagesmärsche machen müssen, um ihre Renntiere nicht zu überanstrengen.

Das Zelt der Lamuten ist rund mit einer knapp meterhohen senkrechten Wand zuunterst und kegelförmig zuoberst, mit einer Decke aus sämischer Renntierhaut bedeckt, die sehr leicht ist (Abb. 2 auf

Tafel 25). Erwärmt und beleuchtet wird es von einem großen Holzfeuer mitten im Zelt, wobei für einen ausgezeichneten Zug durch die halbzugedeckte Türöffnung und eine kleine Öffnung im Zelttuch gleich über der Tür, gesorgt wird. Kommt man durch die Türöffnung hinein, sieht man, daß auf der linken Seite des Feuers der Boden mit dicken Rennfellen bedeckt ist, und hier sitzt man bequem und kann den Übergang, draußen von der Kälte hinein zum wärmenden Feuer zu kommen, genießen. Ein Kessel mit Wasser hängt stets über dem Feuer, so daß man wenige Minuten, nachdem man sich gesetzt hat, dampfenden Tee bekommt, etwas, worauf man im Tschuktschenzelt oft stundenlang warten muß. Nur das Holzhacken geht draußen vor sich, alle andere Arbeit wird im Zelte drinnen ausgeführt, wo es hell und warm ist, so daß es nicht selten geschieht, daß Tschuktschenfrauen ihre Rennfelle zu einem ihrer armen Lamutennachbarn hinüberschicken, um sie dort von der Frau zubereitet zu bekommen.

Auch die Kleidung der Lamuten ist den Wäldern angepaßt, wo niemals Sturm herrscht, sie ist viel offener als die der Tschuktschen. Es ist überhaupt auffallend, wie die ganze Lebensweise der Lamuten darauf hinweist, daß sie ein Waldvolk sind, während die Tschuktschen in ihrem rechten Element sind, wenn sie draußen auf der Tundra leben.

Im Winter führen die Tschuktschen im großen ganzen ein sehr gemächliches Leben. Die Rennherden brauchen nicht mehr die ständige Aufsicht, obwohl ein halberwachsener Bursche oder ein junges Ehepaar oft in der Nähe wohnen muß, wo sie sich aufhalten. Diese können übrigens gut die Herde auf einige Tage verlassen; denn in den Wäldern wird nie ein Wolf sein. Die Aufsicht beschränkt sich meistens darauf, daß man dann und wann einmal eine Runde um die Herde macht, um sich zu vergewissern, daß kein Renn entschlüpft ist. Übrigens spielt es keine große Rolle, falls die Herden im Winter etwas untereinander gemischt werden. Im Herbst, wenn die Tschuktschen nach den Wäldern ziehen, findet oft eine Vermischung statt, und ehe der Frühling kommt und man wieder zur Küste zurückkehren will, müssen die Herden getrennt werden. Während dieser Arbeit ziehen die jungen Burschen von Lager zu Lager und sind den ganzen Tag damit beschäftigt, die Herden aufzuteilen. Dann erst zeigt es sich, welche verblüffende Kenntnis sie von den Renntieren haben. Zwar marken die Tschuktschen ihre Renntiere im Ohr, aber diese Kennzeichen spielen in Wirklichkeit keine Rolle, denn die Renntiere wechseln oft den Eigentümer, ohne daß das Zeichen geändert wird.

Trotzdem entsteht dabei aber fast nie Zank um das Eigentumsrecht eines Renntieres, dazu kennt jeder seine eigenen und die seiner Nachbarn viel zu gut.

Wenn die Rennherden im Walde bewacht werden sollen, sind Schneeschuhe unentbehrlich. Die Schneeschuhe, die die Tschuktschen anwenden, sind ein Paar 1—1,5 m lange, 25—35 cm breite und ca. 1,5 cm dicke Holzbretter, die auf der Unterseite mit Schenkelfell bezogen sind, das vom Renn oder Elch stammt. Die Bindungen sitzen mitten darauf und bestehen aus verschiedenen einfachen Riemen über den Zehen und um die Hacke. Diese Schneeschuhe sind soweit sehr gut, indem sie gut tragen, und es leicht ist, sich auf ihnen zu wenden, aber sie gleiten nicht so über den Schnee wie Ski, so daß es anstrengend ist, mit ihnen vorwärts zu kommen. Die Tschuktschen arbeiten diese Schneeschuhe nicht selbst, sondern kaufen sie von den Lamuten, die das Holz weiter südlich herholen, wo der Wald besser entwickelt ist und leimen das Schenkelfell mit einem Leim fest, den sie aus Elchhaut kochen. Außer diesen haben die Tschuktschen noch eine Art andere, die sie selbst arbeiten, und die sie auf der Tundra benutzen. Diese sind mehr den kanadischen Schneeschuhen ähnlich, sie bestehen aus einem Netzwerk von Riemen innerhalb eines länglichen Holzrahmens.

Die älteren Männer benutzen selten die Schneeschuhe, sie ziehen das Fahren vor, wenn sie fast täglich ihre Nachbarn besuchen, um über alles, was da geschieht, zu plaudern. Die Winterschlitten der Tschuktschen sind sehr leicht und elegant und erinnern sehr an Skischlitten, besonders weil sie lange Kufen von ungefähr der Form eines Ski haben. Ein guter Schlitten ist aus Birke gemacht, für Kufen wird aber, wenn möglich, härteres Holz vorgezogen. Es ist charakteristisch, daß sich hinten auf allen den gutgearbeiteten Schlitten ein kleines Geländer findet, das jetzt keinen Zweck mehr hat. Es sieht aus wie ein Überbleibsel aus einer Zeit, wo die Schlitten größer und solider waren und mit Rückenstütze und Armstützen versehen waren, ein Überbleibsel, das jetzt zu dem kleinen Geflecht hinten zusammengeschrumpft ist. Alle Schlitten werden etwas unsymmetrisch gebaut, wodurch man erreicht, daß der Schlitten immer geneigt ist nach rechts auszuweichen und auf diese Weise den Beinen des Leittieres entgeht. Alle Teile des Schlittens sind mit Riemen aus Robbenhaut zusammengebunden und sind erstaunlich solid, wenn man bedenkt, mit was für einfachem Werkzeug sie angefertigt sind. Dieses Werkzeug besteht aus einem Messer, ein Zwischending zwischen einer Axt und einer Hacke, und ein paar Drillbohrern. Das Werkzeug ist entweder von den Lamuten gemacht, die teilweise gute Schmiede sind, oder von den Sibiriaken gekauft. Es wird zusammen mit Robbenhautriemen, Resten von Rennhorn und anderen nützlichen Gegenständen in einem Sack aus Rennschenkelfell aufbewahrt, und die erste Frage, die ein Gast oft tut, wenn er seinen Schlitten unterwegs beschädigt hat, ist: „Wo ist der Werkzeugsack?"

Die leichten Fahrschlitten werden von zwei Renntieren gezogen, die Seite an Seite, vorn links vom Schlitten gehen. Die Siele ist genau wie die Arbeitssiele, ein breiter Riemen über dem Nacken und zwischen den Vorderbeinen. Man lenkt nur das rechte Renntier direkt, ähnlich wie man ein Pferd lenkt, und die Zügel sind mit einer Reihe Torturgeräten versehen, um das Renn damit vorwärts zu treiben. Auf der einen Seite des Rennhalses ist ein Kamm, vom Horn des Gebirgsbockes, angebracht, ein Halbring mit 3—4 scharfen Zähnen, und wenn man am linken Zügel reißt, preßt sich dieser an den Hals des Renntieres. Das linke Renn, das mit dem rechten durch einen Riemen um Kopf und Hals verbunden ist, hat auch einen solchen Halbring, der es daran hindert, nach links auszugreifen. Gleichzeitig wird es durch ein viereckiges mit Zähnen versehenes Stück, das an der Seite des Leitrenns festgebunden ist, daran gehindert, sich an dieses heranzuklemmen. Versucht es sich an das Leitrenn anzupressen, werden diese Zähne in seine eigene Seite hineingetrieben, so daß es dies Vergnügen bald aufgeben wird. Der rechte Zügel ist mit einer Reihe Kugeln aus Rennhorn oder Walroßelfenbein versehen, die die Wirkung erhöhen. wenn er als Peitsche gebraucht wird. Das wichtigste Mittel, um ein Renn vorwärts zu treiben, ist trotzdem „tine", ein ca. 1,4 m langer weicher Stab aus Birke oder Weide, der am äußersten Ende einen ziemlich schweren Knast aus Walroßbackenzähnen trägt. Das ist eine kräftige und gefährliche Waffe, die man oft nur durch die Luft sausen zu lassen braucht, um das Renn auf den Trab zu bringen. Es geschieht nicht selten, daß es blutig geschlagen wird, ja, man kann so verkehrt treffen, daß man den Schenkelknochen zerbricht, so daß das Renn gestochen werden muß.

Die Tschuktschen sind darauf versessen, mit ihren Renntieren zu den Nachbarn zu fahren. Morgens heißt darum die gewöhnliche Frage nicht: „Was wirst Du heute tun", sondern „Wohin wirst Du heute fahren". Darum befindet sich auch immer eine kleine Herde Zugrenntiere bei den Zelten, so daß man sie bequem erreichen kann. Sind ein paar eingefangen, werden sie an einen Baum gebunden, und die übrigen, die gebraucht werden sollen, werden aus der Herde ausgeschieden und zu den ersten hingetrieben, wo sie, ohne den Lasso zu brauchen, ergriffen werden können.

Dann ziehen sie davon, um zu plaudern und Tee zu trinken, um sich zu erkundigen, wie des Nachbarn Renntiere sind, wie die Schneeverhältnise sind, ob es viel Renntiermoos dort gibt, oder um ein oder zwei Renntiere zu holen, die sich zur Herde des Nachbars verirrt haben oder um an einer der vielen Festlichkeiten teilzunehmen. Im letzteren Falle übernachten sie, falls der Weg lang ist, und die Frauen kommen auch mit, um beim Schlachten zu helfen, das immer stattfindet und oft den wesentlichsten Teil des Festes bildet. Die jungen Frauen haben alle Säuglinge, die mit sein müssen und die in einer Art Kalesche hinten am Schlitten angebracht werden, die mit Renntierfell bezogen und gefüttert ist, wo das Kleine so wohl eingepackt sitzt, daß es eine Fahrt bei minus 40 Graden nicht geniert.

Der Weg zu den Nachbarn ist oft weit und führt durch Wald, über offene Ebenen oder über waldfreie Bergrücken. Fahren viele zusammen, so geht es voll Lust und Freude. Die Frauen lenken ihre Renntiere so gut wie ein Mann, ja viele von ihnen, die ohne Brüder aufgewachsen sind, haben den Lasso mit derselben Sicherheit zu brauchen gelernt. Mit einmal peitscht einer auf seine Renntiere und saust im Galopp vorbei an der Reihe — immer auf der rechten Seite. Begegnet man jemandem, weicht man nach links aus. Es ist nicht selten, daß in wilder Fahrt auf enger Spur zwischen Stümpfen und Stämmen gefahren wird, aber zuweilen ist die Fahrt unfreiwillig, wenn das Renntier bockt und durchbrennt. Besonders junge Burschen haben oft das Vergnügen, mit Renntieren zu fahren, die alle möglichen Nücken haben, und es ist merkwürdig, daß sie nicht öfters zu Schaden kommen. Mehr als einmal fahren sie ihre Schlitten in Grund und Boden, kommen aber selbst mit heiler Haut davon. Mein Wirt Gregory war immer ängstlich, wenn ich alleine zu den Nachbarn fahren wollte und gab mir ein Paar der ältesten und sanftmütigsten Renntiere, die, trotz aller meiner mangelhaften Künste, sich nicht dazu bewegen ließen, sich zu beeilen.

Wenn man zu den Nachbarn kommt, soll man am liebsten in voller Fahrt zwischen die Zelte hineinsausen und dann jäh halten. Diejenigen, die zu Hause sind, kommen dann sofort heraus und nehmen sich der Renntiere an. Die Frauen werden mit herzlichen Umarmungen empfangen und hocken sich dann um das Feuer herum oder verschwinden ins Schlafzelt hinein, um den Mund richtig laufen zu lassen, während die Männer ihre kleinen Tabakspfeifen hervorkriegen, um ein paar Mundvoll Rauch zu inhalieren. Man wird mit „Jeti“: „Kommst Du“ begrüßt, und das soll man mit seinem frohsten „J, i“: „Jawohl“ beantworten. Beim Abschied werden keine Grüße gewechselt, vielleicht teilt man mit, daß man jetzt heim will, oder vielleicht verschwindet man in aller Stille. Formell sind die Tschuktschen nicht. Hat man gegessen und sagt, daß man satt ist, wird man nicht geplagt, mehr zu essen; sagt man, daß man gehen will, so wird man nicht zum Dableiben aufgefordert.

Pünktlich sind die Tschuktschen ebensowenig. Sagt ein Mann, daß er eine Arbeit „gleich“ ausführen will, so geschieht das vielleicht in einigen Stunden, vielleicht morgen; sagt er, daß er morgen das eine oder andere ausführen wird, so kann man sich meistens darauf verlassen, daß es ausgeführt wird, aber man kann davon ausgehen, daß es nicht morgen wird, sondern einmal in der Zukunft. Die Zeit spielt überhaupt eine verschwindend kleine Rolle für die Tschuktschen. Ihre Zeiteinteilung ist deswegen auch sehr primitiv. Der Tag wird in verschiedene Abschnitte nach dem Stand der Sonne am Himmel eingeteilt, oder die Zeit wird durch Zeigen angegeben: „Als die Sonne dort stand, reiste ich von zu Hause weg.“ Im Winter, wenn Tag und Nacht verschieden sind, ist es natürlich, daß sie nachts schlafen und tags auf sind, wenn aber die Mitternachtssonne kommt, spielen die Tageszeiten weiter keine Rolle, und dann legen sich die Tschuktschen schlafen, wenn sie müde sind, essen wenn sie Hunger haben, machen den Tag zur Nacht oder umgekehrt, je nachdem es paßt.

Das Jahr wird in sechs „Jahreszeiten“ eingeteilt, den Sommer, den Nachsommer, den Herbst (den Vorwinter), den Winter, den Nachwinter und den Frühling. Neben dieser Einteilung geht eine Einteilung in „Monde“. Die Tschuktschen rechnen, daß es 13 Monate im Jahr gibt, denn gewöhnlich sind es ja 13 Vollmonde in einem Jahr. Wenn sie die Monate angeben sollen, zählen sie diese an allen Gliedern der Arme, indem sie mit dem äußersten Glied an den Fingern beginnen und den Kopf für den dreizehnten Mond, den Mittwintermond, einschieben. Ich versuchte übrigens vergebens, die Namen aller Monde zu erfahren und kam zu dem Resultat, daß es entweder nur die Wintermonde sind, die ihre festen Namen haben, denn an sie knüpft sich ja das meiste Interesse, oder die Namen der Sommermonde sind am Vergessen, denn während ich für die Wintermonde immer dieselben Namen bekam, erhielt ich nicht zweimal dieselben Namen für die Sommermonde.

Niemand konnte mir sagen, wieviele Tage zwischen zwei Vollmonden verstreichen, geschweige denn in einem Jahre. Die Antwort war immer: „Wir zählen nicht." Auch die Jahre wurden nicht gezählt, so daß niemand sagen konnte, wie alt er war. Einen Anhaltspunkt, um das Alter damit zu beurteilen, bekam ich durch einen alten Mann, der an Bord von Nordenskiölds Schiff „Vega" gewesen war, als dieses 1878—79 am Pitlekai überwinterte. Er hatte damals seinen ältesten Sohn mit sich, der gerade gehen konnte, also mußte er zwischen 60 und 65 sein, der Sohn aber ungefähr 44. Es zeigte sich, daß es sehr wenig Personen über 60 Jahre gab.

Da die Tschuktschen ja so unendlich gute Zeit im Winter haben, ist es natürlich, daß Zeitvertreib verschiedener Art, Spiel, Sport und Wettstreit eine sehr große Rolle unter ihnen spielen. Das Spiel der Kinder ist wie hier daheim Nachahmung der Erwachsenen. Die kleinen Mädchen bauen Zelte aus Zweigen, machen Töpfe und Schüsseln aus Schnee, tischen auf mit Holzsplittern und haben Puppen in ihren Spielstuben. Und dann mögen sie gern das Tanzen, wenn man es so nennen kann. Sie stellen sich einander gegenüber auf oder in Reihe und singen: „Hrrro-he, hrrro-he" tief unten im Halse, während sie den Oberkörper etwas nach rechts und links beugen. Die Arme schlaff herunter. Dann heben sie den einen Arm schräg nach oben, während sie den andern schräg nach unten halten, schwingen sich rasch herum, wobei die Armstellung gewechselt wird, während die ganze Zeit der monotone „Gesang" fortgesetzt wird. Große Abwechslung ist ja weder im „Gesang" noch im „Tanz" zu finden, aber sie können sich stundenlang damit amüsieren.

Das erste, ich glaube einzige Spielzeug des Jungen ist der Lasso. Sie bekommen einen kleinen, schon ehe sie richtig gehen können, und allmählich wächst der Lasso mit dem Jungen. Man kann die Jungen ständig sich vergnügen sehen nach Rennhörnern, Baumstrünken usw. zu werfen, und sie sind noch gar keine großen Kerle, ehe sie sich schon nützlich machen können. Das gewöhnlichste Spiel ist folgendes: Ein junger Baum wird abgeästet und der Gipfel in 4—5 m über dem Boden abgehauen. An die Spitze wird ein Riemen gebunden, der fast bis zum Boden reicht, und an dessen freies Ende wird ein faustgroßes Holzstück befestigt. Dieses wird wie ein Karussel um den Baum herum geschleudert, und es gilt, seinen Lasso so zu werfen, daß die Schlinge um den Riemen oberhalb des Holzstückes zusammenläuft. Die kleinen Jungen stecken ständig bei diesem Baum, es ist aber nicht nur ein Spiel für sie, es ist ein Spiel, an dem Junge sowie Alte mit Leib und Seele teilnehmen, ja sogar die jungen Mädchen und Frauen, die oft die eifrigsten von allen sind. Wer das Holzstück erwischt, triumphiert, wem der Wurf mißglückt, wird ausgelacht, und dazwischen mischt sich grobkörnige Liebelei.

Kommt ein Trupp junger Burschen zusammen, pflegen sie bald mit verschiedenen Kraftproben zu beginnen, während die Älteren sitzen und zusehen und Vergleiche ziehen mit dem, was sie in ihren jungen Jahren leisten konnten. Der beliebteste Sport ist Ringkampf. Die zwei, die ihre Kräfte messen wollen, legen alle losen Sachen von sich, Mütze, Halstuch, Pfeife, Tabaksbeutel und Messer und gehen aufeinander los mit Oberkörper und Kopf gebeugt, wobei sie mit den Armen vor sich herumfuchteln. Sie versuchen, den Gegner in den Kleidern, der Halsöffnung oder unter den Armen zu erwischen, und dann gilt es, ihn zu Boden zu schleudern. Die Stellungen sind oft sehr komisch, denn die Kämpfenden stehen mit dem Oberkörper immer so stark vornübergebeugt und mit den Beinen so weit voneinander wie nur möglich. Geht es richtig heiß her, werden die Jacken weggeschleudert, und sie ringen mit bloßem Oberkörper; 30—40 Kältegrade genieren nicht. Dann wird um die Arme oder Schultern gegriffen oder in den Hosenbund, ständig vornübergebeugt. In Roy Chapman Andrews' Buch: „On the trail of ancient man“, das die amerikanischen geologisch-paläontologischen Expeditionen zur Mongolei beschreibt, gibt es eine Photographie mongolischer Ringkämpfer. Die Stellungen, die man auf diesem Bilde sieht, sind genau dieselben wie die, die von den tschuktschischen Ringkämpfern eingenommen werden.

Springen ist auch sehr beliebt, aber die Tschuktschen springen nie mit Anlauf, sie springen mit geschlossenen Füßen, 3—4 Sprünge nacheinander. Wettlauf auf den Knien macht ihnen riesigen Spaß. Außerdem gibt es eine große Anzahl verschiedener Kraftproben, sie zu beschreiben, würde zu weit führen.

Das größte Vergnügen der Tschuktschen im Winter ist aber trotzdem Wettlauf mit Renntieren. Im Laufe des Winters werden fast alle Wettfahrten veranstaltet, die übrigens Zuschnitt auf ein religiöses Fest haben, ich glaube ein Fest für die Verstorbenen.

Bei dem Mann, der eine Wettfahrt veranstalten will, ist schon oft am Tage vorher ein volles Haus, denn viele kommen fernher und wollen natürlich ihre Renntiere nicht mit einer weiten Tour, direkt vor dem Lauf, ermüden. Am Abend dampfen gewaltige Fleischtöpfe über dem Feuer, und außerhalb des Zeltes werden noch ein paar Extra-Schlafzelte errichtet, um den vielen Fremden Platz zu schaffen.

In den überfüllten Schlafzelten wird es im Laufe der Nacht so warm, daß es selbst den Tschuktschen zuviel wird, so daß am nächsten Morgen die meisten zeitig auf sind. Um die Zelte herum bilden sich verschiedene Gruppen, die Frauen kauern um die Feuerstätten und vertrauen einander die letzten Skandale, die Männer und jungen Burschen sehen nach ihren Schlitten, strammen hier und da einen Riemen, prüfen die Elastizität der Kufen und befreien die Schlitten von allem Unnötigen, das beschweren kann, oder sie sehen nach ihren „Peitschen", „den Tinen". Alle haben eine als Reserve auf dem Schlitten liegen, für den Fall, daß eine zerbrechen sollte.
Dann müssen die Renntiere eingefangen werden, und das nimmt oft viel Zeit, denn die zu Wettfahrten gebraucht werden, sind alle jung, 3—6 Jahre, und scheu und wild. Während das im Gange ist, kommt eine Folge nach der anderen von den naheliegenden Nachbarzelten angesaust, Männer und Weiber, Junge und Alte, so daß sich das Lager mit pelzbekleideten, frohen und schwatzenden Menschen füllt. Die Prämien werden in einer langen Reihe vor den Zelten aufgestellt, da, wo die Wettfahrer hineinkommen werden. Die Anzahl der Preise kann hinauf bis zu 5—6 gehen, der gewöhnlichste Preis ist ein Renn, danach kommt Weißfuchspelz, Rennkalbsfell, Robbenfell, Riemen, Tee oder Tabak.

Endlich gegen Mittag, oder vielleicht zum Nachmittag, machen sich die Teilnehmer klar zum Start (Abb. 1 auf Tafel 26). Nur Männer nehmen daran teil, von den jungen Burschen zwischen 16 und 17 Jahren bis zu den Greisen über 60. Wenn alle fertig sind, wird ein „ta-ham" —„los" gerufen, und alle setzen sich in Bewegung, aber ohne irgendeine bestimmte Ordnung. Man sieht oft, daß ein Mann mehrere andere an sich vorbeifahren läßt, ehe er Miene macht, nachzufolgen. Geschieht es, daß einem Führer das Renntier gerade im Start bockt, so halten oft alle und warten, bis er die Tiere wieder in seine Macht bekommen hat, der Start geht also äußerst gemütlich vor sich. Schon ehe die Fahrer aus der Sicht der Zelte sind, schwirren „die Tinen" durch die Luft, das Renn setzt in fliegendem Galopp davon und die ganze Reihe verschwindet im Walde. Die Länge der Bahn variiert von 5—6 bis zu 15—20 km und geht durch Wald oder über das offene Gebirge, bergauf und bergab.

Wenn die Wettfahrer zurückkommen, sind sie schweißdurchnäßt, mit Reif in Haar und Augenbrauen und von Schnee ganz überstiebt. Will man das Renntier eine Stunde lang im Galopp halten, so muß es unabläßig mit Zügeln und „Tine" bearbeitet werden, so daß eine

Wettfahrt ungefähr gleichanstrengend für den Fahrer wie für das Renn ist. Man sitzt ganz ungeschützt vor dem Schneespritzen der Rennhufe, der Schnee stiebt um die Ohren, und auf einmal bekommt man einen harten Klumpen mitten ins Gesicht, so daß man gerade noch aus den Augen gucken kann und nichts anderes sieht als die Hinterbeine des Renntieres. Der Sieger treibt sein Vorspann gleich zu der Prämie hin, die er sich wünscht, dann wählt der nächste Mann usw. Übrigens setzen die Tschuktschen den größten Preis in die Ehre, der Erste zu sein, ein paar schnellfüßige Renntiere stehen also hoch im Preis.

Lauf, Springen und Ringkampf werden auch oft Gegenstand für Wettstreite, so daß ein solches Fest zuweilen zu einem reinen Sportfest wird.

Wenn alles vorbei ist, wenn man gegessen und den ewigen Tee zum letzten Male getrunken hat, fährt man in langen Reihen mit Sang und Klang heim Die Tschuktschen singen gern einförmige melancholische Melodien, aber diese konnte ich leider nicht aufzeichnen.

Abends, wenn man im Schlafzelt sitzt und aufs Abendessen wartet, nimmt wohl einer eine Trommel hervor und schlägt darauf und singt. Die Trommel, die Schamantrommel, die eine so große Rolle unter den sibirischen Völkern spielt, fehlt auch in keinem einzigen Tschuktschenzelt. Bei den Tschuktschen ist die Trommel aus einem runden oder länglichen Holzrahmen mit einem Handgriff gemacht. Als Trommelfell wird meistens Rennkalbsfell verwendet, das feucht aufgespannt wird, so daß es sehr stramm wird, wenn es trocknet. Der Trommelstock ist aus einem Stück Walbarde gemacht. Er ist schmal und leicht gebogen, ca. 30 cm lang und so geschnitten, daß er am Ende einen kleinen Knast hat. Wenn die Tschuktschen die Trommel schlagen, halten sie diese am Handgriff mit der linken Hand so, daß der Zeige- und der Mittelfinger an der Vorderseite am Trommelfell anliegen. Den Trommelstock hält er in der rechten Hand und führt ihn gleichmäßig und ruhig vor und zurück zum Zeigefinger der linken Hand. Wegen seiner Elastizität setzt der Stock seine Bewegung fort, indem sein unteres Ende den Zeigefinger erreicht: Zuerst schlägt er das Trommelfell mit der flachen Seite an und dann mit dem Knast, der sich am Ende befindet. Dadurch bekommt man einen eigentümlichen Doppelschlag. Auf einer guten Trommel kann der Klang sehr kräftig sein, und ein tüchtiger Spieler kann die Tonhöhe variieren, indem er nahe der Kante oder in der Mitte anschlägt, er variiert die Tonstärke, indem er mit größerer oder geringerer Kraft schlägt und variiert den Takt in weitem Maße.

Zuweilen wird die Trommel so gebraucht, daß ihre Unterseite gegen einen viereckigen ellenlangen Stock geschlagen wird, den man in der rechten Hand hält. Wird die Trommel so benutzt, steht der Trommelschläger aufrecht, wird aber der Trommelstock gebraucht, sitzt der Trommelschläger wie gewöhnlich mit gekreuzten Beinen.

Alle, Junge und Alte, Männer und Frauen, können die Trommel schlagen, einzelne aber mit besonders großer Fertigkeit, und diese werden herbeigerufen, wenn ein Krankheitsgeist ausgetrieben werden soll. Auch sonst wird die Trommel oft geschlagen, teils zur reinen Unterhaltung, teils um ein schreiendes Kind zum Schweigen zu bringen.

Ich erwähnte, daß der Ringkampf zu den ständigen friedlichen Vergnügen gehört, aber es geschieht auch, daß sich zwei mit blutigem Ernst schlagen, und unter den Tschuktschen herrscht das Faustrecht in recht großem Ausmaße. Irgendeine Gesellschaftsorganisation gibt es nicht. Zwar haben die russischen Behörden in Kolyma ein paar „Häuptlinge" ernannt, aber deren wesentliche Aufgabe scheint darin zu bestehen, als Mittler zu dienen, falls zwischen den Tschuktschen und den Sibiriaken Uneinigkeiten entstehen sollten. Unter den Tschuktschen selbst herrschen ungeschriebene Gesetze, die Diebstahl und Totschlag verurteilen und Hilfsbereitschaft, Gastfreiheit und Wohltätigkeit fordern. Ich habe bereits die Stellung, die die Alten einnehmen, berührt und gesagt, daß sie sehr hoch geachtet werden, weil sie eine große Seele haben. Diese Achtung gegenüber den Alten spielt eine Rolle gerade bei der Entscheidung vieler kleiner Angelegenheiten, denn oft wenden sich zwei Uneinige an einen alten Mann und hören dessen Meinung. Trotzdem lassen die ungeschriebenen Gesetze Ebenbürtigen genug Gelegenheit, um ihre Streitigkeiten mit der Faust auszutragen. Ein paar Tschuktschen, die einander in den Haaren liegen, sind ein sehr komischer Anblick. Erst stehen sie einander mit feuerroten Gesichtern gegenüber und schreien ihre Scheltworte heraus so laut sie können und so, daß es ihnen im ganzen Körper zuckt. Falls der eine Part einsieht, daß er unrecht hat, wird er vielleicht den Kopf neigen und die Salven entgegennehmen, glaubt er aber das Recht auf seiner Seite, wird er genau so laut schreien. Eine Weile stehen sie so einander gegenüber und versuchen, einander mit ihren Beschuldigungen zu übertäuben, aber dann fahren sie aufeinander los, ringen miteinander und versuchen, sich gegenseitig auf den Boden zu schleudern. Der, der den Gegner an den Boden kriegt, reibt ihn mit Schnee ein oder schlägt ihn ins Gesicht — und der, der solche Behandlung erfährt, räumt sein Unrecht ein, selbst wenn sein Recht klar wie der Tag ist. Es geschieht sehr selten, daß die Raufereien blutig werden, und wer einmal während einer solchen Schlägerei zum Messer gegriffen hat, bekommt einen schlechten Leumund und wird als ein gefährlicher Mann betrachtet, mit dem man sich am liebsten nicht einlassen soll. Diese Form der Strafe, als ein Ausgestoßener betrachtet zu werden, ist die einzige, die die Tschuktschen kennen.

Die Ursachen zu den Streitigkeiten sind meistens Zank wegen Handel. Ein alter Mann kann sich aber einem jüngeren gegenüber Ungerechtigkeiten erlauben, denn es streitet wider alle moralischen Begriffe, daß ein junger Mann sich einem älteren gegenüber sein Recht zu nehmen sucht. Folgende Episode kann als ein typisches Beispiel dafür angeführt werden, wie solcher Zank auslaufen kann. Mein Wirt Gregory hatte von einem Nachbarburschen ein Paar Schneeschuhe gekauft und sollte sie mit einem zweijährigen Rennbock bezahlen. Er ging mit ihm zur Rennherde hinaus, um das Renntier zu holen und Gregorys junger Schwiegersohn Oomje folgte auch mit. Gregory zeigte auf einen jungen Bock und sagte zum Nachbarburschen, daß er den haben solle. „Das Lumpenrenn kannst Du behalten", sagt der Bursche. Gregory wird wütend, weil jemand eins seiner Renntiere ein „Lumpenrenn" zu nennen wagt und fängt an, auf den Nachbarburschen zu wettern. Der ist nicht faul und gibt's ihm zurück, und es endet damit, daß sie sich in eine Rauferei verwickeln. Aber das geht Oomje zu weit. Er legt sich ins Mittel und sagt, daß, soll sich jemand hier schlagen, er und der Nachbarbursche es wären, denn die sind gleichaltrig, es sei eine große Schande, daß der Nachbarbursche seine Hand gegen Gregory hebt. Der Bursche ist einverstanden, bekommt aber herrliche Dresche von Oomje — und zieht zuletzt vergnügt heimwärts mit dem Renn, das er ein Lumpenrenn genannt hatte.

Es ist, wie hervorgehoben, eine Schande, einen älteren Mann schlagen zu wollen. Es wird auch als eine Schande betrachtet, als eines Mannes unwürdig, eine Frau zu schlagen — sofern sie nicht seine eigne Frau ist. Die Frauen werden übrigens gut behandelt und sind den Männern vollkommen gleichgestellt. Ihre Arbeit ist verschieden, wird aber deswegen nicht geringer bewertet, und es geschieht nicht oft, daß sich ein Mann auf einen größeren Handel einläßt, ohne vorher mit seiner Frau beratschlagt zu haben. Diese Gleichgestelltheit geht auch aus der Art hervor, wie die Ehen geschlossen werden. Entweder kann das Mädchen ins Zelt des Knaben ziehen und in seine Familie übergehen oder umgekehrt, der Knabe kann in des Mädchens Zelt übersiedeln und sich ihrer Familie anschließen.

Die Ehen werden im allgemeinen zwischen den Eltern geordnet, während die Kinder noch ziemlich klein sind, und soll das Mädchen in des Knaben Zelt ziehen, wird eine kleine Anzahl Renntiere für sie bezahlt, von 10—12 bis hinauf zu 20—30. Die Braut siedelt schon mit 12—13 Jahren in das Zelt ihres zukünftigen Mannes über, um ihrer Schwiegermutter zeitig behilflich und nützlich sein zu können. Sie bringt keine Mitgift in Form von Renntieren mit, sondern führt ihre eignen Kleider, ihren eignen Schlitten und ihr eignes Zugrenn sowie ein Lasso für den Mann mit. Die Übersiedlung ist mit einem Teil Zeremonien verbunden, wovon die wichtigste damit in Verbindung steht, daß die Braut zu dem „Feuer“ ihres zukünftigen Mannes übergehen soll.

Das Feuer wird als Eigentum der Familie angesehen. Es führt zu Unglück, Glut von einem fremden Zelt zu nehmen, um damit in seinem eignen Feuer zu machen; Speisereste, die Gäste mit sich hatten, dürfen nie in dem heimischen Feuer verbrannt werden; sollen alte Kleider verbrannt werden, muß man zu dem Zweck Feuer mit Glut von seiner eignen Feuerstätte anmachen usw. Diese Form für die Heiligkeit des Feuers, besonders der Umstand, daß man nicht „Feuer borgen“ kann, um seinen eignen Holzstoß damit anzuzünden, wirkt hier sehr überraschend, wo man so abhängig vom Feuer ist, wo man das halbe Jahr über sich keine Tasse Tee verschaffen kann, ohne Schnee zu schmelzen, und wo es jedenfalls in früheren Zeiten eine langwierige und mühsame Sache war, Feuer zu machen.

Früher rieb man Feuer, und noch jetzt sind die alten „Feuerhölzer“ in Gebrauch, denn bei verschiedenen Gelegenheiten taugen die Streichhölzer nicht.

In einem dicken, trockenen Holzstück, das in eine Art Kopf endigt, und das oft schwarz von Alter ist, sind zwei bis vier parallele Rinnen gezogen, in die eine Reihe Vertiefungen gebohrt ist. Der Stab, der zum Feuerreiben verwendet wird, ist aus derselben Holzart wie dieses Holzstück und ca. 30 cm lang. Zur Aussteuer gehört auch ein kleines Holzstück mit einer Vertiefung, in der das obere Ende des Stabes laufen kann, und ein Drillbogen. Wenn man Feuer machen soll, setzt man den linken Fuß auf das große Holzbrett mit den Bohrlöchern, und den Stab, dessen Ende mit Tran bestrichen ist, setzt man in ein Bohrloch, das unterdessen mit etwas pulverisierter Holzkohle gefüllt worden ist. Dann hält man mit der linken Hand das kleine Holzstück, an dem das obere Ende des Stabes ruht, und drückt kräftig herunter, während man mit der rechten Hand den Drillbogen gleichmäßig, aber nicht besonders schnell, vor und zurück führt. Dabei wird der Stab in rotierende Bewegung gesetzt, abwechselnd nach rechts oder links und im Verlauf von ein oder zwei Minuten setzt sich die Holzkohle oder das Holzmehl, das sich beim Reiben bildet, in Glut.

Wenn ein junges Mädchen „Feuer" wechseln soll, zum Herd ihres zukünftigen Mannes übergehen soll, muß hinter dessen Zelt auf diese Weise ein Feuer gemacht werden, und vor diesem Zelt wird ihre Schwiegermutter sie mit Hersagen einiger Geheimformeln empfangen. Bei derselben Gelegenheit wird hinter dem Zelt auch ein Renntier geschlachtet und dessen Blut in Streifen in das Gesicht des Bräutigams und der Braut geschmiert, und ebenfalls über die Nasen von den Zugrenntieren der Braut.

Wie erwähnt, geschieht es, daß der junge Bursche ins Zelt der Braut übersiedelt. Dann muß er auf dieselbe Weise, aber unter weniger Zeremonien auf sein „Feuer" verzichten und zu dem der Braut übergehen. Im allgemeinen bestimmt ein Mann, daß eine seiner Töchter sein Zelt erben soll, sie soll es niemals verlassen, soll aber ihn und ihre Mutter besorgen, wenn sie alt werden, und will sich jemand mit ihr verheiraten, muß der Betreffende in ihr Zelt übersiedeln.

Dagegen pflegt ein Mann dafür zu sorgen, daß seine Söhne einigermaßen bald ihr eignes Zelt bekommen und selbst Haus führen. Er pflegt oft schon zu Lebzeiten seine Rennherde zwischen sie zu teilen, aber sorgt immer dafür, daß er für sein eignes Alter genug behält, und diesen Teil erbt dann eine der Töchter mit dem Zelt zusammen.

Die Tschuktschen halten sehr genau auf ihre Sippe und betrachten den Zweig der Sippe, der dasselbe Feuer hat, als den nächststehenden, bei dem sie vorzugsweise auf Reisen usw. absteigen.

Einehe ist unter den Renntschuktschen am häufigsten, aber es gibt keine Regeln, die einem Mann verbieten, mehrere Frauen zu haben. Die gewöhnliche Ursache dazu, daß sich ein Mann noch eine Frau nimmt, ist, daß er mit seiner ersten keinen Sohn oder überhaupt keine Kinder bekommt. Falls ein Renntschuktsche zwei Frauen hat, wird er auch zwei Zelte haben, so daß jede der zwei Frauen ihr eigenes zu besorgen hat. Ich habe nie einen Renntschuktschen mit mehr als zwei Frauen getroffem.

Dagegen stieß ich auf eine Sitte, die es mir anfangs hoffnungslos schwierig machte, die Familienverhältnisse in Erfahrung zu bringen. Wie konnte z. B. das zusammenhängen, daß Konkalj, von dem ich wußte, daß er nur zwei Töchter hatte, Noolan seinen Sohn nannte? Oder wie hing das zusammen, daß Üaljirgin, der der Sohn des reichen

Gatelje war, Teriems Sohn, Rauteurgin, seinen Bruder nannte? Dies letzte war um so sonderbarer, als es ja eine Tatsache war, daß Ùaljirgin durchaus nicht Gateljes Sohn war, sondern Petkis Sohn. Auf solche und ähnliche unverständliche Verhältnisse stieß ich ständig, bis ich eines schönen Tages die Erklärung bekam.

Wenn zwei junge Tschuktschen gute Freunde sind, so tauschen sie die Frauen. Besuchen sie einander, so schlafen sie bei der Frau des andern, sind sie bei der Rennherde zusammen, so gehen sie nicht jeder zu seinem, sondern zum Zelt des Freundes heim. Auf diese Weise entstehen Doppelehen; jeder Mann hat zwei Frauen und jede Frau zwei Männer, ja, man kann oft dreidoppelte Ehen treffen, wo eins der Paare gleichzeitig in eine andere Trippelalliance hineingehört, so daß die Familienverhältnisse unsäglich bunt werden können. In einer solchen doppelten oder dreidoppelten Ehe nennen also alle Männer sowie alle Frauen sämtliche Kinder ihre eignen, und alle Kinder nennen sich gegenseitig Brüder und Schwestern. Dies gilt nur so lange, wie das tagtägliche Wort für Kinder usw. gebraucht wird, und das führt ja zu einer leicht verständlichen Verwirrung für den Fremden. Das Verhältnis bessert sich, wenn man die Sprache näher kennen lernt, denn dann zeigt es sich, daß, will die Tschuktschenfrau hervorheben, daß sie von Kindern spricht, die sie selbst zur Welt gebracht hat, so braucht sie ein anderes Wort und ebenso, wenn ein Mann bezeichnen will, daß die Rede von einer Schwester oder einem Bruder handelt, die bzw. der dieselbe Mutter wie er hat, gebraucht er auch ein anderes Wort. Beim Erzählen dieser Verhältnisse mag auch erwähnt sein, daß man selbst unter den Tschuktschen Frauen antreffen kann, die vorziehen, sich nicht an einen einzelnen Mann zu binden, sondern unverheiratet leben und deren Moral sehr locker ist.

Ich habe oben Gelegenheit gehabt, die tschuktschischen Hochzeitszeremonien zu berühren, falls man sie so nennen kann. Sie sind einfach und spielen bei weitem nicht die Rolle wie die Begräbnisgebräuche. Leider bekam ich selbst nie Gelegenheit, einem Begräbnis beizuwohnen, aber ich hörte so viele Erzählungen von Begräbnissen, daß ich mir ein sehr gutes Bild von ihnen machen konnte. Zuerst bekam ich zu wissen, daß sehr wenige von den Alten eines natürlichen Todes sterben. Wenn ein alter Mann krank wird, wird er seiner Umgebung eine Bürde und das Leben wird ihm eine Last. Er wird dann darum anmuten, getötet zu werden, und meistens wird einer seiner Nächsten, sein Sohn oder sein Schwiegersohn, ihm sein Messer ins Herz stechen. Kurz nach dem Tode wird dann untersucht, ob der Tote auf gewöhnliche

Weise begraben werden soll oder ob der Tote keines Begräbnisses würdig ist. Diese Probe wird folgendermaßen gemacht: ein Riemen wird um des Toten Stirne gebunden, und das andere Ende dieses Riemens wird an einem Stock befestigt. Einer stellt sich dann über den Toten und versucht, ob er den Kopf des Toten heben kann. Falls dies glückt, ist alles in Ordnung und man kann Vorbereitungen zu einem Begräbnis treffen, falls es dagegen nicht glückt, muß man nur zusehen, daß man die Leiche so schnell als möglich los wird, und man unternimmt keine der Opferungen, von denen erzählt werden soll.

Soll dagegen ein größeres Begräbnis stattfinden, muß man dem Toten zuerst neue Kleider nähen, am liebsten aus weißen Rennfellen. Solange dies dauert, überhaupt im Laufe aller Tage vor dem Begräbnis, kommen keine Gäste nach dem Lager, weil man Angst hat, daß die Krankheit, die den Toten angegriffen hatte, und von der man glaubt, daß sie noch im Körper der Leiche wohne, den befallen kann, der auf Besuch kommt. Dies ist auch der Grund dazu, daß die Vorbereitungen so schnell wie möglich getroffen werden.

Wenn diese fertig sind, geschieht das Begräbnis, das durch eine Reihe sehr barbarischer Gebräuche charakterisiert wird. Die Tschuktschen begraben ihre Toten nicht im eigentlichen Sinne des Wortes, sie legen sie hinaus. Einige Tage nach dem Todesfall fahren die nächsten Anverwandten mit dem Toten zu dem ausersehenen Begräbnisplatz, oft ein Hügel im Walde oder über der Waldgrenze. Hier wird der Schnee von einem passend großen Platz weggeschaufelt, so daß die Leiche auf den blanken Boden gelegt werden kann. Dort wird eine Art Grabstätte gebaut, indem Steine so auf den Boden gelegt werden, daß sie ein offenes längliches Viereck, mit der offenen Seite nach Südosten, bilden. Innerhalb dieses Steinrahmens wird dann die Leiche mit dem Kopf nach Nordwest gelegt. Dann wird eine Reihe großer Schnitte in den neuen Kleidern angebracht und zuletzt wird die Leiche auf die barbarischste Weise zerstückt, indem der Kopf abgeschnitten wird und die Glieder in den Gelenken bis zum Ellenbogen und Kniegelenk abgehackt werden. Zuletzt wird die Leiche mit frischem Renntierfleisch bedeckt, das zu diesem Zweck mitgebracht wurde. Ich versuchte bei verschiedenen Gelegenheiten zu erfahren, welche Vorstellungen die Tschuktschen an diese Gebräuche knüpfen, und bekam im allgemeinen die Antwort, daß sie ihnen folgten, um zu verhindern, daß die Überlebenden krank werden. Es ist natürlich sehr schwer, in solche Vorstellungen einzudringen, erstens, weil die Tschuktschen wie alle anderen Menschen nicht willens sind, sich Fremden gegenüber über ihre religiösen Gedanken auszusprechen, und zweitens, weil die Entstehung solcher Bräuche in Vergessenheit geraten ist, so daß die Jetztlebenden nur wissen, so soll es sein. Ich kann mir denken, daß die Art, wie die Tschuktschen ihre Toten behandeln, mit ihren Vorstellungen vom Charakter der Krankheit eng verknüpft ist. Die Tschuktschen denken sich, daß Krankheit durch böse Geister verschuldet wird, die in der Erde wohnen, aber die in den menschlichen Körper eindringen können und die, falls sie nicht rechtzeitig ausgetrieben werden, den Tod mit sich bringen. Stirbt der Kranke, verläßt die Krankheit seinen Körper nicht, deswegen ist es Fremden gefährlich, zum Lager zu kommen, während der Tote noch da liegt, darum muß man die Leiche so schnell wie möglich hinauslegen. Und es ist denkbar, daß es dem Krankheitsgeist durch Zerstückelung der Leiche leicht gemacht werden soll, zu seinem natürlichen Element, der Erde, zurückzukehren.

Der Tote muß verschiedene Sachen mit sich in die andere Welt nehmen, Männer und Frauen brauchen genau dasselbe. Zuallererst Schlitten mit vollem Zubehör, Rennzaumzeug und „tine". Alte Männer und Frauen haben oft sehr schöne Schlitten, aber es ist nicht möglich, einen von diesen gekauft zu bekommen, denn eine alte Person erwartet zu jeder beliebigen Zeit, sterben zu können, und dann muß der Schlitten bereitstehen. Der Schlitten wird in Stücke gebrochen und zur Seite der Grabstätte aufgestellt so, daß er nach Nordwesten zeigt. Solange man lebt, muß man immer darauf aufpassen, daß man seinen Schlitten so von sich stellt, daß er nach Südost weist, der Richtung, wo das Licht im Winter herkommt, aber des Toten Schlitten soll nach Nordwesten zeigen, zum Dunkel, sowie auch sein Kopf nach Nordwesten liegen soll. Zur Seite des Schlittens wird des Toten Speer gelegt und in früheren Zeiten sein Bogen und Pfeile — diese Waffen führen auch die Frauen mit sich. Innerhalb der Steineinfassung werden Messer, Axt, Teetasse und Tabakspfeife niedergelegt.

Zuweilen wird die Leiche verbrannt. Soweit ich verstehen konnte, kommt Leichenverbrennung nur in einzelnen Familien vor, und dann nur, wenn der Tote den besonderen Wunsch ausgesprochen hat, verbrannt zu werden. Aber auch dann wird die Leiche zerteilt, ehe sie auf den Scheiterhaufen gelegt wird, und auch dann wird dieselbe Steineinfassung gebaut, und innerhalb dieser werden die verkohlten Reste zusammen mit den Gegenständen, die der Tote mithaben soll, niedergelegt.

Einige Tage nach diesem Begräbnis, an dem nur die nächsten Verwandten teilnehmen, findet ein großes Begräbnisfest statt, zu dem alle Nachbarn in weitem Umkreis versammelt werden. Des Verstorbenen Rennherde wird herbeigetrieben, die Männer helfen beim Einfangen der Renntiere, die geschlachtet werden sollen, während die Frauen beim Abhäuten und Teilen helfen. Beim Begräbnis eines reichen Mannes werden bis zu 20 Renntieren geschlachtet, dabei viele große Böcke, und alle Hörner werden in einem großen Haufen nordwestlich der Steineinfassung gesammelt. Während des Schlachtens dampfen die ganze Zeit gewaltige Töpfe über dem Holzstoß, der durch Feuerreiben angezündet wurde, und die Teekessel singen. Die besten Stücke, fette Rippen, Köpfe, Zungen und Herzen werden ständig in die Töpfe geworfen und gegessen, sobald sie gekocht sind, um neuen Stücken Platz zu machen. Aber jedesmal, wenn man ißt, schneidet man kleine Stücke ab und wirft sie auf die Grabstätte. Die Frauen kommen direkt von dem geschlachteten Renntier, mit Blut die Arme hinauf, und sammeln sich um die Bretter mit den Teetassen. Ist endlich die letzte Teetasse geleert, das letzte Fleischstück verspeist und das geschlachtete Renn fertig, dann bricht man auf, und jeder reist nach Hause, aber alle, die beim Schlachten geholfen haben, bekommen ein Renn mit auf den Schlitten.

Hiermit ist die Begräbnisfestlichkeit für diesmal vorbei, aber ein Jahr darnach wird die Rennherde wieder zur selben Stelle getrieben, wieder wird eine ganze Reihe Renntiere geschlachtet, deren Hörner zu dem Haufen gefügt werden, der schon dort ist, und dasselbe wird noch einmal wiederholt (Abb. 2 auf Tafel 26). Das dritte Jahr nach dem Todesfalle wird meistens weiter kein großes Schlachten am Begräbnisort vorgenommen, aber die nächsten Hinterlassenen fahren dorthin und bringen Fleisch, Zunge und Mark mit sich, die sie am Grabe opfern. Und noch viele, viele Jahre weiter wird ein Mann nicht an der Stelle, wo sein Vater oder seine Mutter begraben ist, vorbeigehen, ohne in der Nähe stehen zu bleiben, den Schnee vom Boden zu entfernen und ein kleines Opfer anbringen, sei es nur eine Prise Tabak auf dem Boden. Ich bin beim zweiten Schlachten an einer Grabstelle zugegen gewesen und bin viele Male Zeuge dieser Opferungen, die auf Reisen stattfinden, gewesen.

Es ist klar, daß die Opfer und die Anzahl Renntiere, die geschlachtet werden, sich vergrößern, wenn der Tote ein reicher Mann war. Außerdem hängt auch viel davon ab, wie alt der Tote war. Kleine Kinder werden auf einfachere Weise begraben, sie bekommen keine Sachen mit sich, und an ihrem Grab wird kein Renn geschlachtet.

Aus dem, was bei verschiedenen Gelegenheiten gesagt wurde, wird hervorgegangen sein, daß die Tschuktschen scharf zwischen Körper und Seele scheiden. Die Seele wächst und entwickelt sich mit dem Körper, und wenn der Körper stirbt, geht die Seele zu den Schattenreichen im Nordwesten. Wenn in einer dunklen Winternacht das Nordlicht am Himmel aufflammt, sagen die Tschuktschen, daß jetzt die Toten mit ihren Renntieren wettfahren. Die Toten können sich mit den Lebenden in Verbindung setzen, und dabei können die Hunde als Zwischenglied dienen. Wenn nachts die Hunde anfangen zu bellen, geschieht es, weil ein Verstorbener sich dem Zelt nähert. Bei einer Gelegenheit geschah es, daß ein paar Hunde, die Konkalj gehörten, loskamen und die Rennherde jagten. Die Tschuktschen verstehen nicht die Hunde zur Bewachung der Rennherde zu dressieren. Bei dieser Gelegenheit war der Schnee leicht verharscht, so daß die Hunde auf der Schneekruste liefen, während die Renntiere einbrachen. Deshalb konnten die Hunde die Herde einholen, und sie zerbissen einen Rennbock, der einem der Nachbarn gehörte, dermaßen, daß er geschlachtet werden mußte. Ich erwartete, daß der Nachbar Ersatz für seinen Bock verlangen würde, aber nein, alles war in Ordnung. Einige Tage darnach bekam ich die Erklärung: der Nachbar hatte vor einigen Jahren seinen Vater verloren. Dies Jahr hatte er bestimmt, daß er, wenn er die Stelle, wo sein Vater hinausgelegt war, passierte, gerade den Bock schlachten wollte, den die Hunde zerrissen hatten. Nun war es offenbar, daß sein Vater den Bock schon eher brauchte, darum hatte er die Hunde dahin gesandt, um ihn sich zu verschaffen.

Einen Einblick in die religiösen Vorstellungen der Tschuktschen zu bekommen, ist natürlich mit großen Schwierigkeiten verbunden, und die folgenden Aufschlüsse möchte ich darum nur mit allem Vorbehalt wiedergeben. Die Tschuktschen denken sich das Erdinnere mit bösen Wesen bevölkert, die den Menschen zu schaden suchen, teils dadurch, daß sie Unglück über sie bringen, teils, daß sie in deren Körper in Form von Krankheiten eindringen. Gegen diese bösen Wesen müssen sie ständig auf ihrer Hut sein und darum eine Unzahl kleiner Dinge beachten, die dazu dienen können, sie zu beschützen oder des Bösen Macht zu vermindern. Gute Mächte kennen sie auch, die werden vom Licht und der Sonne dargestellt, aber liebevolle Wesen, die sich ihrer direkt annehmen wollen, kennen sie kaum. Ein einziges Mal habe ich einen Ausspruch gehört, der darauf hindeutet, daß die Tschuktschen eine Vorstellung von einer höchsten Macht haben, die sowohl über die Guten wie die Bösen herrscht.

Einzelne Personen beherrschen die bösen Mächte bis zu einem gewissen Grad, können zu ihnen sprechen und können z. B. einen Krankheitsgeist in ihren Feind treiben. Dann muß man sich an einen anderen „Doktor" wenden, der die Krankheit wieder durch Trommelschlagen, Singen und durch Hersagen von Beschwörungen austreiben kann. Die Tschuktschen hatten eine Menge Erzählungen von den unglaublichen Dingen, die ein tüchtiger „äng-ä-ängelin" ausführen kann. Er könnte ein Messer schlucken, sich mit einem Speer durchstechen, so daß die Spitze aus dem Rücken herausragt, könnte meterlange Flammen ausatmen und vieles andere. Vielleicht hypnotisiert er seine Zuhörer? Ich bin bei mehreren Trommelvorstellungen zugegen gewesen und habe einzelne der Künste gesehen, und ich habe einen lebendigen Eindruck von der Schauerstimmung bekommen, die in einem fast dunklen Schlafzelt geschaffen werden kann, wo der monotone Gesang stundenlang fortdauern kann, wobei er zuweilen wie schwache Klagetöne klingt, zuweilen zu barbarischer Wildheit ansteigt.

Was die religiösen Vorstellungen der Tschuktschen für einen Beobachter sehr verwickelt macht, ist der Umstand, daß ihre Religion einen doppelten Charakter hat. Das Renn hat nämlich seine besonderen „Götter", und eine Reihe ihrer Opferfeste hat nicht zur Absicht die Tschuktschen selbst vor den Gefahren, die ihnen drohen, zu beschützen, sondern das Renn zu beschützen. Selbst führen die Tschuktschen keine Götzenbilder oder Fetische mit sich, aber sie haben eine Reihe, die man als die „Götzen" der Renntiere bezeichnen könnte. Zu diesen gehören z. B. die „Feuerhölzer", ebenfalls der Stein und der Steinhammer, die zum Knochenhauen gebraucht werden, und außerdem eine bunte Sammlung verschiedenartiger Gegenstände, wie y-förmige, eingefettete und schwarze Holzstäbe, Fuchspelze, Eisbärenschädel u. a. Diese Gegenstände werden als „ätten" — „Götter des Renntieres" bezeichnet und bei verschiedenen Gelegenheiten hervorgenommen, hinter dem Zelt aufgestellt und werden mit Blut beschmiert und mit Mark von den gerade geschlachteten Renntieren eingerieben.

Überhaupt hat eine große Anzahl der Rennschlachtungen, die im Laufe des Winters stattfindet, den Charakter von Opferungen. Wenn die Tschuktschen in die Wälder kommen, opfern sie dem Walde und dem Boden, indem sie Blut auf den Boden tropfen und die Baumstämme damit einreiben. Wenn die Sonne nach dem kurzen Winterdunkel wieder zurückkommt, wird der Sonne und dem Licht geopfert; mitten im Winter wird gewissen Sternen geopfert, die als die besonderen Beschützer der Renntiere angesehen werden; später wird den Zelten geopfert und die Felle der Tiere, die bei dieser Gelegenheit geschlachtet werden, finden besonders gern zu Schlafzelten und Zelttüchern Verwendung. Darum trennen sich die Tschuktschen ungern von ihren Zelten. Wenn die Rennkühe im Frühling kalben, wird wiederum der Erde geopfert, um sich zu versichern, daß die Kälber unter guten Bedingungen usw. aufwachsen. Zu diesen vielen Opferungen kommen noch die unzähligen Kleinigkeiten, die im tagtäglichen Leben beobachtet werden sollen.

Die Tschuktschen kennen zahlreiche Weisen, wie sie die Zukunft erforschen können. Ich werde nur eine davon erwähnen. Will ein Tschuktsche im Winter auf die Reise gehen, auf eine Reise zu Nachbarn, die weit weg wohnen oder zu den Kolonien am Kolyma-Flusse, so fragt er das Schulterblatt eines Renntieres um Rat. Ein Schulterblatt von den Renntieren, die zur Beschützung des Zeltes geschlachtet wurden, wird aufbewahrt, es wird reingeschabt und getrocknet. Dann wird ein kleines Stück glühende Holzkohle mitten auf das Schulterblatt gelegt, wo es eine Weile ruhig liegen soll. Wegen der Erwärmung birst der Knochen, und nun kommt es darauf an, wie die Sprünge aussehen. Sind es große und viele, so ist das ein schlechtes Vorzeichen, sind es schmale und wenige, so ist das ein gutes Vorzeichen. Im Frühling, als die Tschuktschen zu dem jährlichen Fellmarkt nach Kolyma reisten, ratfragten alle unsere Nachbarn das Rennschulterblatt und an den Ausfall knüpfte sich solches Interesse, daß dann, wenn man einen Nachbarn traf, die erste Frage war: „Wie sieht das Schulterblatt aus?“

Die religiösen Vorstellungen der Tschuktschen sind dermaßen in ihr tägliches Leben hineinverwebt, daß man ohne Kenntnis ihrer Lebensanschauung nicht viele der meist tagtäglichen Bräuche verstehen würde. Aber um ganz in ihre Lebensansichten einzudringen, muß man sicher längere Zeit unter ihnen zubringen, als ich Gelegenheit dazu hatte, und man muß vor allem ihre Sprache ein- und auswendig kennen, so daß man ihren Gesprächen vollauf folgen und sich in ihren Gedankengang einleben kann, ohne Fragen stellen zu brauchen, die so oft in unzufriedenstellender Weise beantwortet werden.

Von meinem Aufenthalt nahm ich die besten Eindrücke mit mir. Irgendeine Gesellschaftsordnung findet man nicht bei den Renntschuktschen, aber trotzdem sind Gewalthandlungen und Diebereien selten. Die Tschuktschen sind ja oft hitzig und streitbar, aber meistens enden ihre Streitigkeiten mit den unschuldigen Schlägereien, in denen sie ihre Angelegenheiten miteinander abrechnen. Gegenseitig sind sie sehr mildtätig und behilflich, aber der Umstand, daß sie daran gewöhnt sind, daß der, der etwas hat, mit seinen Nachbarn teilt, macht sie oft zu beschwerlichen Bettlern. Daß die Älteren faul sind, kann man ihnen nicht vorwerfen, denn sie brauchen nicht zu arbeiten, und dann ist es natürlich, daß sie sich einem müßigen Leben hingeben, auf das sie so großen Preis setzen. Einer der ansprechendsten Züge war das gute Verhältnis, das man immer zwischen Eltern und Kindern, zwischen Jungen und Alten findet. Die Achtung und Ehrerbietung, die dem Alter erwiesen werden, findet wohl kaum ihresgleichen in irgendeiner zivilisierten Gesellschaft.

Aber was am meisten dazu beigetragen hat, den guten Eindruck zu befestigen, war der Umstand, daß die Tschuktschen glücklich und zufrieden waren mit ihren Lebensbedingungen. Noch haben die Krankheiten der Zivilisation sie nicht erreicht, und noch sind keine Forderungen aufgetreten, die sie mit ihrem eignen Los mißvergnügt machen. Sie wissen nicht viel von der Welt, die außerhalb ihrer eignen ist, und sie bemühen sich nicht darum, sie kennen zu lernen; sie interessiert sie nicht, solange sie willig ist, ihnen Tee und Tabak als Tausch für ihr Pelzwerk zu bringen.

Es ist zu wünschen, daß sie so unberührt bleiben mögen, wie sie sind, daß sie ihre glückliche Lebens- und Denkweise behalten, so daß sie aufdringlichen Fremden gegenüber ständig auch weiterhin ihre lakonische selbstbewußte Antwort geben: „Muri tschau-tschu ennen guadlin“ — „Wir Tschuktschen sind eben so“.

Die wirtschaftlichen Verhältnisse Australiens, ihre Grundlagen und Entwicklungsmöglichkeiten

von

Professor Dr. **Walter Geisler**, Halle a. S.

(Mit 7 Karten und Diagrammen im Text)

Wenn man sich einen Überblick über die wirtschaftlichen Verhältnisse Australiens verschaffen will, so muß man mehr als bei anderen Ländern die Regel beachten, daß die augenblickliche Lage keinen zuverlässigen Maßstab für die Beurteilung der wirtschaftlichen Leistungsfähigkeit des Landes abgibt. Zu den Zufälligkeiten und Einflüssen der allgemeinen Weltwirtschaftslage kommen als bestimmend hinzu die merkwürdigen innerpolitischen Verhältnisse, die sich als leicht wandelbar herausstellen könnten — vor allem so weit die Arbeiterfrage und das Problem des Weiß-Australien in Betracht kommen — und die Einflüsse des Klimas, die niemals vorausgesagt werden können. Die Unzuverlässigkeit der Regen bringt in Ackerbau und Viehzucht eine empfindliche Unsicherheit hinein, die niemals aufhören wird und alle fünf bis sieben Jahre mindestens einen großen Rückschlag mit sich bringt. Augenblicklich herrscht wieder eine Trockenperiode, die bereits im Südsommer 1926/27 begann, als ich den australischen Kontinent bereiste, und die ganz bedrohliche Formen anzunehmen scheint. Durch eine solche Trockenperiode wird das ganze Wirtschaftsleben in fühlbarster Weise beeinflußt. Die Ausfuhr in Wolle, Häuten, Fleisch, Getreide und Obst geht stark zurück; demzufolge ist die Handelsbilanz negativ, der Unternehmungsgeist erlahmt; die primären Produzenten müssen Kredite in Anspruch nehmen, und die Geldknappheit drückt auf die Industrie, die an sich schwer zu kämpfen hat. Nur der Bergbau bleibt unbeeinflußt; ja man kann sagen, er gewinnt durch solche Dürren, jedoch nur dann, wenn eine solche Periode lang anhält, daß sich Menschen und Wirtschaft umzustellen vermögen. Ist aber eine solche Periode der Depression lang andauernd, dann ist auch der Bergbau nicht in der Lage, die Lücken auszufüllen.

Die Wirtschaft Australiens kann also ganz ungemein große Schwankungen aufweisen, sie zeigt in der Folge weniger Jahre ein ganz verschiedenes Gesicht. Diese Feststellung ist für die Beurteilung ganz ungemein wichtig. Das augenblickliche Bild kann zu günstig und auch zu ungünstig sein. Der Durchschnitt ist im Vergleich zu anderen Ländern nicht so häufig; er darf daher auch nicht so hoch bewertet werden wie in anderen Ländern. Das bedeutet für sich eine Schädigung der australischen Wirtschaft, die heute nur deshalb so wenig ins Gewicht fällt, weil die geringe Bevölkerung viel eher solche Schwankungen vertragen kann als eine dichte Bevölkerung. Die sozialen Verhältnisse sind daher in Australien wesentlich anders als in Europa und auch anders im Vergleich zu Kolonialländern mit farbigen Arbeitermassen, die in Australien vollkommen fehlen.

Ein weiteres hemmendes Moment, das allerdings auch in anderen Ländern eine Rolle spielt, ist das der Weiträumigkeit; spielt sich doch die Wirtschaft, also Urproduktion, Transport, Verarbeitung, auf einem Raume von 7,7 Millionen qkm ab, der nur von etwas mehr als 6 Millionen Menschen bewohnt ist. Die Folge ist eine starke Verteuerung durch den langen Weg, den die Rohprodukte nach der Stätte der Verarbeitung oder Verschiffung, den die Fabrikate zu den verstreut lebenden Verbrauchern zurückzulegen haben. Und in welcher Verfassung befinden sich die Wege! Es sind meist nur „Spuren“, denen die Kamelkarawanen, die Pferde- oder Maultiergespanne Hunderte von Kilometern bis zur nächsten Eisenbahnstation zu folgen haben, und dem Last-Kraftwagen-Verkehr bereiten die brückenlosen, sandigen Flußbetten große Schwierigkeiten. Aber auch die Eisenbahnen sind nicht so erfreulich, weil es fünf verschiedene Spurweiten gibt, was zeitraubende und kostspielige Umladungen zur Folge hat. Leider sind gerade die wirtschaftlich stärksten Staaten durch verschiedene Spurweiten voneinander geschieden. Während Neu-Süd-Wales die Normalspur hat, erhielten Süd-Australien und Victoria die breite Spur (5′3″) und Queensland die Schmalspur (3′6″), die auch das menschenleere West-Australien wählte. Als nun die Transaustralische Bahn von Kalgoorlie nach Port Augusta in Südaustralien gebaut wurde, die den Westen mit dem Osten verbindet, so wurde sie als Normalspurbahn angelegt. Um die Verwirrung noch zu erhöhen, hat das Verbindungsstück von Port-Augusta nach Peterborough nur schmale Spur, weil die von Quorn nach Norden führende Bahn, die nunmehr von Oodnadatta nach Alice Springs gebaut werden soll, diese Spur bereits hatte. Wenn man also Waren vom Osten nach dem Westen senden will, müssen diese fünfmal umgeladen werden. Ebensooft müssen die Reisenden umsteigen.

Diese schwierigen Verkehrsverhältnisse müssen wir uns stets vor Augen halten, wenn wir über die Wirtschaft Australiens sprechen. Wir müssen es uns aber versagen, auf diese interessanten Fragen des Verkehrs näher einzugehen, weil sie eine besondere Berücksichtigung notwendig machen.

Wenn wir uns auf die Produktion beschränken, so verfolgen wir den besonderen Zweck, die natürlichen Quellen zu bewerten, aus denen die Produktion ihre Kräfte nimmt, also die natürliche Ausstattung des Kontinentes kennen zu lernen. Denn es ist, wie angedeutet, nur auf diese Weise möglich, sich einen richtigen Begriff von den wirtschaftlichen Verhältnissen zu machen. Wir beginnen unsere Betrachtung mit Ackerbau und Viehzucht, lernen dann den Bergbau kennen und schließen mit der Industrie ab.

Ackerbau und Viehzucht.

Ein Blick auf die Wirtschaftsstatistik, wie sie uns das Statistische Bureau des Commonwealth jährlich vorlegt, zeigt uns, daß heute bei weitem Ackerbau und Viehzucht an erster Stelle stehen. Betrug doch der Wert aus dem Ackerbau 1925 über 107 Millionen £ und aus der Viehzucht sogar über 167 Millionen £, während die gesamte Förderung des Bergbaues nur einen Wert von etwas mehr als 24,5 Millionen £ brachte.

Das war nicht immer so. Australien begann seine weltwirtschaftliche Rolle als Bergwerksland, in erster Linie als Goldland. Erst Jahrzehnte später, in den 70er Jahren für die Viehzucht und erst seit dem 20. Jahrhundert für die Landwirtschaft im weitesten Sinne, erhielt es Bedeutung für diese Wirtschaftszweige. Es ist daher wichtig, sich die Frage vorzulegen, ob die augenblicklichen Verhältnisse einen dauernden Zustand bedeuten und in welcher Richtung sich die Wirtschaft Australiens weiter entwickeln wird.

Die Tatsache, daß die Ureinwohner Australiens weder Viehzucht noch Ackerbau kennen, ist nicht nur durch ihre niedere Rasse zu erklären, sondern ist bedingt durch die ungünstige natürliche Ausstattung des Landes. Landwirtschaft ist nur unter Anwendung von wissenschaftlichen Methoden möglich, also, um mit Friedrich zu

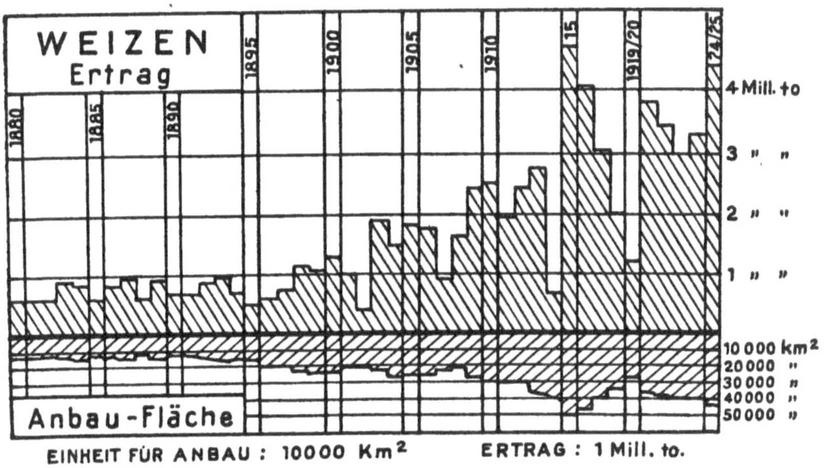

Figur 1.

sprechen, auf der Wirtschaftsstufe der Wissenschaft. Die klimatischen Verhältnisse sind es in erster Linie, die durch ihre katastrophalen Extreme, vor allem Dürren, die Entwicklung immer wieder hemmen und oft auf Jahre zurückwerfen. Wenn man die Produktion der Jahre in einer Kurve darstellt, so fallen die ungewöhnlichen durch solche Naturereignisse bedingten Schwankungen auf.[1]) Aber die Kurven weisen doch alle für die letzten Jahrzehnte eine Aufwärtsbewegung auf. Da haben die Kriegsverhältnisse, bei der Erhöhung der Anbaufläche für Weizen beispielsweise, einen ausschlaggebenden Einfluß ausgeübt (vergl. Fig. 1). Aber der Anbau von Gerste, Wein, Zucker und auch Weizen hat auch in den Nachkriegsjahren wieder zugenommen und teilweise größere Werte als in der Kriegszeit erreicht. In der Viehwirtschaft hat vor allem die Zahl der Rinder weiterhin zugenommen (vergl. Fig. 2). Dagegen ist sich die Anbaufläche für Mais so ziemlich gleich geblieben. Großen Schwankungen sind in der Viehzucht die Schafe (vergl. Fig. 3) und Schweine unterworfen, während die Pferde, die seit dem Beginn des 20. Jahrhunderts bis Kriegsbeginn stark an Zahl zugenommen hatten, etwa auf der gleichen Höhe geblieben sind.

Absolut genommen sind für das riesenhafte Gebiet des australischen Kontinents die Zahlen noch ungemein gering. In der Anzahl der

[1]) Vgl. J. Rosenkranz, Beziehungen zwischen den Schwankungen des Klimas und der Produktion in Australien. Mitt. d. Geogr. Ges. in Hamburg, Band XXXI. Hamburg 1918.

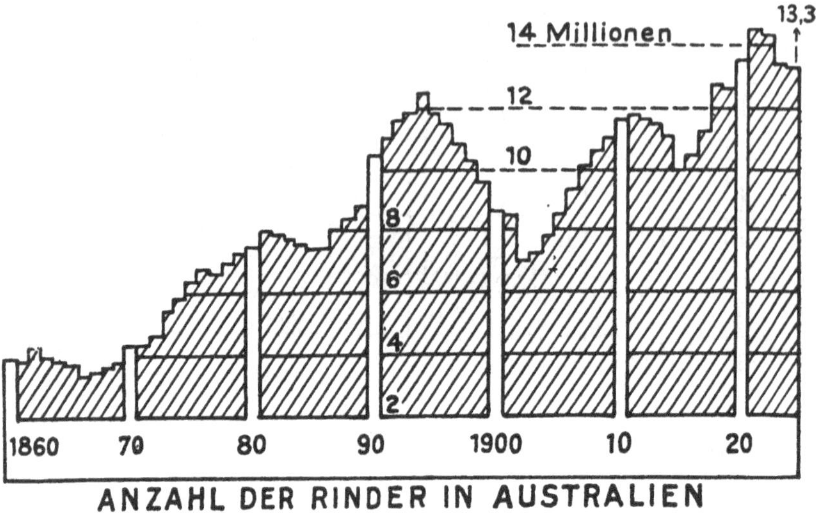

Figur 2.

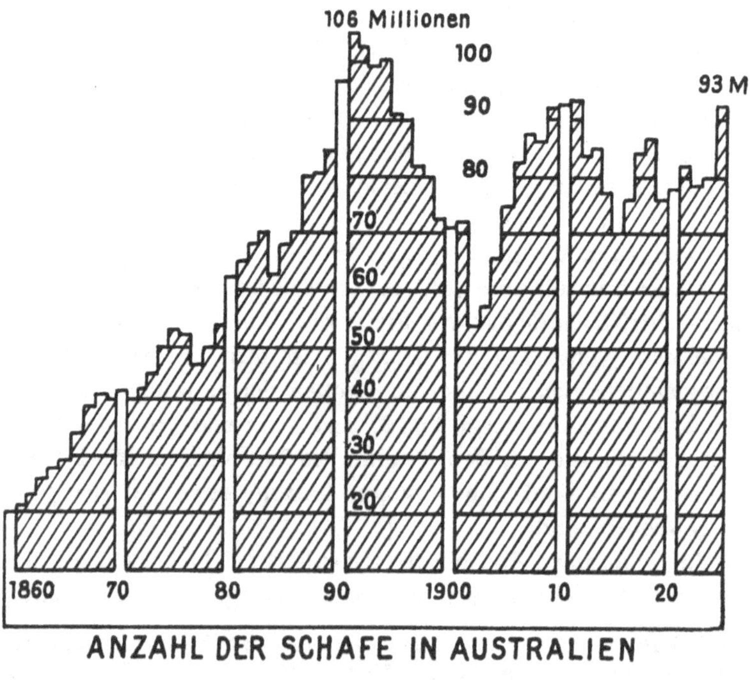

Figur 3.

Schafe steht Australien obenan, aber es hat noch nicht so viel Rinder wie das Deutsche Reich, es hat bedeutend weniger Pferde als Deutschland und verschwindend wenig Schweine. Die Anbaufläche für Weizen beträgt rund 40000 qkm, auf denen aber nur ungefähr $^1/_{10}$ mehr Weizen gewonnen wird als in Deutschland. Der Ertrag pro Einheit ist fast viermal geringer als in Dänemark und bleibt etwas hinter den Zahlen der Vereinigten Staaten zurück.

Als Erklärung für diese Tatsachen müssen wir einen kurzen Blick auf die Naturverhältnisse des Landes werfen. Die wirtschaftlich wertvollen Gebiete Australiens liegen an der Ost- und an der Westküste und mit Ausnahme der Nullarbor-Ebene an der Südküste. Die Potentialität ist in den warmgemäßigten Gebieten größer als in den Tropen. Hier im Norden liegt das Land größerer Ertragfähigkeit südlich der Küstenlandschaften auf einem Streifen von Broome nach Cloncurry, aber mit Ausnahme der Landschaften gerade dieser Städte. Das Innere ist heute wirtschaftlich so gut wie unbrauchbar. Es ist viel eher eine Last, weil es die Gebiete besserer wirtschaftlicher Ausnutzbarkeit voneinander trennt und die Entfernungen ungemein vergrößert. Im Innern fehlt es an den notwendigen Niederschlägen, die unter 250 mm im Jahre bleiben, während das Mittel für Mitteldeutschland 660 mm bei bedeutend gemäßigtem Klima mit viel geringerer Verdunstung beträgt. Diese Zone geringer Niederschläge reicht im Süden — in der Nullarbor-Ebene — und im Westen bis an das Meer heran und schnürt im Südwesten nur die Landschaft des Swan River mit Gebieten bis 1000 mm Regen ab. Die Nord- und Ostküste erhalten zwar viel Regen, aber er fällt an der Ostküste nur in der Küstenlandschaft, während die weiten Strecken des Inneren im Regenschatten der Kordillere liegen. Die Lage wird in Queensland nur gebessert durch das Auftreten der Artesischen Brunnen, die auch an der Westküste in der Landschaft Carnavon vorhanden sind und mildernd wirken. Der Norden erhält zwar bei einer Regenzeit durch den Sommer Monsun die recht beträchtlichen Niederschlagsmengen von etwa 1000 bis 2000 mm, doch ist der Regen nicht imstande gewesen, auf den paläozoischen Schichten der Kalk- und Sandsteine eine gute Bodenkrume für tropischen Ackerbau zu erzeugen. Dieser ist nur möglich in den Flußniederungen, wo alluviales Schwemmland vorhanden ist. Die einzige Stelle, wo über 2000 mm Regen fallen, ist der Norden der Ostküste von Queensland hauptsächlich zwischen Cairns und Townsville; dort ist auf größerem Areal tropischer Ackerbau möglich.

Leider aber wird an vielen Stellen der durchschnittliche Wert des Regenfalls stark herabgedrückt durch den geringen Grad der Regenverläßlichkeit, den Griffith Taylor in Prozenten ausgedrückt hat. Die größte Verläßlichkeit besteht im Süden, wo sie bis 20 % beträgt wobei 0% die absolute Regenverläßlichkeit bedeutet, d. h. es fällt in jedem Jahre der nach dem Durchschnitt zu erwartende Regen. Es ist das die Zone, wo Weizenbau möglich ist, wenn die Bodenver-

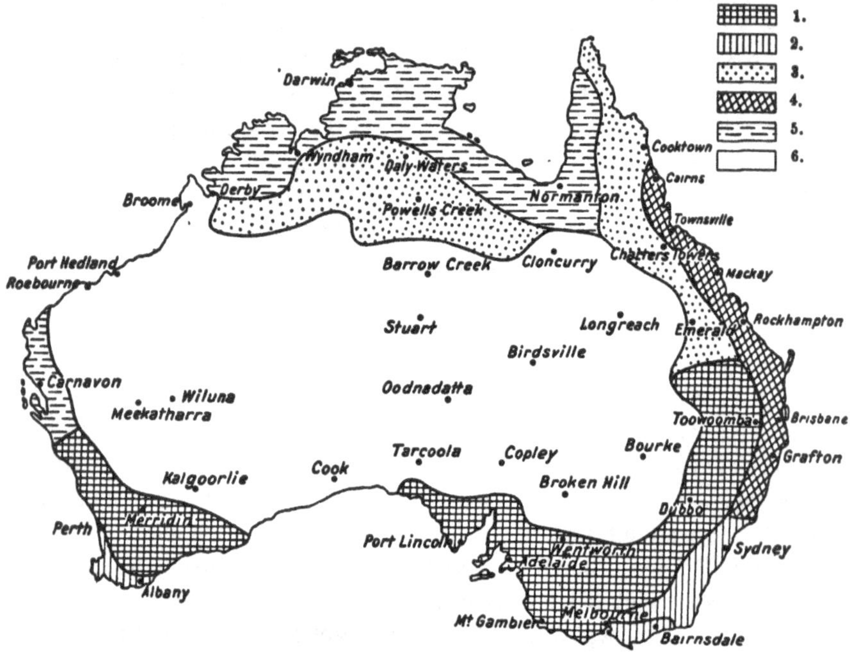

1. für Ackerbau und Viehzucht geeignet
2. für Getreide außer Weizen, für Obst und Hülsenfrüchte geeignet
3. nur stellenweise für Ackerbau geeignet
4. für tropischen Ackerbau geeignet
5. für tropischen Ackerbau nur in den Flußniederungen geeignet
6. ungeeignet für Ackerbau

Fig. 4. Entwicklungsmöglichkeiten der einzelnen Teile Australiens für Ackerbau.

hältnisse es sonst zulassen. Das ist aber nicht der Fall im äußersten Südwesten, wo die Lateritkappe noch erhalten ist, sowie im Südosten im Gebiete der Australischen Alpen, die sich bis über 2000 m erheben. Vollkommen unbrauchbar ist die Karstebene der Nullarbor-Plain (vergl. Fig. 4). Den gleichen Grad der Regenverläßlichkeit finden wir an der Nordspitze der York-Halbinsel und des Arnhem-Landes wieder, doch kann er dort, wie gesagt, nur in den Flußniederungen zur Auswirkung kommen. Das übrige Australien, also einschließlich fast ganz Queensland, hat stark unter der Regenunverläßlichkeit zu leiden.

Die Temperatur spielt naturgemäß auch hier eine große Rolle, weil sie die Verdunstung außerordentlich fördert. Mit Ausnahme der Ostküste und der beiden Zipfel der Südküste überwiegt in Australien die Verdunstung. Wir haben also überall ein arides Klima. Alles hängt davon ab, daß der Regen, wenn er wirklich fällt, auch so gut wie möglich ausgenutzt wird. Das hat einmal durch die Vorsorge des Menschen zu geschehen, durch Trockenfarmen, künstliche Bewässerung, durch Anlage von Wasserreservoiren und Dämmen. Doch das würde oft, besonders für den Weizenbau, nicht genügen, wenn nicht die Natur von selbst helfend eingriffe und den Regen zur Vegetationsperiode sendete. Das ist eben glücklicherweise in den Gebieten des Weizenbaues der Fall. In Victoria fallen über 50 bis 80 v. H., in Neu-Süd-Wales 60 v. H., und in Südaustralien 70 bis 80 v. H. in die Vegetationsperiode. Das ist bei jährlichen Regenmengen, wie sie auch in Deutschland fallen, in diesen warmen, gemäßigten Gebieten und sandig-lehmigem Boden ausreichend. Das Weizengebiet von West-Australien hat geringere Regenmengen, doch dafür fällt der Regen zu 80 bis 90 v. H. zur rechten Zeit.

Im allgemeinen kann man sagen, daß der Weizenbau in Australien auf das Gebiet beschränkt ist, wo im Winter, also April bis Oktober 250 bis 500 mm Regen fallen. Es gilt dies für das gemäßigte und subtropische Australien, und läßt die Frage offen, ob in tropischen Gebieten, ähnlich wie in Indien, Getreidebau möglich ist. Die Wahrscheinlichkeit ist aber bei den Bodenverhältnissen sehr gering.

Die größte Tragfähigkeit haben die roten vulkanischen Böden in der Mitte der Ostküste, also um Brisbane in Queensland und in der Küstenlandschaft von Lismore und Casino. Es folgen dann die Humusböden der queensländischen Küstenlandschaft, während die Bodengüte landeinwärts sehr schnell abnimmt. Die Verwitterungsböden der Gebirgslandschaften sind sehr dürftig, und es folgen dann die dunklen und teilweise lehmigen Sandböden der inneren ostaustralischen Becken (vgl. Fig. 4), Infolge zu großer Trockenheit sind sie nur als Weideland, insbesondere für Schafe, zu brauchen, und so ist das Hinterland von Neu-Süd-Wales und Queensland das große Gebiet der Schafzucht, das bis nach Victoria und Südaustralien reicht. Die Rinder finden wir in den feuchteren Küstengebieten des Südens und Ostens und im Norden auf den Baumsavannen der Tropen, wo infolge des tonigen Bodens das Gras oft so hoch wird, daß man das weidende

Vieh nicht sieht. In West-Australien beginnt man jetzt die Schaf- und Rinderzucht zu betreiben, obgleich die große Regenarmut und der mit Gesteinstrümmern und Dreikantern bedeckte Boden keine besonderen Anreize gibt. Dieser Anreiz ist vielmehr gegeben in dem unbeschränkt zur Verfügung stehenden Raum.

So merkwürdig es klingen mag, aber es ist in der Tat im Osten schon eine Art Landnot eingetreten, wenngleich diese auch nur relativ ist und teilweise auch nur eine eingebildete ist und aus der Unzufriedenheit der Squatter entspringt. Diese waren insbesondere in Queensland an ungeheure Flächen für ihre Rinder und Schafherden gewöhnt. Es liegt oft das Areal eines kleineren und mittleren europäischen Staates in einer Hand. Die ersten Siedler konnten praktisch für nichts so viel Land erwerben, wie sie wollten. Sie haben in extensiver Viehwirtschaft das Land bis zu einem gewissen Grade entwickelt, und nun will ihnen der Staat zum Dank Land fortnehmen, um es den neuen Siedlern zu geben. Das macht böses Blut, und die Squatter siedeln nach West-Australien über, wo sie noch so viel Land bekommen können, wie sie wollen. Es besteht da keine Gefahr, daß dort das Land in nächster Zeit wieder aufgeteilt werden wird.

So ist heute Westaustralien das Land der Zukunft. Wie es dereinst in der Goldproduktion — später als Victoria — plötzlich zu einem wichtigen Wirtschaftsfaktor geworden war und die östlichen Staaten in den Schatten stellte, so dürfte auch die jetzt einsetzende landwirtschaftliche Entwicklung manche Überraschungen bieten. Die Aufwärtsbewegung wird nicht so sprunghaft vor sich gehen wie in den 90er Jahren, als Coolgardie und Kalgoorlie blühten, aber sie wird von um so nachhaltigerer Wirkung sein. An die Stelle des Bergmanns und des Goldsuchers tritt nunmehr der Landwirt und der Squatter, der Landmann und der Hirt. Wenn man heute durch die Trümmerstädte der Goldfelder geht, dann sieht man, wie allenthalben sich wieder neues Leben regt. Auf den Viehtriften begegnen einem die Schafherden, die ins Innere nach ihren „Paddocks“ getrieben werden, oder auch Rinder, die in dem Mulgalande ihre Nahrung finden sollen. Im Süden aber ist die Zone des Weizenbaues von Westen bis nach Southern Cross vorgedrungen und ist auf dem Wege, sich nach Süden bis Albany auszudehnen. Es sind einige Eisenbahnlinien eigens zu dem Zwecke gebaut worden, damit das Land von Siedlern bebaut werden soll. Es ist sehr lehrreich, von Merredin über Corrigin nach Narrogin zu fahren und zu sehen, wie das Land kultiviert wird. Es ist das die äußerste und jüngste Eisenbahnlinie, an der die jungen

Farmen noch kaum die erste Ernte abgeworfen haben. Viele Farmen sind eben erst angelegt, und die Leute sind dabei, durch Ringmarken und Abbrennen den Wald zu vernichten, um Ackerfläche zu schaffen.

Aber freilich, das kann nicht in dem gleichen Ausmaße, nach Osten und Norden fortschreitend, so weiter gehen. Erst ist für den Weizenbau die Grenze gesetzt, der sich über die Südwestecke Australiens nicht hinaus entwickeln kann, und es gibt auch eine Grenze für die extensive Viehzucht. Griffith Taylor will dafür den jährlichen Regenfall als Hauptfaktor gelten lassen und glaubt, daß für Rinder die 20 Zoll (500 mm) Jsohyete als äußerste Grenze anzusetzen ist und für die Schafe das Gebiet zwischen der 15 und 30 Zoll (380 und 760 mm) Jsohyete. Die tatsächliche Verbreitung der Viehzucht besagt doch aber, daß dies nicht die äußerste Grenze ist. Denn beispielsweise ist die Schafzucht in der Landschaft Carnavon in West-Australien ziemlich bedeutend; dort kommen nach Taylors Angaben selbst mehr als 10 Schafe auf die Quadratmeile. Auch in Neu-Süd-Wales und Südaustralien ist die Verbreitung nicht an diese Grenze gefesselt. Ebenso ist es mit der Verbreitung der Rinder. Man kann nur so viel sagen, daß dies die Hauptverbreitungsgebiete sind. Aber gerade bei der Viehzucht spielt das Vorhandensein von artesischen Quellen eine besondere Rolle, weil sie das lebenswichtige Trinkwasser liefern. Auch kann sehr viel für die Konservierung des Regenwassers getan werden. Die großen Katastrophen, die durch die „Droughts", die Dürren, hervorgerufen werden, haben ihren Grund nicht zuletzt in dem Mangel an Trinkwasser; sie könnten in ihrer Wirkung jedenfalls stark abgeschwächt werden. Sie sind im übrigen mit gleicher Heftigkeit auch in den Hauptverbreitungsgebieten zu finden. Gerade in den Gebieten des Innern und im Westen, wo die Tiere von den Blättern der Mulgasträuche leben, können sie bei geeigneter Trinkwasser-Versorgung oft noch über die schwerste Zeit gehalten werden. Im Graslande des Ostens ist das allerdings schwieriger, weil eben das Gras verdorrt, doch gibt es überall in weiterer Umgebung etwas Busch.

Das große Problem liegt in der richtigen „Bestockung" der Weideflächen. Es wird viel dadurch gesündigt, daß man „überstockt", also mehr Schafe und Rinder hält, als der Boden ernähren kann. Wenn dann die Trockenperiode kommt und das Wasser und die Nahrung, d. h. Gras und Blätter der Büsche, knapp werden, dann treten die Verluste ein. Darin liegt z. T. die große Schwankung in der Zahl der Rinder und Schafe begründet. Die Hauptgebiete der S c h a f - z u c h t im Osten, wie die Distrikte Moree, Young und Riverina in Neu-

Süd-Wales, Longreach und Darling Downs im Queensland, Hamilton und Ballarat in Victoria, Mt. Gambier in Süd-Australien haben über 35 Schafe auf den Quadratkilometer (vergl. Fig. 5). In den Distrikten mit Farmbetrieb steigt die Zahl bis 335, wie in Armidale. Diese Zahlen müssen naturgemäß niedriger, bedeutend niedriger werden, wenn man nach dem Innern vordringt. Als besonderes Beispiel, wie viel erreicht werden kann, verdienen die Schafstationen Wooltana

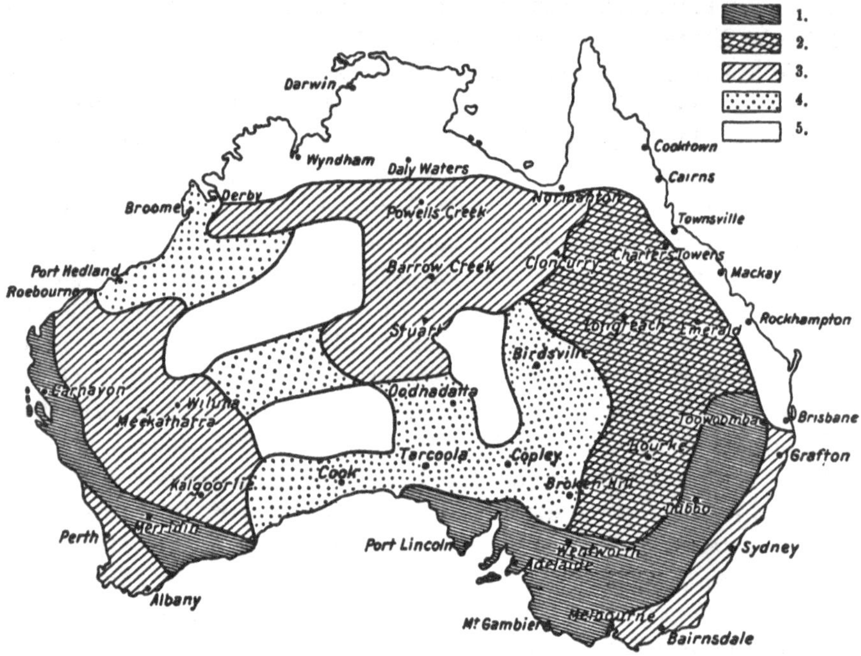

1. sehr gutes Weideland
2. gutes Weideland
3. ausreichend für Schafzucht
4. Schafzucht in geringem Maße möglich
5. Im Norden und Osten wegen des Klimas, in Zentralaustralien wegen ungünstigen Bodens kaum geeignet

Fig. 5. Eignung der einzelnen Teile Ausstraliens für Schafzucht.

und Mutooroo neben einer ganzen Anzahl anderer in dem trockenen Gebiete westlich von Broken Hill bis zum Fuße der Flinders Kette genannt zu werden.

Was aber dort möglich ist, kann auf weiten Gebieten des Inneren durchgeführt werden. Die Salzbuschgebiete, die Flächen mit Mulga und Mallee, die sich von Osten bis an die Westküste erstrecken und südlich um das Gebiet der Spinifex-Dünenlandschaft legen, können auf diese Weise entwickelt werden. Außerdem ist Zentral-Australien, das Gebiet der Mac Donnell-Kette und des Musgrave-Gebirges sowie das Land zwischen den Gebirgszügen, ferner die Landschaft Warburton, welche die Spinifex-Dünenlandschaften der sogenannten australischen Wüsten im Norden und Süden voneinander trennt, durch etwas erhöhte Niederschläge und besseren Boden in den breiten Talböden entwicklungsfähig. Allerdings, das muß von vornherein gesagt sein, ein Land für „kleine Leute" ist es nicht; es gehört ein großer Unternehmungsgeist, Organisationstalent und Kapital dazu, das Land im Inneren zu entwickeln, ganz abgesehen von dem moralischen Drang, sich für die Allgemeinheit zu opfern und im edelsten Sinne des Wortes Pionier der Kultur zu sein.

Wenn heute die Versuche noch nicht von besonderem Erfolge begleitet gewesen sind, auch nicht in der MacDonnellkette, so liegt das daran, daß es heute noch nicht an der Zeit ist, das Land in Angriff zu nehmen. Der Australier ist nun einmal auf den augenblicklichen Vorteil bedacht, er will schnell und ohne viel Arbeit reich werden. Das geht im Innern nicht, und wenn es geschieht, so geschieht es auf Kosten des Landes. Es gibt zu wenig Wasserstellen. Die Folge ist, daß die Tiere die an sich so dünne Vegetationsdecke in der Umgebung der Wasserstelle vollkommen abgrasen. Geht das so weiter, dann werden die fossilen Rotdünen wieder zu wandern anfangen, und das Land ist für alle Zeiten für die Kultur verloren. Aber die Anlage von Brunnen genügt noch nicht. Es müssen die Weidegründe eingezäunt werden zum Schutze gegen Kaninchen und Dingo. Das ist eine Mühe, die sich erst im Osten und Westen lohnt. Wenn man aber im Inneren mit Erfolg Viehzucht treiben will, so geht das nicht ohne die Ausrottung dieser Schädlinge. Die Kaninchen fressen die geringe Nahrung weg, was vor allem zu Trockenzeiten die schlimmsten Folgen zeitigt, und der Dingo, der wilde Hund, würgt die Schafe. Da er ihnen meist nur das Blut aussaugt, so erlegt er in einer Nacht oft eine große Zahl. Die Schafzucht ist also in Zentralaustralien bisher unmöglich gewesen, weil die Anlage von Zäunen für so riesenhafte Gebiete von 1000 engl. Quadratmeilen an der Kostenfrage scheiterte. Bevor das Bewässerungsproblem nicht gelöst ist, rentiert sich die Anlage von Zäunen nicht. Rinder gibt es bereits in Zentralaustralien, und zwar auf den „Stationen" längs des Überlandtelegraphen und auch bereits etwas abseits. Die Erfolge sind jedoch noch ziemlich gering. Die von Griffith Taylor gezeichneten Karten — sie geben wohl die Lage von 1911 wieder — sind gerade in den in Frage stehenden Teilen überholt.

Bei den großen Flächen ist aber auch dann ein ersprießlicher Gewinn zu ziehen, wenn für die Ernährung eines Schafes ein großes Areal im Durchschnitt nötig sein sollte. Taylor gibt an, daß auf Salzbusch auf vollkommen trockenem Gebiete 33 Schafe auf die Quadratmeile kommen, das wären auf 20 acres ein Schaf (auf 80 000 qm). Es handelt sich hierbei aber um ein augenblicklich erreichtes Maß bei ungünstigsten Bedingungen. In Zentralaustralien und im westlichen Creek-Lande von Ostaustralien sind aber die Verhältnisse bedeutend besser. Nicht überall wird man mit 6 acres (24 000 qm) für ein Schaf auskommen, wenn man aber vorsichtigerweise 10 acres rechnet, so ergebe das für Inner-Australien 29 Millionen Schafe. Dabei sind die reinen Spinifex-Dünenlandschaften nicht eingerechnet, desgleichen nicht die bedeutend frischere Landschaft nördlich der MacDonell-Kette. Das Land in Westaustralien, der Nord-Westen, Murchison- und Kalgoorlie-Distrikt, muß mit einer höheren Potentialität angenommen werden. Wenn man allein für 855 000 qkm die gleiche Anzahl von Schafen rechnete, dann würde man auf 21½ Millionen Schafe kommen. Es wäre dann noch genügend Raum für Rinderzucht vorhanden. Man erhielte also für Gebiete, die heute kaum erschlossen sind, noch 50 Millionen Schafe.

Genau so steht es mit der Rinderzucht, die noch ganz in den Anfängen steckt (vergl. Figur 6). Und das gilt für die Milchkühe an der Küste wie für das Schlachtvieh im Inneren. Die Rinderzucht ist in den Tropen ebenso möglich wie in den kühleren Gegenden Australiens. An der Ostküste, wo die Niedershläge grcößer sind als die Verdunstung, und wo das ganze Jahr hindurch eine natürliche Grasnarbe vorhanden ist, werden Milchkühe gehalten, in deren Gefolge sich die Butter- und Käsefabrikation eingefunden haben. Es ist hier aber noch wenig getan, um mit den Mitteln der Wissenschaft die Erträge zu bessern. Es wird zwar schon Gras ausgesät; aber es ist doch erst über eine Million acres (4046 qkm); es steht aber ein ganz bedeutend größeres Areal zur Verfügung. Drei Viertel der Milchkühe finden wir an der Küste, und die Hälfte allein an der „Nordküste", d. h. an der Küste von Neu-Süd-Wales nördlich von Sydney. Außer der Ostküste kommt für Milchkühe auch noch der Südwestzipfel von Westaustralien in Betracht. Der Norden der Westküste ist für Milchkühe ganz zweifellos zu trocken.

Die Rinderherden im Inneren und im Norden werden nur des Fleisches wegen gehalten. Die Kühe haben kaum genügend Milch für die Kälber. Aber auch hier ist eine große Steigerung der Anzahl möglich. Man steckt, besonders im tropischen Norden, noch ganz in den Anfängen, wo beispielsweise die Baumsavannen des Kimberley-Distriktes noch gar nicht besiedelt sind. Auch im Arnhem-Lande ist die Rinderzucht noch wenig verbreitet, und die staatliche Rinderstation Mataranka in der Nähe des Roper River soll hier als Vorbild dienen. Um den Golf von Carpentaria ist die Weide bereits besser ausgenutzt, besonders in der Umgebung von Normanton, aber auch auf der York-Halbinsel. Das Hauptweidegebiet der Tropen liegt nun

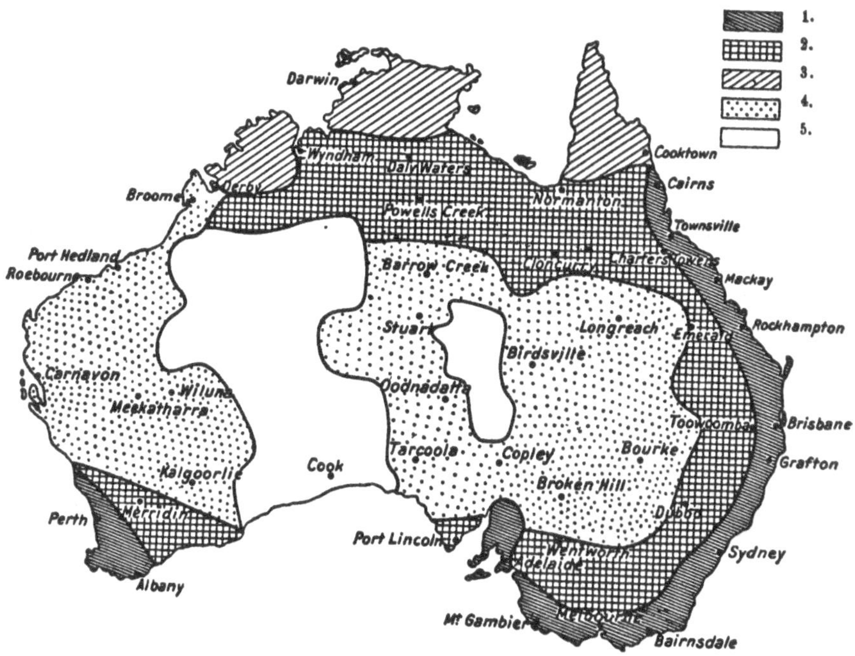

1. für Milchkühe geeignet
2. gutes Weideland
3. ausreichend für Rinderzucht
4. Rinderzucht in geringem Maße möglich
5. für Rinderzucht ungeeignet

Fig. 6. Eignung der einzelnen Teile Australiens für Rinderzucht.

aber südlich der Halbinseln auf dem Rumpf des Kontinentes zwischen diesen genannten Halbinseln und der Wüste und der Übergangslandschaft zu den MacDonnell Ranges. Wir finden hier bereits vielversprechende Anfänge in der Victoria-Station am Victoria-River und auf den Savannen südlich des Kimberley-Gebietes bei Halls Creek. Wenn wir das Gebiet von diesen beiden Stellen bis östlich nach dem Barkley Tableland allein in Betracht ziehen, so sind das Weideflächen für 5 450 000 Stück Rinder. Sehr entwicklungsfähig ist das sich südlich anschließende Gebiet einschließlich der MacDonnellkette, ferner der ganze Westen, wo an die Stelle der Grasnahrung das Mulga-Scrub tritt. Man sieht Rinder weiden, wo keinerlei Gras vorhanden ist.

In bezug auf die anderen Tiere wollen wir uns kurz fassen. Die Aufzucht der Schweine wird offenbar stark vernachlässigt, was wohl einer Eigenart der britischen Rasse entspricht. Aufgefallen sind mir Schweine nur an der Ostküste in Victoria und Neu-Süd-Wales, die Staaten, die neben Tasmanien auch die meisten Schweine züchten. Auch die Pferdezucht hat nur eine geringe Zahl von Tieren hervorgebracht trotz der Vorliebe, die der Australier dem Rennsport entgegenbringt. Als Nutztier spielt es eben eine untergeordnete Rolle, weil es in den zivilisierten Gegenden vom Kraftwagen, vor allem dem Lastkraftwagen, verdrängt ist und weil es im Inneren infolge der Wasserarmut und dem Vorherrschen der Dünen dem Dromedar weichen muß. Berühmt sind die MacDonnell-Pferde, die dort in voller Freiheit als Bergpferde leben und auch verwildert vorkommen. Die indische Artillerie und Kavallerie erhielt einen Teil ihres Pferdematerials aus Zentralaustralien. Die Zahl der Pferde beträgt nur etwa 2½ Millionen in ganz Australien. Die meisten Pferde kommen wiederum auf die südöstlichen Staaten und auf Tasmanien.

Da die Kühe im Inneren keine Milch geben, so findet man verschiedentlich Ziegenherden, die bei ihrer Anspruchslosigkeit Aussicht auf Vermehrung haben. Sie werden auch in West-Australien gehalten. In den dichter besiedelten Gebieten ist die Geflügelzucht recht verbreitet. In erster Linie werden Hühner gehalten. Selbstverständlich sind die Züchtereien fast ganz auf die Nähe der Hauptstädte beschränkt.

Die Fischzucht ist noch recht unentwickelt. Als besondere nationale Eigenart ist die Austernzucht an der Ostküste zu nennen.

Wenden wir uns nunmehr dem Ackerbau in allen seinen verschiedenen Formen zu, so steht an erster Stelle der Weizenbau. Wenn man Australien heute als eine Kornkammer der Erde bezeichnet, so tut man es nicht wegen des Areals und des Ertrages an sich, sondern weil infolge der geringen Bevölkerung die Ausfuhr an Weizen hoch ist. Der Eigenverbrauch ist noch so gering, daß viel exportiert werden kann.

Das Weizenanbaugebiet haben wir bereits kennen gelernt. Es ist zweifellos, daß es noch weite Strecken gibt, die noch nicht angebaut sind, so daß sich die Anbaufläche noch sehr vergrößern kann. Griffith Taylor gibt an, daß heute 15470 engl. Quadratmeilen angebaut seien und berechnet das Areal, das nach Maßgabe des Regenfalls angebaut werden könnte, auf 484,330 Quadratmeilen (1253500 qkm), wobei aber alles, auch das unbrauchbare Gelände und das Gebiet unfruchtbarer Böden, eingerechnet ist. Es ist aber auch der Regenfall allein nicht maßgebend, auch kann auf Gebieten unter 10 Zoll [250 mm] Regen noch Weizen wachsen. Man wird also gut tun, im Vergleich mit dem bereits mit Weizen bebauten Boden die Landschaften festzustellen, die in Zukunft noch angebaut werden können. Die feuchten Küstenlandschaften sowohl des Ostens wie des Westens eignen sich nicht gut für den Anbau von Weizen, vor allem nicht die Gebiete mit Regen zu allen Jahreszeiten. Aber gerade in diesen Gebieten, wie in der Umgebung von Sydney, hatte man in der ersten Zeit der Kolonisation Weizen angebaut und war sehr enttäuscht worden. Man ist erst sehr viel später darauf gekommen, daß die trockneren Landschaften des Inneren bedeutend besser für den Anbau von Weizen geeignet seien und daß ein Regenfall von 7 Zoll [160 mm], wenn er in die Vegetationsperiode fällt, ausreicht, um den Anbau rentabel zu machen. Die Gebiete mit Sommerregen sind dagegen für Weizenbau ungeeignet. Die Küstengebiete von Neu-Süd-Wales sind aus diesen Gründen keine Weizengebiete, und von den Küstenlandschaften von Victoria ist daher das Gippsland weniger geeignet als der Südwesten, trotzdem der Boden hier im allgemeinen bedeutend geringwertiger ist als in Gippsland, wo Mais und Hülsenfrüchte besser gedeihen als Weizen. Nur um Sale kann man unvermittelt Weizen angebaut finden, und zwar handelt es sich um ein trockeneres Gebiet, das im Regenschatten liegt. Sonst liegt das größte Weizenanbaugebiet in Victoria im Norden und Nordwesten, wo die Counties mit künstlicher Bewässerung Rodney und Moira die besten Gebiete sind, wenngleich die anschließende Wimmera, die an Areal bedeutend größer ist, jenen fast gleichkommt. Von hier erstreckt sich das Weizengebiet weit nach Osten in das Untere und Obere Murray-Land bis nach Neu-Süd-Wales hin, wo sich nordwestlich von Sydney, aber auf der Westseite der Cordillere, die Landstadt Dubbo zu einem lokalen Mittelpunkte entwickelt hat. Wenn auch die Regenmengen nicht mehr alle zur rechten Zeit fallen, so ist doch Weizenbau bis nach Queensland hinein möglich, wo die Landschaften der Downs, vor allem die Darling Downs mit dem Hauptorte Toowoomba, gute Weizenerträge liefern. Die Landschaft um Mitchell dürfte der letzte Ausläufer sein.

Der westliche Flügel des Weizenanbaus reicht bis an die Nullarbor-Ebene heran, und die Eyre-Halbinsel hat schon heute recht bedeutenden Weizenbau. Er ist hier z. T. von den Deutschen entwickelt worden, die auch einen hervorragenden Anteil an der Gewinnung des Südaustralischen Kernlandes haben, das wir in den weiten Längstälern der Mount Lofty-Kette und auf der Yorke-Halbinsel finden. Die Verbindung mit den Weizengebieten von Victoria übernimmt das Mallee-Land, das von dichtem Eukalyptusgestrüpp bedeckt war und sandig-lehmigen Boden hat. Man hatte es lange Zeit für vollkommen unbrauchbar gehalten, und heute wird es in der Form der Dreifelderwirtschaft bewirtschaftet. Es hat Winterregen von 10 bis 15 Zoll. Ganz getrennt von diesem Weizengebiete liegt das Westaustralische Gebiet, das in den küstenferneren Landschaften gleichfalls besser ist als unmittelbar an der feuchten Küste, doch mit Ausnahme des Küstenstreifens um Geraldton, wo der Regenfall dementsprechend geringer ist (vgl. Fig. 4).

Nehmen wir all diese Gebiete zusammen, so ergibt sich eine Fläche von 1060000 qkm, von denen man 190000 qkm infolge Gebirgscharakter oder Bedeckung von Laterit wird in Abzug bringen müssen. Es bliebe dann eine Anbaufläche von 850000 qkm übrig. Selbstverständlich kann es sich nur um einen rohen Überschlag handeln, doch dürfte das Areal kaum wesentlich jemals in den gemäßigten und subtropischen Gebieten Australiens überschritten werden.

Der Anteil der übrigen Getreidearten einschließlich des Heu- und Grünfutters ist nur klein. Für australische Verhältnisse ist es verständlich, daß diese beiden Arten des Anbaus hier genannt werden, weil sie nicht wie in den meisten europäischen Ländern aus Wiesengräsern bestehen, sondern aus Getreidegräsern, vornehmlich Weizen und Hafer. Man kann in den meisten Fällen nicht sagen, ob das gesäte Getreide als Kornfrucht geerntet oder vorher als Heu geschlagen wird. Das hängt einmal davon ab, ob das Getreide eine ausreichende Körnerfrucht bieten wird; wenn die Aussichten für eine befriedigende Ernte nicht gegeben sind, dann wird das Getreide vorher geschnitten. Das kann aber auch dann eintreten, wenn das natürliche Futter für das Vieh nicht ausreicht, etwa als Folge einer eintretenden Dürre. Um den Viehbestand nach Möglichkeit zu erhalten, muß das Getreide vorzeitig als Futter gemäht werden. So wurde im Jahre 1914 infolge der ungewöhnlichen Dürre im Staate Neu-Süd-Wales nahezu eine Million acres statt der normalen 150000 acres als Heu geschnitten. Im Jahre 1924—25 wurden in ganz Australien etwas über 3 Millionen acres geschnitten, und zwar hauptsächlich in den drei südöstlichen Staaten, die ja auch das größte Areal an Getreide haben. Die Anbauflächen für Grünfutter und Gräser sind noch verschwindend klein sie sind in den Oststaaten Neu-Süd-Wales und Queensland eingeführt.

Von den Getreidearten kommt der Hafer in weitem Abstande hinter dem Weizen. Die größten Produzenten sind Victoria und Westaustralien. Von der Gesamtanbaufläche kommen jedoch nur 6,74 % auf Hafer. Der Ertrag auf die Einheit ist noch recht gering. Von besonderer Bedeutung ist der Anbau von Hafer in dem kühleren und feuchteren Tasmanien, wo es nach Heu die größte Fläche, nämlich 17,5 % einnimmt, während auf Weizen nur annähernd 5 % entfallen. Tasmanien hat auch die relativ größte Anbaufläche für Kartoffeln, nämlich 13,71 % und wird absolut nur von Victoria überflügelt, wo 61 300 acres angebaut werden; für Tasmanien ist die Zahl 36 290 acres. Bezeichnend ist es, daß in ganz Australien nur 138 800 acres [555 qkm] mit Kartoffeln angebaut sind, die eine Ernte von 332 125 Tonnen ergaben. Davon kann Australien noch einige tausend Tonnen nach Ozeanien abgeben. Eine Steigerung der Produktion wäre sehr gut möglich, vor allem in den Südstaaten. Aber gerade auf die Kultivierung der Kartoffel wird kein Wert gelegt, vor allem wendet man die Fruchtfolge nicht an, die gerade für die Kartoffelernte in Australien große Vorteile bieten würde.

Von unseren Getreidearten fällt der Roggen ganz aus, die Gerste, vor allem für die Bierbereitung verbraucht, wird nur in Südaustralien und Victoria in nennenswerten Mengen angebaut. Im ganzen fallen auf Australien nur 250 000 acres [1000 qkm], das sind 1 ½ % der Anbaufläche, die sogar hinter der für Obst zurückbleibt. Es wurden 1924-25 etwas über 5 Millionen Bushels [55 000 to] geerntet. Der Durchschnitt der Ernte auf die Einheit ist etwas günstiger als bei den übrigen Getreidearten. Es wird etwa $^1/_5$ der Ernte nach Neu-Seeland und Südafrika ausgeführt.

Wenden wir uns den tropischen und subtropischen Zonen zu, so verdient der Anbau von Mais und Zucker unsere Beachtung. Mais wird fast ausschließlich an der Ostküste in Neu-Süd-Wales und vor allem in Queensland angebaut, und zwar in der Küstenlandschaft von Newcastle bis Rockhampton. Absolut genommen sind Produktion und Anbaufläche noch recht gering, trotzdem die klimatischen Voraussetzungen für den Anbau durchaus gegeben sind. Unter den Mais bauenden Ländern steht Australien in bezug auf den Ertrag auf die Einheit der Anbaufläche mit an erster Stelle. Besonders gut war die Ernte 1924. In Westaustralien hat man kaum mehr als die Anfänge gewagt, und doch müßten bei der Feuchtigkeit des Nordwestens größere Versuche gemacht werden. Es fehlt aber vorderhand dort an Siedlern.

Sehr interessant ist das Problem des Anbaus von Zucker in Australien. Abgesehen von einigen Stellen in Neu-Süd-Wales, nämlich um Grafton und Lismore, liegt die alleinige Anbaufläche in Queensland, wo sie 23,7 % der bebauten Fläche einnimmt, also noch mehr als Mais, auf das nur 21,42 % entfallen. Das Zuckerrohr wird in den Niederungen an der Küste und in dem Längstale nahe der Küste von Cairns bis an die Südküste angebaut, und zwar hauptsächlich im Norden bis über Mackay hinaus und dann wieder bei Rockhampton und Brisbane. Der Ertrag des Zuckerrohres läßt nach Süden zu nach, bis schließlich die eintretenden Nachtfröste in Neu-Süd-Wales den Anbau unmöglich machen.

Das Problem des Zuckerrohr-Anbaus liegt aber nicht in Boden und Klima, sondern in der Arbeiterfrage. Es ist das einzige Land der Erde, wo unter hohen Temperaturen und starkem Regenfall — es müssen über 1000 mm Regen vorhanden sein — weiße Arbeiter Zuckerrohr anbauen. Bis jetzt haben sich schädigende Wirkungen unter Erwachsenen und Kindern nicht gezeigt. Der feucht-heiße Küstenstreifen ist ja auch so schmal, daß die Pflanzer ohne Schwierigkeiten jederzeit ein kühleres Klima aufsuchen können, wenngleich es sich nicht umgehen läßt, daß sie unten in der Küstenlandschaft wohnen. Sie bauen ihre Häuser in der Regel auf luftige Hügel, und die Nähe des Meeres bringt doch, wenigstens zu gewissen Jahreszeiten, Abkühlung. Wie sich die Gesundheitsverhältnisse nach Generationen gestalten, dafür fehlt die Erfahrung, auch wird von manchen befürchtet, daß zum mindesten die Zeugungskraft der weißen Bevölkerung nachließe. Es muß aber daran erinnert werden, daß südlich Brisbane etwa 30000 Deutsch-Australier leben, und daß diese sich in einem zwar gemäßigteren Klima gut eingelebt haben. Dies Klima bei Brisbane unterscheidet sich jedenfalls bedeutend mehr von dem der Uckermark und von Vorpommern, dem Heimatlande der Siedler, als das Brisbane-Klima von dem weiter nördlich. Es könnte wohl sein, daß sich beispielsweise die Familien germanischer Rasse, die sich um Brisbane akklimatisiert haben, schließlich auch bei Townsville und Cairns wohlbefinden. Augenblicklich sind viele italienische Familien angesiedelt, die aber, weil zur südeuropäischen Rasse gehörend, den Australiern nicht so angenehm sind als die Germanen, die sich auch viel eher mit den Angelsachsen verschmelzen. Aber die Frage ist, ob die Zuckerproduktion rationell betrieben werden kann. Jetzt ist das noch nicht der Fall. Der Zucker ist in Australien doppelt so teuer als anderswo, weil eben die Löhne für die Arbeiter und die Lebensansprüche für die Beamten höher sind als in anderen Zuckerrohr bauenden Ländern, wo farbige Arbeitskräfte herangezogen werden. Solange Australien noch so dünn bevölkert ist und solange die Ausfuhr von Rohprodukten so große Gewinne abwirft, kann sich das Land den Luxus weißer Zuckerbauer leisten. Konkurrenzfähig ist der in Australien hergestellte Zucker heute bei weitem nicht. Die Regierung garantiert jedoch den Pflanzern bzw. den Zuckerfabriken einen guten Preis für den Zucker, so daß auf diese Weise Krisen vermieden bzw. gemildert werden. Im Durchschnitt werden $12^1/_4$ % des Gewichtes an Rohr als Zucker geerntet. Die Ergebnisse sind je nach der Lage verschieden. Die besten Ernten hat man bei Mourilyan erreicht, wo auch der größte Regenfall herrscht. Im allgemeinen kommt man ohne künstliche Bewäserung aus, nur bei Bundaberg und Ayr ist sie notwendig. Im Distrikt Cairns geben 8 Tonnen Zuckerrohr eine Tonne Zucker, im Süden werden dazu 10 Tonnen gebraucht. Im ganzen wurden 1924—25 175400 acres [700 qkm] angebaut. Die südlichen Landschaften Australiens, insbesondere von Victoria, eignen sich auch zum Anbau der Zuckerrübe, doch ist dafür noch wenig getan.

Recht bedeutend ist die Zucht von Obst und der Weinrebe. Während im Süden der Wein und neben unseren Obstsorten die Orangen angepflanzt werden, kommen im Norden noch die tropischen Früchte hinzu, so daß eine große Anzahl von Arten auf den Markt kommt. 1,6 % der Anbaufläche werden von Obstplantagen und 0,66 % von der Weinrebe eingenommen. Das Hauptweinland ist Südaustralien, wo wie auch in Victoria, das dann folgt, sowie in Neu-Süd-Wales Deutsche die Rebe eingeführt und kultiviert haben. Die deutsch-australischen Siedler in den weiten Tälern der Mount Lofty-Kette bebauen ihre Äcker zur Hälfte mit Weizen und zur anderen Hälfte mit Wein. Die Firmen Seppelt und Büring in Südaustralien haben sich dort einen guten Namen erworben. Es ist jedoch schwer, den Wein in Europa einzuführen, weil er sich mit den europäischen Sorten wohl kaum messen könnte — nach meiner persönlichen Ansicht am ehesten die Weine, die man als Portweine bezeichnet. Da nun der Australier kein großer Weintrinker ist, so macht es Schwierigkeiten, Absatz zu finden. Auch hier hilft die Regierung durch Garantien und Schutzzölle sowie Propaganda für australische Weine. Aus einer Anbaufläche von 114,400 acres wurden 13,3 Millionen Gallonen [500000 hl] Wein erzeugt.

Die gleichen Schwierigkeiten wie mit dem Absatz von Wein hat die Regierung mit dem Absatz der Früchte. Bekannt sind die Äpfel aus Tasmanien, die nach Europa ausgeführt werden. Hat doch Tasmanien dem Areal nach etwas mehr Fläche mit Obst angelegt als Queensland und Südaustralien. Am meisten aber haben Victoria und Neu-Süd-Wales. Im weiten Abstand folgt Westaustralien, wo die Anbaufläche (18 500 acres gegen 85 400 in Victoria) noch sehr vergrößert werden könnte. Die Dinge aber stehen heute so, daß die Regierung von Neu-Süd-Wales die Farmer nicht mehr zum Anbau neuer Plantagen ermutigt, weil der Absatz fehlt. Auch die riesige Propaganda für den Obst-Absatz kann daran nichts ändern. Schutzzoll verhindert die Einfuhr von Bananen aus Ozeanien, um den in Queensland gezogenen Früchten einigermaßen den Absatz zu sichern.

Nur wenige Worte sind in bezug auf die Forstkultur zu sagen. Das Gebiet, das sich für Forstkultur eignet, ist außerordentlich klein und wird auf 1,29 % der Gesamtfläche angegeben. Von einer Forstkultur im europäischen Sinne ist kaum die Rede. Im allgemeinen wird noch Raubbau getrieben, indem die besten Bäume aus den Wäldern herausgesucht werden. Dann hilft man neuerdings der Natur etwas nach, indem für guten Wuchs Platz gemacht wird. Die Einnahmen aus den Wäldern betragen im ganzen nur etwa 850 000 £.

Der Bergbau.

Eine ganz andere Entwicklung hat der Bergbau in Australien genommen (vergl. Fig. 7). Er befindet sich dort in einer ganz merkwürdigen Lage. Die erste Entwicklung der jungen Kolonie ging ja ohne Beeinflussung des Bergbaues vor sich, und sie war langsam genug. Die ersten 46 Jahre, die sogenannte „Konvicts-Zeit“, als Australien als Verbrecherkolonie benutzt wurde, waren eine Zeit ungemein langsamer Entwicklung; 1834 gab es erst 100 000 Weiße in Australien. Dann begann man, vor allem die Schafzucht zu pflegen, und bis 1851 war eine Bevölkerung von 437 000 erreicht. Da wurde das Gold entdeckt, und innerhalb von sieben Jahren war die erste Million erreicht und damit der Grundstock für die Entwicklung Australiens gegeben. Die Prospektoren, die in die unbekannte Wildnis des Inneren zogen, wurden die Pioniere für die Entwicklung des Landes. Und es war ein so allgewaltiger Impuls wie die Jagd nach dem Golde notwendig, um die Menschen in die ursprünglich unwirtlichen Gebiete hineinzulocken. Der Viehzüchter und vollends der Ackerbauer, sie sind bedeutend zaghafter als der freie, an Abenteuer gewöhnte Goldsucher.

Diese Zeiten sind heute fast vollkommen vorbei. Alluviales Gold wird so gut wie gar nicht mehr gefunden; an die Stelle des Diggers, von denen es in Westaustralien nur noch 250 gibt, ist der Bergmann getreten. Freilich gibt es noch heute Prospektoren, sie durchstreifen den Norden Australiens und Zentralaustraliens, aber sie sind nur

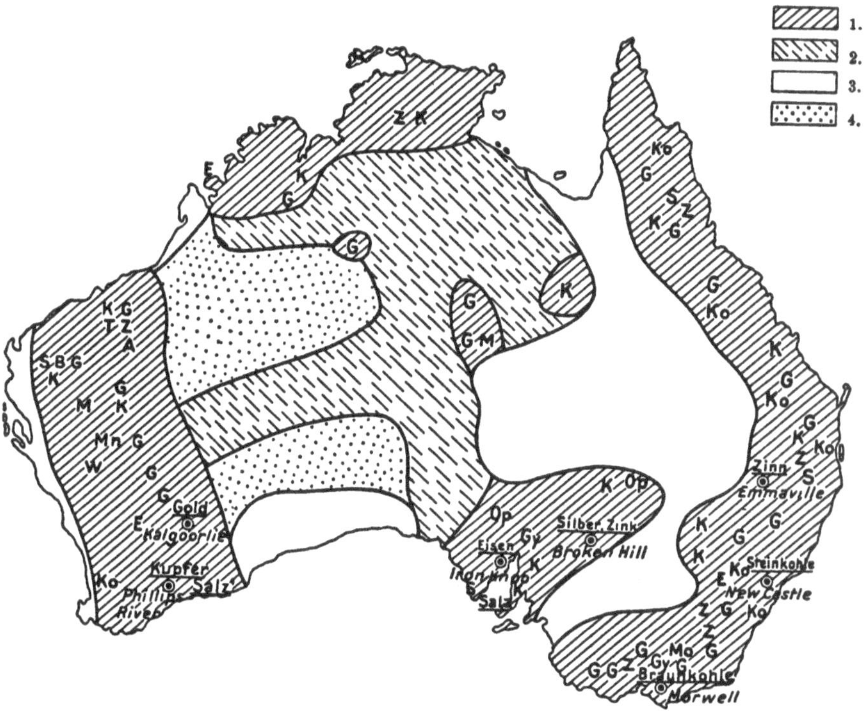

1. Bergbaugebiete
2. Bodenschätze bis jetzt unbekannt
3. Landschaften, die aus geologisch jüngsten Deckschichten von großer Machtigkeit aufgebaut sind
4. Dünensande verschleiern den Aufbau des Untergrundes.

Die Hauptabbaugebiete sind besonders hervorgehoben: A = Asbest, B = Blei, E = Eisen, G = Gold, Gy = Gips, K = Kupfer, Ko = Kohle, M = Marienglas, Mn = Mangan, Mo = Molybdän, Op = Opale, S = Silber, T = Tantalit, Z = Zinn, W = Wismut.

Tasmanien ist führend in der Produktion von Kupfer und Zinn.

Fig. 7. Bergbau in Australien.

gering an Zahl, und ihre kleinen Erfolge ermutigen nur wenige, ihnen in die abgeschiedenen Gebiete zu folgen. Ich persönlich habe nur einen kleinen „gold-rush" erlebt, und zwar in Zentralaustralien. In der Bergkette östlich von Barrow Creek, also im Norden der Mac Donnell-Kette, waren einige Goldadern gefunden worden, und die Kunde davon war bis Adelaide gedrungen. Sofort hatten sich kühne Männer gefunden, die mit dem nächsten Zuge — es ist nur ein vierzehntägiger

Verkehr von Quorn bis Oodnadatta — nach dem Inneren fuhren und von der Endstation mit Kamelen oder Lastkraftwagen weiter strebten, über die Stadt Stuart bei der Telegraphenstation Alice Springs, hinaus nach Norden. Wie schwer und gefahrbringend das Leben dieser Leute ist, davon bekommt man durch das Reisen in diesen Gebieten bald einen Begriff. Als ich meinen Weg von Stuart nordwärts suchte, kam mir ein Auto von Barrow Creek entgegen. Es waren einige Prospektoren darin, die einen vollkommen niedergebrochenen Kameraden nach Süden brachten. Er „got bushed", d. h. war im Busch verloren gegangen und nur durch die Findigkeit eines Eingeborenen vor dem Tode des Verhungerns und Verdurstens gerettet worden. Man setzte damals große Hoffnungen auf diese Goldfunde; denn das wissen die Bewohner von Stuart sehr gut, daß nicht die projektierte Eisenbahn ihnen die erwünschte Entwicklung bringt, sondern nur das Vorkommen von Gold. Es tut ja nichts, wenn die Goldminen nach einigen Jahren des Abbaus keinen Gewinn mehr abgeben; es bleiben doch Menschen zurück und widmen sich der Viehzucht.

Mit solchen Hoffnungen hatte man die Funde in Tanami begrüßt; es ist das ein Goldvorkommen in dem Südwestzipfel von Nordaustralien, hart am 20. Grad südlicher Breite, der Grenze nach Zentralaustralien, und nicht weit von der westaustralischen Grenze entfernt. Die Fundstelle liegt verkehrstechnisch ungemein ungünstig am Nordrande der „Großen Australischen Wüste", also dem großen Spinifex-Dünengebiete des Inneren von Australien, umgeben von vollständig unentwickeltem Gebiete. Da die Ergiebigkeit sehr hinter den Erwartungen zurückgeblieben ist, so trat die erhoffte Wirkung, eine Entwicklung des Landes in Verbindung mit dem Rinderzuchtgebiete bei Halls Creek in Nordwestaustralien, nicht ein.

Diese Beispiele zeigen deutlich die Hindernisse, die sich einer bergbaulichen Entwicklung in Australien entgegensetzen. Es gibt zwar viele Mineralien und Erze in Australien, aber die Vorkommen sind über weite Strecken schier unerreichbaren und schwer zu bewohnenden Landes verstreut. Aber die Mühen würden von den Menschen keineswegs gescheut werden, wenn sie sich lohnten. Die Vorkommen sind unter den geschilderten Verhältnissen nicht ergiebig genug. Wenn die geringe Bevölkerung genügend Einnahmen aus anderen Quellen hat, dann wird der Bergbau vernachlässigt. Es kostet schon zu viel Geld, Schächte in der Wildnis abzutäufen und die Vorkommen auf ihre bergmännische Abbauwürdigkeit zu prüfen. Das wird anders werden, wenn das Land mehr bevölkert und besiedelt sein wird. Es ist heute noch nicht abzusehen, welche Entwicklung der Bergbau dann nehmen wird. Zweifellos werden sich noch viele abbauwürdige Vorkommen von Eisen, Kupfer, Zinn und vielleicht auch Gold finden, ja einige warten nur auf ihre Zeit, wie vor allem das Eisenerz im Yampi-Sund im Kimberley-Distrikt.

Betrachten wir aber die augenblickliche Lage, so müssen wir einen Niedergang des Bergbaues in ganz Australien feststellen. Wir ersehen das aus den Statistiken, die eine beredte Sprache reden. Wir sehen es aber auch in der Landschaft. Wenn man durch die Goldfelder von Westaustralien reist, bekommt man einen Eindruck von der Tatsache, daß die Bergbaugebiete zu den Raublandschaften der Erde zählen. Zunächst ist damit nur gesagt, daß der Bergbau an sich ein Land an dem betreffenden Produkt immer ärmer macht. Es kann also eine solche Landschaft reinen Bergbaus einen blühenden Eindruck machen. Wenn aber die Vorkommen erschöpft sind, dann ist es ein trostloser Anblick, die verlassenen Städte zu sehen. So ist Coolgardie heute eine tote Stadt; die Tatsache, daß die Regierung die Behörden noch dort läßt, um die Stadt nicht vollständig dem Untergange preiszugeben, läßt die Tatsache nur um so ungeschminkter erscheinen. Die wenigen Beamten leben in einer Trümmerstadt. Nur Kalgoorlie und Boulder haben sich dank der Ergiebigkeit der Goldenen Meile jahrzehntelang gehalten, während die anderen Städte eine kurze Blütezeit gehabt haben. Viele Orte sind fast spurlos wieder verschwunden, weil sie nur aus Wellblechhäusern bestanden haben. Leonora, Lawlers und Sandstone sind solche sterbenden Städte, trotzdem zwei von ihnen Endstationen der Eisenbahn sind.

Diese Verhältnisse herrschen aber nicht nur in Westaustralien, sondern auch im Osten, wo sich hauptsächlich nur Broken-Hill als Silberbergwerkstadt gehalten hat, sich aber offenbar auch nicht weiter entwickeln will. Schwer gelitten haben die berühmten Bergwerkstädte in Victoria, das ja früher den Hauptanteil der Goldproduktion gehabt hat, und zwar mit über 300 Millionen Pfund Sterling mehr als das Doppelte von Westaustralien, während in weitem Abstande Queensland und dann Neu-Süd-Wales kommen. Die alten Bergwerkstädte in den australischen Alpen, wie das idyllisch gelegene Walhalla, sind ganz unbedeutend geworden; aber auch Ballarat ist fast ganz stillgelegt, und von den mehr als 120 Schächten in Bendigo sind nur noch 6 bis 8 im Betrieb. Ganz ähnlich liegen die Verhältnisse in Neu-Süd-Wales, wo die Kupfer- und Goldproduktion von Cobar fast ganz aufgehört hat. In Queensland ist Charters-Towers fast vollkommen stillgelegt, und im Norden ist der Hafen von Cooktown, von dem aus die Erze von der York-Halbinsel abtransportiert wurden, heute eine tote Stadt.

Aber immerhin, es gibt auch augenblicklich noch genug Erze, die abgebaut werden. Nur das Verhältnis zum Gold hat sich stark verschoben, das heute nicht mehr so ausnehmend im Vordergrunde steht. Das Silber von Broken-Hill und Tasmanien ist sich im Verhältnis viel eher gleich geblieben. Bezeichnend ist es, daß heute in Westaustralien weniger Bergleute im Goldbergbau (1924: 5296) als Leute in Neu-Süd-Wales im Silberbergbau beschäftigt werden (1924: 5468). Im Jahre 1901 waren noch 71000 Menschen im Goldbergbau tätig. Immerhin ist Australien heute noch das fünfte Gold- und Silberland der Erde. Nimmt man den Durchschnitt der Jahre 1915 bis 1924, so steht Australien in der Goldproduktion an dritter Stelle.

Interessant ist es festzustellen, daß die Kurve der Erzproduktion seit 1900 zwar von Jahr zu Jahr sehr schwankt, aber sich doch im Durchschnitt auf der gleichen Höhe bewegt. Das kommt daher, daß an die Stelle von Gold andere Produkte getreten sind, und zwar Zink, Kupfer und vor allem Kohle und Eisen.

Die Hauptkupferländer sind Queensland und Tasmanien, wobei das letztere sich in der Produktion (Mount Lyell und Mount Balfour) ziemlich gleich geblieben ist, Queensland aber starke Schwankungen zeigt; die Produktion ist dort seit 1920 stark zurückgegangen. Die geringe Produktion des Nordterritoriums und Westaustraliens ist nur auf die augenblicklichen Verhältnisse zurückzuführen. Es fehlt an Kapital, und die Schwierigkeiten des Transportes wirken lähmend. Während die Zinnproduktion sich auf ziemlich gleicher Stufe erhalten hat, — doch bringt Australien nur 1900 tons auf den Markt — ist die Zinkproduktion stark gestiegen; sie erreicht 1922 zum ersten Male mehr als 1 Million £ bei einer Menge von 364000 tons; sie ist seitdem noch etwas gestiegen.

Ganz neuen Datums ist das Auftreten des Eisens in der australischen Statistik. Die Produktion von Eisen setzte erst kräftiger in den Kriegsjahren ein und erreichte in den letzten Jahren nach 1920 eine nie geahnte Höhe. Wenn auch die Zahlen für die Produktion ungemein schwanken — sind doch die Tonnenzahlen von 1920 bis 1924 die folgenden: 86, 90, 55, 94, 74 Tausend — so müssen wir dieser Erscheinung unsere besondere Aufmerksamkeit widmen. Australien hat ungemessene Schätze an brauchbaren Eisenerzen, von denen erst die von Südaustralien abgebaut werden. Das am besten bekannte Lager ist das des Iron Knob, ein Berg aus hochprozentigem Eisenerz, etwa 65 km südwestlich von Port Augusta. Man hat das Vorkommen des Iron Knob und Iron Monarch auf 133 Millionen Tonnen bei einem durchschnittlichen Gehalt von 63,64 Prozent Eisen berechnet. Außerdem besitzt Südaustralien in der Middleback-Range ein Vorkommen von 32 Millionen Tonnen eines noch etwas besseren Erzes. Diese Vorkommen werden bereits ausgebeutet, und die Broken Hill Company verhüttet sie bereits in Newcastle, bringt also das Erz zur Kohle.

Das ist aber bei weitem nicht der an Eisen reichste Staat des Commonwealth. In Queensland wird gelegentlich nur etwas Eisen gewonnen, und in Westaustralien wird es kaum abgebaut. Und doch kommt dort überall Eisen vor. Unter den stark eisenhaltigen Erzen ist in erster Linie das Vorkommen im Yampi-Sunde im Kimberley-Distrikt zu nennen, das auf 97 Millionen Tonnen geschätzt wird. Das Erz liegt dort so bequem, daß es gleich in die Schiffe verladen werden kann, und dennoch ist mit dem Abbau noch nicht begonnen worden. Andere große Lager finden sich in Wilgia Mia, wo das freiliegende Erz auf 27 Millionen Tonnen geschätzt wird, sowie von Gabanintha in der Nähe von Nannine, weiterhin mehrere Vorkommen auf den Jalgoo-Goldfeldern. Auch bei Koolyanobbing, in der Nähe von Southern Cross an der Eisenbahnlinie Perth-Kargoorlie, ist ein sehr großes Vorkommen von Haematit.

Es kann keinem Zweifel unterliegen, daß diese Vorkommen in Verbindung mit der Kohle einmal eine große Bedeutung für die Wirtschaft Australiens bedeuten werden, wenngleich Australien wohl niemals alle Eisenerze wird selbst verhütten können. Denn das einzige wirtschaftlich bedeutsame Vorkommen von Steinkohle findet sich in New-Castle in Neu-Süd-Wales, nördlich von Sydney. Gewiß, auch die Förderung von Kohle zeigt die merkwürdige unruhige Kurve auf, die wir überall beobachten konnten. Aber seit Kriegsbeginn ist doch ein ganz erstaunliches Heraufschnellen der Ziffern festzustellen, so daß sich die Förderung fast verdreifacht hat. Sie betrug 1924 bereits 13¾ Millionen Tonnen.

Die Steinkohle von Neu-Süd-Wales ist permokarbonischen Alters. Sie kommen fast ausschließlich an der Ostküste vor, und zwar neben Queensland, wo die Flötze bei Clermont 22 m mächtig sind und auch das Becken des Dawson River neuerdings abgebaut wird, vor allem in Neu-Süd-Wales, wo die Vorkommen von Newcastle-Lithgow-Bulli eine Fläche von 65000 qkm bedecken und im Bogen Sydney umgehen, das wie seine Umgebung auf triassischem Sandstein, dem Hangenden der kohlenführenden Schichten, steht. In Victoria und Tasmanien sind die Flötze unbedeutend. Infolge der Gesteinszusammensetzung ist in Westaustralien keine Kohle zu erwarten; doch ist infolge eines Grabenbruches bei Collie etwas Kohle erhalten geblieben. Wenn sie auch sehr feucht und etwas gläsern ist, so hat sie doch als lokales Vorkommen in einem sonst kohlenarmen Gebiete wirtschaftliche Bedeutung.

In den letzten Jahren ist das Braunkohlenvorkommen von Morwell in Victoria, 150 km östlich von Melbourne, ein wirtschaftlicher Faktor von größtem Werte geworden. Die Kohle hat einen ziemlich hohen Wassergehalt, 46—54 %, so daß sie getrocknet und zu Briketts verarbeitet werden muß. Das Alter der Kohle ist noch nicht einwandfrei bestimmt. Da sie aber über einer Decke von „älterem Basalt" aus dem Miozän liegt, so kann sie selbst nicht älter sein, und man glaubt sie in dasselbe geologische Zeitalter versetzen zu müssen. Nur von der „Altona-Kohle", die sich 21 km lang von Yarraville bis nach Werribee an der Eisenbahnstrecke von Melbourne nach Geelong erstreckt, konnte man das oligozäne Alter einwandfrei feststellen, weil oligozäne marine Ablagerungen darüber und darunter liegen. Wichtig ist es, daß die Lager bei Morwell durch junge Verwerfungen gestört sind, die eine Sprunghöhe von 330 m aufweisen. So kommt es, daß man z. B. bei dem sogenannten „Open cut" die Kohle einfach aus einem Berge herausnehmen und in das Tal befördern kann. Da die Kohle 100 und mehr Meter mächtig ist, so besteht keine Schwierigkeit im Abbau, trotzdem die Ausdehnung der Flötze infolge schnellen Auskeilens und von Verwerfungen nicht vorausgesehen werden kann und die Bohrungen stets Überraschungen bringen. Die größte Mächtigkeit ist in Bore Nr. 1, Maryvale, ganz in der Nähe der Stadt Morwell, mit 260 m festgestellt.

Praktisch handelt es sich also um unerschöpfliche Lager, deren Wert durch die Lage noch ungemein gefördert wird. Die Regierung hat ein großzügiges Elektrizitätswerk errichtet, das vor allem Melbourne mit Kraft versorgt und außerdem große Teile von Victoria, dem am dichtesten besiedelten Staate des Commonwealth. So bedeutet Morwell für die Industrie sehr viel. Was den Hausbrand betrifft, so haben sich die Briketts noch nicht die Beliebtheit des Publikums erworben. Die Briketts geben zu viel Asche, und da die Herstellung immer noch zu teuer ist durch die Trockenanlagen, so bevorzugt man noch die Steinkohlen von New-Castle, die trotz des Transportes selbst in Melbourne nicht teuerer sind als die Briketts, die in der Nähe hergestellt werden. Es ist sehr interessant, sich die Anlagen in Morwell anzusehen. Man wird eine ganze Anzahl deutscher Maschinen dort finden; die Trommeln zum Trocknen der Braunkohle sind zwar nach deutschem Muster aber doch in England hergestellt. Zur Erhöhung der Heizkraft der Briketts und der Ausscheidung von Wasser werden immer wieder Versuche angestellt, wobei man sich an das Vorbild der deutschen Brikettfabrikation hält. Als die Einwanderung von Deutschen nach Australien noch verboten war, machte man doch für Ingenieure und Bergleute aus dem Braunkohlenfache eine Ausnahme, um sich die Errungenschaften der Deutschen auf diesem Gebiete zunutze zu machen.

Wie für die Steinkohle New-Castle in Neu-Süd-Wales, so bedeutet für die Braunkohle Morwell die absolute Vormacht im Commonwealth, wenn auch bei Corowa in Neu-Süd-Wales neue tertiäre Kohlenfelder entdeckt wurden.

Wir sehen also, daß der Bergbau in Australien eine entschiedene Wendung während des Weltkrieges genommen hat. Es hängt dies zweifellos mit der Industrialisierung des Erdteiles zusammen. Statt Gold stehen heute Eisen und Kohle im Vordergrunde. Das soll aber nicht heißen, daß der Bergbau auf Edelmetalle und andere Erze als Eisenerze bedeutungslos geworden seien. Er kann jederzeit wieder in den Vordergrund treten, und zwar hauptsächlich für metallische Mineralien, außer Gold und Silber. Es fehlt da hauptsächlich an der nötigen Initiative. Überall, am meisten offenbar in Queensland, macht sich da eine Kritik in der öffentlichen Meinung gegen den Staat geltend, der die private Unternehmungskraft hemmt. Vor dem Kriege war ausländisches, besonders deutsches Kapital hier wirksam. Seitdem aber der Staat den Vertrieb selbst in die Hand genommen hat, sind viele Bergwerke und Unternehmungen stille gelegt. Der Staat hat sich hier unfähig erwiesen. Und das liegt zum guten Teile an den geographischen Umständen. Die Erze kommen sporadisch vor; oft lohnen sich große Anlagen nicht, und die Lager werden durch ganz einfache Maschinerien ausgebeutet. Wenn nun nicht der private Unternehmungsgeist dahinter steckt, dann ist die Ausbeute nicht lohnend. Die australischen Bürger haben ihre besonderen Begriffe von Eudämonie. Gewiß arbeiten sie unter den schwierigsten Verhältnissen, unter den größten Strapazen unermüdlich, aber nicht ausdauernd. Es muß sich die Arbeit schnell lohnen. Nimmt der Staat die kaufmännische Seite in die Hand, so verschleppt sich der Geschäftsgang, der Absatz gerät ins Stocken, das Interesse erlahmt. Die leichte Beweglichkeit fehlt, und dem Staate fallen oft näherliegende Aufgaben zu.

Außer Zinn, Zink, Kupfer, Mangan kommen seltenere Mineralien in Betracht, wie Wolfram, Tantalit, Wismuth, Antimon, Molybdän, Asbest, Graphit, Marienglas sowie Halbedelsteine, wie Rubine und Opale und anderes mehr. Für einige der wichtigsten Erze und Mineralien seien die Mengen für 1924 hier angegeben, und zwar in Tonnen: Braunkohle 127 500, Steinkohle $17^3/_4$ Millionen, Blei 246 000, Kupfer 13 900, Zinn 3570, Zink 357 000, Eisenstein 580 000, Gips 85 900. An Gold wurden 675 937 Unzen und an Silber 1 107 000 Unzen gewonnen.

Der Staat hat überdies nicht nur das kaufmännische Interesse an dem Bergbau. Er will vor allem das Land entwickeln, und dazu gehört, daß er zunächst einmal Menschen hineinbringt. So unterstützt er die Digger und Prospektoren, die das Land nach Metallen durchsuchen und es im Kleinbetriebe abbauen. Er tut dies auf verschiedene Weise. Das Prinzip ist aber überall dasselbe. Wo einzelne Prospektoren selbständig arbeiten können, werden ihnen „Leases“ für ein bestimmtes Areal erteilt. Sie haben dafür eine außergewöhnlich kleine Abgabe zu zahlen. Meist tun sich mindestens zwei Leute zusammen. Diese Leute arbeiten nun auf ihre eigene Weise auf Kupfer oder Gold oder was sonst in Frage steht. Natürlich sind sie nicht in der Lage, das Erz irgendwie versandfertig zu verarbeiten oder gar zu verhütten. So hat denn die Regierung sogenannte „state batteries“ eingeführt, wo die Prospektoren ihr Material zerkleinern und sortieren lassen können. Sie liefern ihre Förderung ab, das Material wird bearbeitet und in der Batterie gesammelt. Alles übrige wird nun von dort aus besorgt. Der Prospektor erhält sofort eine Summe ausbezahlt, die etwa dem zu erwartenden Reingewinn entspricht. Wenn genügend Erz beisammen ist, dann wird das Erz nach der Küste transportiert und verschifft. Wenn das Erz verkauft ist, dann werden die endgültigen Unkosten berechnet und die Gewinnanteile an die einzelnen Prospektoren vergeben.

Im einzelnen vollzieht sich der Prozeß verschieden, je nach der Lage des Fundortes, der Natur des Vorkommens und der Möglichkeit der Bearbeitung an Ort und Stelle. Das System der „maids“ wird sogar auch da angewandt, wo ein regelrechter Bergwerksbetrieb mit Stollen, Förderkörben und komplizierter Maschinerie notwendig ist, also da, wo größere Gesellschaften in modernem Betriebe die Erze und Metalle aus der Tiefe holen. Stellen, die sich für den großen Betrieb nicht zu rentieren scheinen, werden an Prospektoren abgegeben, die nun nach ihrer Methode arbeiten. Ich sah in einem Bergwerk in Westaustralien, wo sich ein Mann an einem Seil in den Schacht hinabgleiten ließ, und wo das Material an demselben Seil nach dem Stollen in Handbetrieb heraufgezogen wurde. Die zwei Mann, die dort arbeiteten, sollen ganz gut verdient haben. Im allgemeinen sind die Schutzvorrichtungen und die Betriebseinrichtungen wohl ausreichend, oft aber noch recht primitiv. Es ist rührend zu sehen, wie die Leute dort unter den einfachen Verhältnissen arbeiten und sich über jede kleine Verbesserung, die eingeführt wird, freuen. Natürlich sind die Bergarbeiter organisiert, und ab und zu senden sie ihren Vertrauensmann in die Schächte, der darauf zu achten hat, daß die Bergleute alle nur möglichen Bequemlichkeiten haben und die notwendigen Vorkehrungen für ihre Sicherheit getroffen sind. Ich möchte aber kaum glauben, daß die deutschen Bergleute in Hinsicht auf ihre Wünsche so bescheiden sind wie die Menschen dort in der Wildnis, die auch über Tage ein schweres und entbehrungsreiches Leben in der Einöde zu leben haben.

Aber freilich, wo es sich um große und lebenswichtige Betriebe in zivilisierten Gegenden handelt, da stellen sich sofort die Arbeiterschwierigkeiten ein. Die Leute werden anspruchsvoll, und da sie ihre Macht kennen, mißbrauchen die Massen sie auch sehr oft. Das gilt vor allem von den Bergleuten von New-Castle. Es vergeht da kein Jahr ohne verderbliche Streiks. New-Castle ist der einzige Kohlenhafen Australiens, und viele Ozean-Dampfer laufen New-Castle nur an, um Kohle zu nehmen. Außerdem werden die Kohlen von dort nach Holländisch-Indien und Süd-Amerika verschickt. Nur allzu oft kommt es vor, daß die Schiffe wochenlang im Hafen liegen und nicht versorgt werden können. Entweder streiken die Werftarbeiter, welche die Kohlen zu verladen haben, oder es streiken die Bergarbeiter. Die Gründe liegen weniger in dem Daseinskampfe, sondern in dem Streben nach Macht und besserer Lebenshaltung. Dazu kommt, daß sich in Australien noch keine Generation von Bergleuten herausgebildet hat, die stolz auf ihren Beruf wäre; sie sind eben Bergleute, weil sie sich davon augenblicklich den größten Vorteil versprechen. Sie sind morgen, wenn sich eine Gelegenheit bietet, auch Kutscher, Straßenbahnschaffner, Schreiber, Handwerker oder auch Farmer und Viehhirt, es macht ihnen nichts aus. Wenn der Australier auch sehr anpassungsfähig ist, so macht sich das Fehlen eines Bergmannstandes doch bemerkbar.

Auf die Bearbeitung der Erze kann hier im einzelnen nicht eingegangen werden. Nur einige Bemerkungen über die Gewinnung von Silber und Gold, die teilweise außergewöhnlich ist, mögen hier eingestreut sein.

Das Silber von Broken-Hill wird auf verhältnismäßig sehr kleinem Raume gefunden. Das Vorkommen ist beschränkt auf ein Riff von geringer Breite, das in einer Spalte zwischen den präkambrischen Schiefern steil aufragt. Die Masse ist an einer schwachen Stelle des Muttergesteins, etwa einer Verwerfung, emporgedrungen und hat sich teilweise an die Stelle des Muttergesteins gesetzt. Die „lode", an der elf Gesellschaften arbeiten, ist nur 4½ km lang und kann nicht ausgedehnt werden. Die Folge ist, daß man immer tiefer hinabgehen muß. Ich habe im Jahre 1926 das Werk der Zink-Corporation Ltd. in Broken-Hill besucht. Man ist dort bereits 1600 Fuß tief und treibt nun den 13. Schacht. Das Werk beschäftigt 900 Mann, die Hälfte davon unter Tage.

Broken-Hill ist ein Beispiel dafür, daß die reichsten Lager an der Oberfläche liegen. Diese gaben 5 bis 300 Unzen Silber auf die Tonne. An der Oberfläche war durch Oxydation und Lösung das Erz mehr konzentriert und daher ergiebiger. Fand man dort Karbonate, so sind die Erze in den niederen Lagen, also unterhalb der „oxydierten Zone" Sulphide, teilweise mit Silikat vermischt. Es ist einleuchtend, daß unter den jetzigen Verhältnissen und bei der Preissenkung für Silber Broken-Hill bei weitem nicht mehr so hohe Gewinne abwirft wie früher. Teilweise wird auch mehr Zink als Silber gewonnen. Es ist daher heute für Broken-Hill ein Problem, die Erträge zu steigern. Man hat dies mit Erfolg durchgeführt durch die Anwendung des „flotation process". Das aufs feinste zermalene Gestein wird mit Eukalyptusöl vermengt und an die aufsteigenden Ölblasen ist durch Adhäsion das Erz gebunden und wird so von dem wertlosen Muttergestein getrennt. Alle anderen Methoden sind heute verdrängt, weil sie noch zu viel wertvolles Material auf die Schutthalden brachten.

In Westaustralien geht man heute daran, diese Schutthalden nochmals zu bearbeiten. Sehr oft tun es die Digger durch das vereinfachte Verfahren der Goldwäsche. Das Gestein wird in einem Mörser zerstoßen und dann in eine mit Wasser halbgefüllte Schale getan. Der Digger schüttelt nun die Schale eine Zeitlang und entfernt erst das grobe Material und dann das feinere, bis der „tale", der Schwanz von Gold, in der Rinne zwischen Boden und Rand der Schüssel zurückbleibt. Im allgemeinen bedient sich der „digger" jedoch des „dryblower", bei dem die Trennung von Gold und Muttergestein durch ein Raster und den Wind geschieht, da das Wasser so wertvoll ist. Der Großbetrieb in den Bergwerken ist überhaupt nur dadurch möglich geworden, daß man 1903 eine 623 km lange Wasserleitung baute, durch die das Wasser von der Darling Kette bei Perth bis nach Kalgoorlie gepumpt wird. Im Großbetriebe wird das Gestein in den „batteries" gestampft und immer feiner zermalen, und man beginnt nun, überall den „flotation process" einzuführen. Er wäre gerade für die kleineren Bergwerke von großem Nutzen, doch ist für diese die einmalige Neuanschaffung der Einrichtung zu teuer. In Kalgoorlie in der „Goldenen Meile" wird er nächstens überall eingeführt werden. Ich traf gerade mit der aus Broken-Hill kommenden Kommission von Sachverständigen zusammen, die über die Einführung berieten.

Das Gold kommt in verschiedenen Gesteinen vor. In Kalgoorlie-Boulder sind es Quarz-Diabase, in denen das Erz in Linsen vorkommt, die oft eine beträchtliche Länge haben. Das Gold findet sich frei, als Tellurium und als Pyrrhotit. In Victoria, wo Bendigo heute noch in Frage kommt, ist das Muttergestein Ordovizium und Silur, und das Gold kommt frei an der Ostseite der Quarzgänge vor, die stark gefaltet sind. Auch im nördlichen Westaustralien wird das Gold an einer Seite der Quarzgänge in freiem Zustande gefunden.

Industrie, Arbeiterfrage und Wirtschaftspolitik.

Wenden wir uns nunmehr der Industrie zu, so haben wir wie in allen kolonialen Ländern einen großen Umschwung der Verhältnisse festzustellen. Früher herrschte für Australien dasselbe System wie in allen Kolonien: sie lieferten Europa und vor allem dem Mutterlande die Rohstoffe und kauften die Fertigwaren. Nun aber, vor allem durch den Weltkrieg in schnelle Entwicklung gedrängt, macht sich auch in Australien dagegen großer Widerstand geltend. Der junge Staat glaubt, nur dann als würdiges Glied der Kultur zu gelten, wenn er auch eine eigene Industrie hat. Es spielt zweifellos unter den Imponderabilien dieser Gesichtspunkt eine Rolle. Vor allem glaubt man natürlich, durch die Industrie das Land entwickeln zu können und selbst die Geschäfte zu machen. Man sagt, es sei Unsinn, die Wolle erst um die halbe Erde zu senden, damit sie in Europa verarbeitet wird, und die Fertigfabrikate dann für teures Geld zu kaufen und sie dann wieder um die halbe Erde zurückzusenden. Das ist der Standpunkt des Durchschnitts-Australiers, und der Australier tut noch vieles aus theoretischen Erwägungen heraus, ohne daß es ihm augenblicklich Vorteile einbringt. Ein Beweggrund ist der Nationalstolz als Australier und für viele auch der nationale Sozialismus. Es ist also bei der Betrachtung der Industrie mit diesen Punkten zu rechnen, ja man könnte die Wirtschaftspolitik Australiens ohne die Berücksichtigung dieser Imponderabilien gar nicht verstehen.

Zunächst muß vorweggenommen werden, daß sich die bis 1901 unabhängig nebeneinander stehenden Staaten zum Commonwealth of Australia vereinigt haben, zu dem alle Staaten und Territorien des Festlandes sowie Tasmanien gehören. Dadurch ist eine Einheitsfront von größerer Kraft geschaffen, wenngleich die Kämpfe über Wirtschaftsfragen großen Stils nicht verschwunden sind, aber die Entscheidungen doch stets einheitliche Maßnahmen zur Folge haben. Augenblicklich hat entschieden das für Schutzzoll eintretende Victoria den Sieg über das freihändlerische Neu-Süd-Wales davongetragen. Da nun die Hauptstädte der Länder im Durchschnitt die Hälfte der Einwohner des Landes haben, so ist es praktisch ein Kampf zwischen Melbourne und Sydney, dem sich dann die anderen kleineren Hauptstädte Brisbane, Adelaide, Perth und Hobart unterstützend oder bekämpfend angliedern. Die Industrie im eigentlichen Sinne ist nur in den wenigen Hauptstädten, die zugleich Hafenstädte sind, konzentriert. Wo andere Städte mitbeteiligt sind, handelt es sich um das Vorkommen von Kohle, wie bei New-Castle, oder von Mineralien, wie in Südaustralien. Im übrigen sind nur Butterfabriken, Käsereien, Zuckerfabriken und Schlächtereien außerhalb der Hauptstädte zu finden. Das gilt fast uneingeschränkt selbst für Victoria, wenngleich Bendigo und Ballarat ganz beachtliche industrielle Unternehmungen haben, und von Queensland, wo die große Erstreckung der fruchtbaren Ostküste zu lokalen industriellen Zentren Veranlassung gegegen hat, wie Rockhampton und Townsville, doch ist infolge der Lage in den Tropen wieder ein stark hinderndes Moment hineingekommen.

Dagegen ist das Land in ganz anderem Maße wie bei uns mit der Stadt, und in diesem Falle der einen Hauptstadt, verbunden. Das Land liefert die Rohmaterialien, die hauptsächlich in Wolle, Fleisch, Getreide, Molkereiprodukten bestehen, zu denen dann noch die Erze und die Kohlen kommen. Eine ländliche Bevölkerung in unserem Sinne gibt es nur an wenigen Stellen und auch stark abgewandelt, nämlich da, wo die deutschen Bauern angesiedelt sind, in Südaustralien und im südöstlichen Queensland. Im allgemeinen aber arbeitet der Farmer und Viehzüchter im großen, gewissermaßen industriemäßig. Der Australier ist kein Bauer von Beruf; er lebt auf dem Lande, um möglichst schnell zu verdienen; oft kommt es vor, daß er sich auf seiner Farm gar nicht recht häuslich einrichtet, eben schon in dem Gedanken, daß seines Bleibens doch nicht lange sein werde. In diesem Gedanken erträgt er auch die Unbilden seines Lebens auf dem Lande, oder richtiger gesagt, im Busch. So kommt es denn, daß sich die deutschen Farmen rein äußerlich sogleich von den englischen Farmen abheben, was mir selbst hochstehende Australier britischer Abkunft erzählt haben. Die deutsche Farm besitzt unter allen Umständen ein gemütliches Heim für die Familie mit einem gepflegten Garten und Zaun, und ist von Schatten spendenden Bäumen umgeben. Für den Australier ist erst einmal die „car", das Auto, die Hauptsache.

Als Lieferant der Rohprodukte, die entweder von den Hauptstädten aus verschifft oder dort verarbeitet werden, ist das Land eng mit der Stadt verknüpft, ist der Lebensnerv der Hauptstadt. Eine Mißernte spiegelt sich sofort im Leben der Hauptstadt wieder. Wer aber schließlich in der Hauptstadt wohnt, der hat den größten Einfluß, und so kommt es, daß die Arbeiter sich in den Unions zusammengeschlossen haben und eine Macht darstellen, der sich alles zu beugen hat. Dabei kommt es zu den merkwürdigsten Widersprüchen in den Zielen und Idealen und der Wirklichkeit, wie sie wohl sonst kaum gefunden werden dürften.

Zunächst will einmal jeder gut leben und auch viel Zeit dazu haben. Das bedeutet für die Industrie eine starke Belastung, nämlich hohe Löhne und geringe Arbeitszeit. Der persönliche Ehrgeiz des einzelnen Arbeiters soll durch Vorzugslöhne bei guten Leistungen nicht erweckt werden; jeder bekommt ebenso bezahlt wie der andere. Es ist auch schwer, unliebsame Arbeiter zu entlassen, weil dazu erst die Genehmigung der Union nötig ist. Andernfalls würde die ganze Belegschaft streiken, bis der Mann wieder aufgenommen ist. Ebenso schwer ist es für den Fabrikherrn, einen Mann einzustellen. Dieser muß erst einer Union angehören, und wenn die Union der Ansicht ist, daß bereits genügend Arbeiter für das Werk vorhanden sind, so kann seine Aufnahme scheitern. Das tritt immer dann ein, wenn die Leute glauben, daß es sich um Lohndrücker handelt. Aus diesem Grunde ist die Einwanderung von Industriearbeitern sehr erschwert. Ja, die Regierung verhindert heute die Einwanderung von städtischer Bevölkerung. Es sollen nur Bauern kommen, die gewillt sind, im Busch das Land urbar zu machen. So kann es vorkommen, daß geeignete Leute für die Industrie fehlen. Andererseits ist die Einwohnerzahl Australiens noch so klein, daß die Herstellung gewisser Artikel und Industriezweige sich gar nicht lohnt. Exportieren kann man aber auch nicht, und zwar aus zwei Gründen. Einmal wirtschaftet man zu teuer, und dann sind die Wege zu den Absatzgebieten zu weit. Denn Australien liegt am Rande der Alten Welt und ist von Amerika durch die Weite des Großen Ozeans getrennt. Im übrigen ist es für eine neue Industrie immer schwer, sich im Konkurrenzkampfe mit alten Industrien eine Stellung zu verschaffen.

Man will sich persönlich also gar nicht anstrengen und keine Opfer bringen, und dabei hat man hohe Ideale und Ziele, die größte Selbstverleugnung für ein Volk in einer Lage wie das australische verlangen. Das ist das Ideal des „Weiß-Australien" und das der Schaffung einer eigenen und lebensfähigen Industrie; an sich schon zwei Ideale, die sich gegenseitig im Wege stehen. Das Weiß-Australien hält billige Arbeitskräfte, wie sie die chinesischen Kulis sind, fern, schafft also Arbeitsnot und hohe Löhne, ganz abgesehen davon, daß auch die Konkurrenz weißer Arbeiter ferngehalten wird. Außerdem kann der ganze Norden Australiens wirtschaftlich so gut wie gar nicht ausgenutzt werden, weil Weiße dort nur zu einem geringen Grade produktive Arbeit leisten können.

Wie soll man nun unter den gegebenen Umständen eine Industrie heranbilden? Der erste Gedanke ist der an Schutzzoll. Es erscheint billig, daß man eine aufkeimende Industrie dadurch schützt, daß man konkurrierende Artikel so besteuert, daß sie nicht billiger auf den Markt kommen wie das eigene Erzeugnis des Landes. Nun schießt man aber weit über das Ziel hinaus, indem man auf fast alle Waren einen unsinnigen Zoll legt, und zwar nicht nur auf Waren, die man in genügender Menge selbst herstellen kann, sondern auch auf solche, die man nur in ganz bescheidenem Maße und in geringerer Qualität herstellen kann; und schließlich auch auf solche, die überhaupt nicht in Australien gemacht werden können. Die Bevölkerung ist darüber teilweise sehr erregt und wirft der Regierung vor, daß sie durch solche „Schutzzölle" nur Einnahmen erzielen wolle, und daß man gar nicht bedenkt, daß durch die Verteuerung der Waren die Lebenshaltung unnötig kostspielig gemacht wird, und daß auf Kulturgüter verzichtet werden muß. Zölle werden auf Waren vom Auslande gelegt, doch erhalten England und die Dominions Vorzugszölle. Es soll immerhin vorkommen, daß infolge des Industries preservation act hohe Zölle auf Waren gelegt werden, weil ein Fabrikant eine Fabrik eröffnen will.

Die Kriegsverhältnisse haben hier stark mitgewirkt. Australien war nicht nur von den Artikeln der Mittelmächte jahrelang abgeschnitten, sondern die Schiffsraumnot brachte es auch mit sich, daß man überhaupt knapp an Fertigwaren wurde. So versuchte man, sich so gut wie möglich selbst zu helfen. Man begann, nicht nur die Wolle zu reinigen, sondern errichtete Wollgarnspinnereien, man fertigte aus dem Leder Stiefel, man erhöhte die Produktion von Konserven, von Molkereiprodukten, von Zuckerwaren und von Papier. Der nationale Stolz war auch nach Kriegsende eine mächtige Triebfeder zur Förderung der eigenen Industrie; es hängt damit zusammen, daß die Einfuhr von Produkten aus den Mittelmächten bis 1922 verboten war. Vor allem ist man dabei, die Schwerindustrie heranzubilden, wozu das Eisenvorkommen in Südaustralien und die Kohle in New-Castle einen vorzüglichen Ansatzpunkt geben. Man ist schon so weit, daß man Eisenbahnschienen selbst herstellt. Auch der Bedarf an Eisen und Stahl, der für die Herstellung der neuen Brücke über den Hafen von Sydney nötig wird, kommt von dem Stahlwerk in New-Castle. Es erhebt sich sofort größter Widerspruch, wenn man von Amerika Lokomotiven bestellen muß, weil die Werke den Anforderungen noch nicht gewachsen sind.

Die sekundären Industrien zu entwickeln ging die Regierung sogar so weit, die Einfuhr einzelner Artikel überhaupt zu verbieten, so z. B. von Schokolade und von Zuckerwaren auch von England. Die Folge davon war, daß sich Unternehmungen, die in England Konkurrenten sind, sich für Australien zusammengetan haben und große Unternehmungen gründeten, wie Cadbury, Fry und Pascal. Auf Schutzzoll ist auch die Herstellung von Papier zurückzuführen, die in Melbourne und Sydney betrieben wird. Schon älter ist die Zündholzfabrik in Melbourne; da haben sich die englischen Firmen von Bryant and Ney sowie Bell und Co. vereinigt. Die Fabrik, durch ungeheure Schutzzölle nur erhalten, ist in bezug auf die sozialen und Schutz-Anlagen für die Arbeiter mustergültig angelegt. Die Mehrkosten können auf diese künstliche Weise getragen und auf die australische Bevölkerung abgelenkt werden. Ähnlich ist es mit der Woll-, Baumwoll- und Seiden-Industrie. Die Kammgarnspinnereien konnten eine Zeitlang ihre Erzeugnisse nach Japan ausführen. In den Hauptstädten findet man auch überall kleinere und mittlere Maschinenfabriken, die landwirtschaftliche Maschinen sowie Gebrauchsgegenstände für die Haushaltungen herstellen, wie Kochherde, Bettstellen und Werkzeuge. In diesem Zusammenhange müssen auch die Eisenbahnwerkstätten genannt werden, die zum Teil die Wagen selbst herstellen.

In neuester Zeit ist der Kampf gegen die Einfuhr von Automobilen, und zwar von Last- und Personenkraftwagen, entbrannt. Die Australier wollen nicht, daß so viel Kapital nach den Vereinigten Staaten geht; denn die Mehrzahl der Wagen stammt von dort, so vor allem fast alle Lastkraftwagen und die Autos, die im Busch gebraucht werden. Sie müssen rauhe Wege vertragen können und hoch gebaut sein, daß Felsblöcke und Ameisenhügel von geringerer Höhe einfach überfahren werden können. Da die Wege in Amerika auch die gleichen Anforderungen stellen, so ist es nur natürlich, daß die amerikanischen Wagen sich den australischen Markt erobert haben. In den Städten sieht man des öfteren einen Citroën. Die Dinge stehen heute so, daß die Maschinenindustrie nicht in der Lage ist, die Maschinen zu liefern; dagegen hat Australien gutes Holz, und so werden die Karosserien schon sehr viel in Australien hergestellt und nur die Untergestelle eingeführt. Die Steuer für halbfertige Waren sind bedeutend niedriger als für die Fertigfabrikate.

Das Bedauern darüber, daß Australien weder Petroleum und Benzin hat, ist sehr groß. Immer wieder wird darauf hingewiesen, wieviel Nationalvermögen auf diese Weise nach dem Auslande geht. Um die Gemüter wenigstens einigermaßen zu beruhigen, liest man denn auf den Blechbehältern die Aufschrift, daß diese in Australien hergestellt seien: „tins made in Australia“.

Bedeutend mehr Glück hat man in der Herstellung von Möbeln und anderen Dingen, bei denen Hartholz verwendet werden kann. So geht man jetzt schon dazu über, Klaviere entweder ganz herzustellen oder doch wenigstens die Umkleidungen. Die australischen Hölzer eignen sich auch sehr gut für Wandbekleidungen.

Es ist aber gewiß, daß eine Änderung in der Zollpolitik all die Anfänge der sekundären Industrie vollkommen vernichten könnte. Sie entbehren der natürlichen Grundlage vollkommen. Es ist kaum daran zu denken, daß diese Industrien sich so weit werden entwickeln können, daß sie konkurrenzfähig werden und ausführen können.

Für die nächste Zukunft jedenfalls werden alle Industrien, die Präzisionsarbeit verlangen, also eine Tradition brauchen, nicht die Aussicht auf Entwicklung haben. Es ist das also die Feinmechanik, die Herstellung wissenschaftlicher Instrumente, von Musikinstrumenten aller Art, von kunstgewerblichen Gegenständen, z. B. für die Ausstattung von Räumen einschließlich Lampen, der Glasindustrie, von Spielwaren. Vor allem wird auch die Maschinenindustrie niemals vom Auslande unabhängig werden. Da für die chemische Industrie die Grundlagen fehlen, ist eine Entwicklung ganz unmöglich. Ähnlich steht es mit der Gummi-Industrie, Baumwolle, Konfektion, Papier, Textilwaren sowie Glas- und Tonwaren, Porzellan. Man erkennt aus dieser Aufstellung unschwer, welche Waren von Deutschland gebraucht werden. Die Abneigung gegen deutsche Waren als solche ist stark im Abnehmen, so daß aus nationalen Gründen, insbesondere Abneigung gegen deutsche Waren, eine Hemmung des Warenaustausches nicht zu erwarten ist. Insbesondere wird man die Erzeugnisse der chemischen Industrie, der Feinmechanik, der Werkzeugindustrie und die Spielwaren nicht entbehren wollen. Selbst gegen deutsche Konfektion hat man nichts einzuwenden. Einen schweren Schlag wird durch die neuen Zolltarife die Ausfuhr von deutschen Pianos erleiden; hat doch Australien einen Zoll von 40 £ auf jedes Piano gelegt. Britische Pianos werden mit 12 £ verzollt. Dabei ist zu bedenken, daß die Pianoindustrie des eigenen Landes noch ganz in den Anfängen steckt, man damit erst experimentiert. Und man macht ganze Arbeit. Auf den verschiedensten Plätzen Australiens hörte ich im Gespräche die Ansicht, daß infolge der besonderen klimatischen Verhältnisse in Australien ausländische Klaviere, d. h. solche, die in der gemäßigten Zone hergestellt würden, nicht eingeführt werden könnten, weil allein das Holz den Witterungseinflüssen nicht standhielte und dadurch letzten Endes auch das Werk an sich leide. Daß sich bisher die deutschen Klaviere vorzüglich hielten, wird verschwiegen.

Schwere Zölle sind auf alle Eisenwaren gelegt, besonders auf Küchenwaren, Aluminium- und Emaille-Waren, die mit 60 % verzollt werden. Dagegen werden aus britischen Ländern frei und aus dem Auslande mit 15—20 % besteuert Telephone mit Zubehör wie Telephon-Schalter usw. Klinometer und prismatische Kompasse werden sogar nur mit 10 % höchstens verzollt.

Bezeichnender ist der hohe Zoll auf die Erzeugnisse der Schwerindustrie. So werden Eisen- und Stahlwaren mit 5—6 £, Eisenbahnschienen mit 5 £ die Tonne verzollt. Wie man hierdurch das Stahlwerk in New-Castle stützen will, so soll die Textilindustrie durch Zölle bis 60 % für Webwaren aller Art gehoben werden.

Überraschend ist es, wenn man in dem statistischen Jahrbuche sieht, wie gering an sich die australische Industrie überhaupt entwickelt ist. Im ganzen wurden im Jahre 1925 nur 440000 Menschen in der Industrie beschäftigt, und diese Anzahl arbeitet in 20800 Betrieben, d. h. also durchschnittlich 21 Menschen in einem Betriebe. Das ist eine ungemein niedrige Zahl und läßt erkennen, daß es nur wenige große Unternehmungen in Australien gibt. Etwa 5000 Betriebe haben weniger als vier Arbeiter. Nur an 700 Betriebe haben mehr als 100 Arbeiter, und in diesen Betrieben sind 188000 Mann beschäftigt, das macht durchschnittlich 260 Arbeiter auf die Fabriken größeren Stils.

Die hohen Schutzzölle werden nun aber gar nicht für diese an sich so kleine Industrie erhoben, sondern nur für einzelne Gruppen. Die höchste Zahl hat die Bekleidungs- und Textil-Industrie mit rund 101000 Arbeitern, dann folgen die Metall- und Maschinen-Industrie mit 91000 Mann. In weitem Abstande folgen die Betriebe für Nahrung und Getränkebereitung mit nahezu 65000 Seelen. Es folgt dann die Holzindustrie mit über 36000 Mann, und die Druckereien und Papierfabriken mit 33000 Arbeitern. Kleinere Gruppen sind die Stellmachereien und Sattlereien mit über 24000, Glas- und Steinindustrie mit über 20000 sowie Möbel- und Polsterfabriken mit 157000, Wärme, Licht und Kraft mit 13800 und Bearbeitung von Rohmaterial den Produkten von Ackerbau und Viehzucht 10300. Alle übrigen Industriezweige haben weniger als 10000 Arbeiter; sie folgen nach Maßgabe ihrer Arbeiterzahl wie folgt: Drogen und Chemikalien, Schiffs- und Kahnbau, Lederwaren, Juweliere und Uhrmacher und in der Musikindustrie 1441. Ganz unbedeutend ist die Herstellung von Waffen und Explosionsstoffen sowie von wissenschaftlichen Instrumenten.

Rechnen wir im Überblick eine Bevölkerung von 6 Millionen Menschen, so sind in der Industrie nur 7 % der Bevölkerung tätig. Damit ein Teil dieser 7 % Arbeit hat, werden also die hohen Einfuhrzölle erhoben. Es handelt sich dabei nicht um den Schutz eines alten Standes, sondern um den eines noch vollkommen unentwickelten, für die Allgemeinheit nicht lebensnotwendigen Berufsstandes. Nun hat jedes Volk das Recht auf Entwicklung, und wenn die Voraussetzungen für eine Industrie vorhanden sind, so hat die Regierung auch die Pflicht, diese in ihrer Entfaltung zu beschützen.

Wie steht das im Falle Australien? Wir wollen den Grundsatz einer Weltplanung, nach dem jedes Land für den Weltmarkt nur das herstellen soll, wofür es die beste natürliche Ausstattung hat, außer acht lassen. Dieser Grundsatz einer Weltplanung dürfte tauben Ohren gepredigt werden in einer Zeit, die noch so kurz nach dem Weltkriege liegt, und in der jeder Staat darauf bedacht ist, sich in allem selbst zu versorgen. Dennoch kann man sagen, daß nur diejenigen Industrien in einem Lande, die solchen Grundsätzen entsprechen, Aussicht auf Erfolg haben. Dem besten Produzenten muß schließlich der Weltmarkt offen stehen.

Australien ist nun in der glücklichen Lage, zunächst einmal alle Produkte in Fülle zu haben, die zur Ernährung notwendig sind. Es hat Feld-, Garten- und Obstfrüchte beider Klimazonen, es hat Raum für alle Nutztiere, so daß sich eine erstklassige Nahrungsmittelindustrie herausbilden kann, die auch exportfähig ist. Ich habe an anderer Stelle nachzuweisen versucht, daß dem Kontinent einschließlich Tasmanien eine innere Tragfähigkeit von 150 Millionen Menschen zukommt. Solange also diese Zahl noch nicht annähernd erreicht ist, und bei der Einwohnerzahl von 6 Millionen ist noch ein langer Weg bis dorthin, so ergibt sich für die Menschen eine unerschöpfliche Erwerbsquelle aus der Ausfuhr von Nahrungsmitteln in jeglicher Form, sowohl als Rohstoff als in der Form von Konserven. Schon heute ist beispielsweise die Ausfuhr von Butter und Käse nach dem dichtbesiedelten Holländisch-Indien sehr rege. Nach Ost-Indien ist im Jahre 1924/25 für 450000 £ Butter versandt worden; die Gesamtausfuhr bereits über 7 Millionen £. Die Ausfuhr von Weizen brachte über 17 Millionen £, die von Getreide fast 7 Millionen £. Häute und Felle wurden für 8½ Millionen £ ausgeführt, Fleisch für 7350000 £, tierische Fette für 1,6 Millionen £. Diese Ausfuhrziffern können noch weit überholt werden, wenn, wie oben gezeigt wurde, das Land in geeigneter Weise entwickelt würde. Der große Wohlstand kommt aber von der Wolle, die im gleichen Jahre über 63 Millionen £ brachte. Auch diese Ausfuhr ist zum mindesten auf die doppelte Höhe zu bringen, selbst wenn sich die Wollgarnspinnereien im Lande selbst noch vermehren. Nicht zu vergessen ist die Entwicklungsfähigkeit der Holzindustrie, auch könnte noch mehr Hartholz ausgeführt werden, doch das ist nur möglich, wenn eine vernünftige Forstkultur für einheimische Hölzer einsetzt. Statt dessen werden Weichhölzer angeforstet, die auch in anderen Klimaten gedeihen. Also auch hier wird die natürliche Ausstattung des Landes geringer geachtet als das nicht bodenständige Erzeugnis. Ungemessene Schätze sind auch im Bergbau noch zu heben; die Förderung hat, wie wir gesehen haben, im Verhältnis ständig abgenommen.

Australien hat Eisen und Kohlen; es kann also ohne Zweifel bis zu einem gewissen Grade eine Eisenindustrie entwickeln. Die Kohle ist aber nicht erstklassig und kommt nur an einer Stelle vor, nämlich bei New-Castle. Bis zu einem gewissen Grade ist diese Industrie entwicklungsfähig, doch ist zu bedenken, ob in Zukunft der Mangel an Wasserkräften nicht sehr empfindlich werden dürfte, wenn das Wasser an die Stelle der Kohle treten sollte. Der Mangel an Wasserwegen im Inneren des Landes und der Mangel an Wasserkraft wird sich für die Ausbreitung der Industrie immer empfindlicher bemerkbar machen. Weiterhin fehlt es an Petroleum und Benzin. Die Weiträumigkeit, die niemals ganz verloren gehen wird, selbst bei großartigster Entwicklung des Erdteiles, wird immer ein Hemmschuh gerade für die Industrie bleiben.

Ganz erstaunlich ist es, daß heute Ein- und Ausfuhr sich ungefähr die Wage halten, nämlich 151,5 Millionen und 148,5 Millionen £. Das Verhältnis könnte für Australien weit günstiger sein, wenn man die primären Industrien heben würde und nicht mit aller Gewalt junge Industriezweige entwickeln wollte. Heute, wo fast ausschließlich Rohprodukte ausgeführt werden, die also kaum irgendwelche Kosten verursachen, erreicht die Ausfuhr noch nicht einmal die Einfuhr! Wenn man nun in der gleichen Weise fortfährt, alle Kraft auf die sekundären Industrien zu verwenden, dann wird die Ausfuhrziffer zurückgehen, da man ja die sekundären Industrieprodukte nicht ausführen kann, weil sie alle in anderen Ländern besser und billiger hergestellt werden. Die Bedürfnisse der Bevölkerung in den Städten werden wachsen mit vorschreitender Industrilisierung, und trotz dieser wird die Einfuhr an Wert steigen, weil man gerade teure und wertvolle Gegenstände wie Spezialmaschinen einerseits und Bedarfsartikel des Kulturmenschen andererseits doch nicht wird herstellen können. Nicht zu übersehen ist für die Entwicklung des Handels dabei, daß die Schiffe wohl mit den Rohprodukten beladen werden können, daß aber eine Fracht nach Australien fehlen wird. Der Austausch der Waren ist dadurch erschwert; ein Gesichtspunkt, der bei den weiten Entfernungen im Falle Australien ins Gewicht fällt.

Es ist keine Frage; die industrielle Entwicklung Australiens hat etwas Gekünsteltes, Krampfhaftes an sich, sie ist nicht aus dem Bedürfnis heraus entstanden, sondern aus theoretischen und politischen Beweggründen mit Hilfe des Schutzzolles herbeigeführt worden. Das wird eine Zeitlang so gehen, aber es kann nicht ausbleiben, daß bei Fortschreiten auf diesem Wege die Handelsbilanz negativ wird, und dann ist eine Katastrophe unausbleiblich. Eine innere Notwendigkeit hierzu liegt nicht vor, sondern es würde ein mutwilliges Hineintaumeln sein, hervorgerufen durch das Festhalten an utopischen Ideen. Es liegt in der Hand der Regierung, durch Steigerung der Urproduktion und ihre Ausfuhrregelung sowie durch vernünftigen Ausbau bodenständiger und konkurrenzfähiger Industrien das Land zur Wohlfahrt zu verhelfen. Gerade Australien braucht die Welt als Abnehmer, besonders stark vor allem in der nächsten Zukunft, und dann kann es sich andererseits nicht von der Einfuhr absperren, kann nicht so leben, als ob die übrige Welt nicht da wäre.

Die merkwürdigen und schlechterdings als ungesund zu bezeichnenden wirtschaftlicben Verhältnisse kommen in der Statistik der Bevölkerung zum Ausdruck. Wie nachgewiesen ist, besteht die wirtschaftliche Stärke Australiens in der Viehzucht und in der Landwirtschaft. Da überrascht es zu hören, daß 1921 37,35 % auf dem Lande lebten, ein Prozentsatz, der sich in den letzten Jahren noch verringert haben dürfte. Auf die Provinzstädte, die zum Teil als Bergwerksstädte und zum anderen Teile als Landstädte anzusehen sind, wohnten 19,09 %, so daß auf die Hauptstädte 43,01 % entfallen, und das in einem Lande, wo die in der Industrie beschäftigten Arbeiter nur 7 % der Bevölkerung des ganzen Commonwealth ausmachen. Der Anteil an der hauptstädtischen Bevölkerung wird aber nur durch Hobart in Tasmanien 27,07 % so weit herabgedrückt; auf dem Festlande ist das Verhältnis nur in Queensland, wo auf Brisbane 30,62 % entfallen, etwas besser. In Sydney aber leben 1925 bereits 45,22 % der Gesamtbevölkerung von Neu-Süd-Wales, und die entsprechenden Zahlen für Melbourne sind 54,16 %, für Adelaide 55,04 % und für Perth 48,20 %. In letzterem Falle bedeutet die Zahl besonders viel, weil der Staat ein Drittel des Kontinentes einnimmt und (1921) nur 172700 Menschen (eben die Bevölkerung von Perth abgerechnet) auf diese ungeheure Fläche kommen.

Es ist gar nicht anders möglich, als daß in den Hauptstädten viele Menschen leben, die entweder gar keinen Beruf haben oder sehr unproduktiv arbeiten, auch wenn man für den Handel und Verkehr einen sehr großen Bruchteil der Bevölkerung in Ansatz bringen würde. Als Musterbeispiel eines ungesunden Verhältnisses von Gesamtbevölkerung zur Bevölkerung der Hauptstadt wird in Europa Wien angegeben, das durch den Ausgang des Weltkrieges seines natürlichen Hinterlandes beraubt worden ist und nun 28,56 % der Gesamtbevölkerung Österreichs in seinen Mauern hat. Wie viel schlimmer sieht es da in Australien aus! Wenn man nun die Industrie in unnötiger Weise noch mehr begünstigt, so wird sich das Mißverhältnis zwischen Stadt und Land noch steigern. Hier in den Städten sammelt sich letzten Endes auch das Vermögen an, hier wird es aber auch ausgegeben. Die Städte regieren das Land, und zwar in erster Linie die Arbeiter in den Städten. Der Durchschnittslohn der in der Industrie bezahlten Beträge beläuft sich auf männliche Arbeiter 213 £ (4260 Mk.), auf Managers und kaufmännische Angestellte der Industrie 340 £ (6080 Mk.). Sehr hoch werden auch die Werftarbeiter bezahlt, die mit 104,8 Shillings Wochenlohn bedeutend besser stehen als die Arbeiter für den Landtransport, die 93,3 Shillings erhalten. Auch die Bauhandwerker erhalten mit 108,5 sh. neben den Druckern mit 109,6 sh. höchste Löhne. Auf etwa gleicher Höhe stehen die Löhne für den Bergbau (108,7 sh.); es ist das die einzige Gruppe, die außerhalb der Hauptstädte lebt und wirkt und dabei gut bezahlt wird, wenngleich noch ein Mißverhältnis zu den Löhnen der unter ungemein leichteren Bedingungen arbeitenden Handwerker der Städte besteht. Sehr bescheiden sind dagegen die Einkünfte der Gruppe, die vom wirtschaftlichen Standpunkte die produktivste Arbeit leisten, von den Angestellten in der Landwirtschaft, die mit Anrechnung der Naturalbezüge, wo solche geliefert werden, einen Durchschnittslohn von 87,4 sh. erhalten und dabei hinter den männlichen Dienstboten zurückbleiben, die 89,1 sh. durchschnittlich verdienen. Der Lohn für weibliche Dienstboten beträgt an barem Lohn 30 bis 40 sh. die Woche.

Wir sehen also, daß gerade die Gruppen, die in den Städten arbeiten, die höchsten Löhne beziehen, aber die geringste produktive Arbeit leisten, wenigstens soweit die Ausfuhr in Frage kommt. Es liegt eine interessante Statistik der Berufsgliederung der Bevölkerung für 1921 vor, aus der ersichtlich ist, daß auf die in der Urproduktion tätigen Berufe rund 600 000 Personen entfallen, das sind 11 % der Gesamtbevölkerung. Von der Arbeit dieser wenigen lebt Australien; denn zu den urproduzenten Berufen zählen Ackerbau, Viehzucht und Bergbau. Es sind 26 % der beruflich Tätigen. Heute sind sie gegenüber den in der Industrie tätigen an Zahl im Rückstande, ein Vorgang, der seit 1911 eingesetzt hat. Vergleicht man den Wert der Ausfuhr in den Jahren, so wird man finden, daß in dieser Zeit der beginnenden Industrialisierung ein Rückschritt zu verzeichnen ist; denn in dem vorhergehenden Jahrzehnt betrug der Prozentsatz der Ausfuhr gegenüber der Einfuhr 130,5 bzw. 134,6 %, während 1924/25 der Prozentsatz 103,1 war, nachdem er in den beiden vorhergehenden Jahren 89,5 und 85,0 % betragen hatte.

In der Industrie sind 723500 Personen beschäftigt, das sind 13,4 % der Gesamtbevölkerung und 31,5 % der gewerbtätigen Bevölkerung. Im Handel sind 355000 Personen tätig, das sind 15,3 % der gewerbtätigen Bevölkerung. Auf Transport und Verkehr entfallen 208000 Menschen oder 9 %, auf Bedienstete 210000 oder 9,1 % und auf Beamte und Lehrer 201000 oder 8,7 % aller Erwerbstätigen. Unabhängig sind nur 20423, von denen bezeichnenderweise mehr als 15600 zu etwa gleichen Teilen auf Neu-Süd-Wales und Victoria entfallen, während auf das Nordterritorium nur einer entfällt.

All diese Zahlen beweisen, daß die Entwicklung Australiens sich nicht in den rechten Bahnen bewegt. Diese Erkenntnis hat sich auch in Australien und im Mutterlande durchgerungen. So ist denn ein Sachverständigen-Ausschuß an der Arbeit, die Entwicklungs- und Siedlungsmöglichkeiten zu studieren, um Australien weiterzuhelfen. Man sieht wohl ein, daß man mit einer so geringen Bevölkerung das Land nicht entwickeln kann. Dazu sind Menschen nötig und — wie wir gesehen haben — die richtigen Menschen. Wonach Australien sich sehnt, das ist eine bodenständige Landbevölkerung, also eine Bevölkerung, die sich nicht nur notgedrungen im Busch aufhält, weil man dort schnell zu Wohlstand gelangen kann, sondern die den Beruf des Farmers in sich fühlt und diesem treu bleibt. Wie weit die Möglichkeiten für die Entwicklung der Urproduktion voraussichtlich gehen, davon sollen die vorliegenden Zeilen und Kartenskizzen eine ungefähre Vorstellung geben.

Man hat auch in Australien die Erkenntnis dessen, was not tut, aber bisher fehlte es an der Kraft des Vollbringens. Die Zukunft wird zeigen, ob es gelingen wird, die Schätze, die der Boden Australiens birgt, nutzbringend zu heben.

Literatur.

Verschiedene Jahrgänge des Official Yearbook of the Commonwealth of Australia und der Bulletins des Commonwealth Bureau of Meteorology.

Griffith Taylor: Agricultural Climatology of Australia. Quarterly Journal of the Royal Meteorological Society. Vol. XLVI, Nr. 196. October 1920.

Griffith Taylor: Geography and Australian National Problems. Australian Association for the Advancement of Science. Vol. 16. 1923. Wellington.

Griffith Taylor: The Frontiers of Settlement in Australia. — The Geographical Review, New York. Vol. XVI. Nr. 1. January 1926.

Walter Geisler: Die Wirtschafts- und Lebensräume des Festlandes Australien. Koloniale Studien. Hans Meyer-Festschrift. Berlin 1928. S. 199—222.

Zur Entwicklung der Kulturlandschaft im nordostschweizerischen Alpenvorlande

von

Dr. **Hans Dörries**-Göttingen

---

1. Grundsätzliches.

Es ist nahezu ein Jahrhundert vergangen, seit Karl Ritter der Berliner Akademie 1833 vorgetragen hat „Über das historische Element in der geographischen Wissenschaft"[1]). Die entscheidenden Sätze sind: „Die Historie bedarf eines Schauplatzes zu ihrer Entfaltung; sie wird in ihre Gestaltungen überall ein geographisches Element mit aufnehmen müssen..... Die geographische Wissenschaft kann aber ebensowenig des historischen Elementes entbehren, wenn sie eine wirkliche Lehre der irdischen Raumverhältnisse sein will und nicht ein abstraktes Machwerk....." Denn: „Die Einflüsse derselben Naturverhältnisse bleiben sich nicht durch alle Zeiten gleich".

Ritters Forderung einer genetischen Auffassung in der Gesamtgeographie hat er selbst zur Unwirksamkeit verurteilt dadurch, daß er mit dem Fortschreiten seines vielbändigen Asien-Werkes sich tiefer und tiefer in rein historisch-antiquarische Studien vergrub und, vierzig Jahre lang nach dem gleichen Plane arbeitend, nicht bemerkte, wie sehr er sich von seinem eigentlichen Forschungsobjekte, der Erde, entfernte. So ging das „historische Element" der geographischen Wissenschaft schon zu Lebzeiten Ritters verloren, so daß die mit Oskar Peschel einsetzende rein naturwissenschaftliche Richtung in der Geographie überraschend schnell Anhänger gewann[2]).

Dieser Richtung verdankt die neuere wissenschaftliche Geographie zweifellos unbeschreiblich viel. Bei der Beschränkung des Haupt-

---

[1]) Abhandlungen d. Akademie d. Wissenschaften Berlin, Phil. Hist. Kl. 1833, Berlin 1835.

[2]) F. von Richthofen, Aufgaben u. Methoden der heutigen Geographie, Leipzig 1883. — A. Penck, Beobachtung als Grundlage der Geographie, Berlin 1906.

interesses auf die physikalische Geographie sind deren Fortschritte im Verlauf des letzten Menschenalters groß und bedeutend gewesen. Nicht nur die Morphologie, sondern auch die Klimatologie verfügen heute über einen sicheren Tatsachenschatz und arbeiten mit bewährten Methoden. Wir denken heute bereits an eine vergleichende Morphologie der Klimazonen und damit der Hauptlandschaftsgürtel der Erde. Das Werden der Naturlandschaft, deren genetische Auffassung und Darstellung für den Morphologen eine Selbstverständlichkeit geworden ist, nimmt in allen Länderkunden, Landeskunden und Landschaftskunden einen berechtigt großen Raum ein, und das umso mehr, je besser die geologischen Vorarbeiten sind.

Demgegenüber ist die Pflege der Anthropogeographie im allgemeinen und die Erforschung der durch Menschenhand geschaffenen Kulturlandschaft im besonderen ebenso zweifellos zurückgeblieben. Offenbar reicht die in der physikalischen Geographie erprobte und angewandte Methode für ein erfolgreiches Anpacken des großen Problemes Mensch und Erde nicht aus. Aus einer ganzen Reihe von Arbeiten gewinnt man den Eindruck, daß der nur naturwissenschaftlich vorgebildete Geograph auf anthropogeographischem Gebiet mit unzulänglichen Mitteln arbeitet und deshalb weder zu neuen Fragestellungen noch zu befriedigenden Ergebnissen kommt.

Zunächst darf man wohl als merkwürdige Inkonsequenz bezeichnen die Beobachtung, daß dieselben Geographen, die der Naturlandschaft genetisch auf den Leib rückten, der kulturgeographischen Forschung dieses Anrecht absprachen oder nicht anwandten. In allerletzter Zeit scheint sich eine Wandlung hier anzubahnen. An einen grundlegenden Vortrag von Norbert Krebs[1]) und einen ähnlichen Aufsatz von Otto Maull[2]) schließen sich ganz neuerdings die Einzelarbeiten von N. Creutzburg[3]) und H. Michel[4]) an. Es liegen Anzeichen vor,

[1]) N. Krebs, Natur- und Kulturlandschaft, in: Ztschr. Ges. f. Erdk. Berlin 1923.

[2]) O. Maull, Zur Geographie der Kulturlandschaft, in: Drygalski-Festschrift 1925.

[3]) N. Creutzburg, Entwicklung des nordwestl. Thüringer Waldes zur Kulturlandschaft, in: Drygalski-Festschrift 1925.

[4]) H. Michel, Beiträge zur Geographie der deutschen Kulturlandschaft: Untersuchung der Meßtischblätter Lohrhaupten (Buntsandsteinspessart) und Butzbach (Wetterau), in: Jahresbericht d. Frankfurter Vereins für Geographie u. Statistik 87.—89. Jahrg. 1922—25, Frankfurt a. M. 1925. Außerdem wichtig: F. Mager, Kulturgeographie des Herzogtums Schleswig, in: Ztschr. d. Vereins für schleswig-holstein. Geschichte 1926. Bd. 55.

die darauf hindeuten, daß die genetische Auffassung auch der Kulturlandschaft nicht mehr lange auf sich warten lassen wird. Es besteht ferner Hoffnung, daß man vom Geographen, der kulturgeographisch arbeitet, künftig die gleiche ausreichende historische Vorbildung erwarten wird, wie man die geologische Vorbildung vom Morphologen mit Selbstverständlichkeit verlangt. Aus der engeren Verbindung von Geographie und Geschichte — Geschichte hier im weitesten Sinne des Wortes —, wie sie schon einmal mit Vorteil für beide Wissenschaftszweige bestanden hat, werden und müssen der Länderkunde wie der Anthropogeographie neue, lebendige Triebkräfte zuströmen[1]).

2. Die Naturlandschaft.

Die Stärke der deutschen Wissenschaft, verglichen namentlich mit der englischen, hat immer in der Pflege der wissenschaftlichen Theorie bestanden. Die theoretische Grundlage einer Kulturgeographie ist vorhanden und steht nicht mehr zur Diskussion. Es kommt gegenwärtig darauf an, durch Einzeluntersuchungen die wissenschaftliche Theorie zu überprüfen und zu schärferen und genaueren Formulierungen zu kommen.

Es müßte nahe liegen, unsere Auffassung von der Notwendigkeit einer genetischen Deutung auch der Kulturlandschaft am Beispiel einer nordwestdeutschen Landschaft zu erläutern. Leider ist die Erforschung der Naturlandschaft hier noch so sehr im Rückstande und die Zahl brauchbarer Vorarbeiten derart gering, daß wir diesem Gedanken noch nicht näher treten können. Bei der singulären Stellung Nordwestdeutschlands im Bereiche Gesamtdeutschlands kommen noch besondere Schwierigkeiten hinzu, deren Bewältigung gleichfalls erst noch durch Vorarbeiten zu geschehen hat.

Suchen wir nach einem geeigneten Beispiel, das zugleich dem nordwestdeutschen Tieflande als ehemals vergletschert gewesenem Gebiete relativ nahe steht, so wählen wir das Alpenvorland, und zwar das schweizerische, da hier nicht nur die Genesis der Naturlandschaft verwandte Züge aufweist, sondern auch eine ganze Reihe von Vorarbeiten vorliegt, deren Ergebnisse uns zur Verfügung stehen[2]). Wir

---

[1]) Vergl. dazu A. Hettner, Die Geographie des Menschen, in: Geograph. Zeitschr. 1907; und: A. Hettner, Die Geographie, Breslau 1927.

[2]) Zur ersten Gesamtorientierung vergl. die vortrefflichen Literaturberichte Hugo Hassingers in der Ztschr. d. Ges. f. Erdk. Berlin 1924 und im Geograph. Jahrbuch 40. Bd. 3 1924—25. — Ferner Paul Vosseler in der Geograph. Ztschr. 1928.

greifen speziell das nordostschweizerische Alpenvorland heraus, da es dem Verfasser durch Aufenthalte in den Jahren 1922, 1923 und 1927 bekannt ist[1]).

Wir stehen auf dem isolierten Phonolithkegel des Hohentwiel in 689 m Meereshöhe, demnach 294 m über dem Spiegel des nahen Bodensees und blicken nach Süden. Zu unseren Füßen breitet sich das unruhige Gehügel einer jungglazialen Landschaft aus, die sich in bewaldeten Bergzügen fast bis in unsere Augenhöhe erhebt, während breite Einsenkungen ungefähr die Meereshöhe des Bodensees erreichen[2]). Hier und da blitzt zwischen den bewaldeten grünen Vorbergen und hellen Talfurchen ein Wasserspiegel auf, nicht nur die recht ansehnlichen Flächen von Bodensee, Überlingersee und Untersee, sondern auch, mehr nach hinten, eine Reihe kleinerer und kleinster Seen, die meist schon im Dunst liegen. Dahinter schließt eine graue Dunstmasse jede weitere Fernsicht ab. Doch langsam treten da und dort aus ihr die Umrisse von Bergspitzen hervor. Bald haben sie sich zu einer vielgezackten Linie verbunden, während zu ihren Füßen der Dunst immer tiefer und tiefer herabsinkt. Plötzlich liegt die Alpenkette klar vor unseren Augen. Die vollere Beleuchtung der Abendsonne verleiht ihr Leben, und auch die waldigen Kuppen des Vorlandes treten schärfer heraus. Das Ganze wie eine undurchdringliche Mauer, scheinbar ohne irgendwelchen Eingang. Und doch — welches Gebirge kennen wir besser als die Alpen. Welches Gebirge ist uns ein größerer Lehrmeister gewesen.

Allein die bisherige Forschung hat überwiegend dem eigentlichen Hochgebirge gegolten. Botaniker, Geologen, Morphologen und viele andere haben eine kaum noch übersehbare wissenschaftliche Literatur über die Alpen angehäuft. Demgegenüber gewinnen die weniger zahlreichen guten Arbeiten über das Alpenvorland an Wert. Klimatisch, geologisch, morphologisch und floristisch sind wir ausreichend unterrichtet. Aus der vorhandenen Literatur und auf Grund eigener Anschauung gewinnen wir von der Naturlandschaft des nordostschweizerischen Alpenvorlandes folgendes Bild[3]).

---

[1]) Einer Reihe von Deutschschweizern in den Kantonen Thurgau, Zürich und Schaffhausen fühle ich mich zu Dank verpflichtet.

[2]) Penck-Brückner, Alpen im Eiszeitalter 4 1909; — A. Heim, Geologie der Schweiz I 1919; — W. Deecke, Geologie u. Morphologie von Baden I—III 1916—18; — W. Schmidle, Diluviale Geologie der Bodenseegegend, Braunschweig-Berlin 1914.

[3]) K. Troll, Die jungglazialen Schotterfluren im Umkreis der deutschen Alpen, Stuttgart 1926.

Als Ostteil des schweizerischen Mittellandes gehört das nordöstliche Alpenvorland durchaus zu jenem Gebiete, in dem sich der Übergang vom Seeklima der westlichen Küstenländer zum kontinentaleren Klima der östlicheren Länder vollzieht[1]). Ein Ort in 500 m Meereshöhe (das Mittelland hat eine mittlere Höhe von 580 m) weist an Durchschnittswerten der Temperatur auf im Januar —2°, im Juli 18° und im Jahr 8,0°. Hinsichtlich der Temperaturverteilung im einzelnen ergeben sich bemerkenswerte Unterschiede. So ist z. B. das Bodenseegebiet im Herbst und Vorwinter bedeutend wärmer als das mehr südlich und landeinwärts gelegene breite Tal der Thur. Im Frühlingseinzug kommen diese örtlichen Temperaturunterschiede sichtbar zur Geltung. Die durchschnittliche tägliche Wärmeschwankung wird durch den Bodensee merklich beeinflußt. Während Zürich 5,0° und Winterthur 5,6° täglicher Wärmeschwankung aufweisen, zeigt Kreuzlingen bei Konstanz nur 3,9°. Auch die Temperaturextreme derselben Jahreszeit variieren über der Uferzone weniger als im Binnenlande. Die mittlere Anzahl der Frosttage im Jahr beträgt durchschnittlich für Kreuzlingen 77,4 und für Frauenfeld 82,8. Die mittlere Frostgrenze, die für den Anbau verschiedener Kulturen ausschlaggebend ist, liegt in Kreuzlingen vom 13. November bis 26. März, in Frauenfeld vom 31. Oktober bis 1. April, in Zürich vom 29. Oktober bis 18. April. Davon sind Obst- und Weinbau abhängig. Die Temperaturunterschiede sind in vertikaler Entfernung ungleich größer als in horizontaler. Letztere sind wesentlich bedingt durch den Einfluß der Bodenseewasserfläche und der überwiegend westlichen Luftströmungen. Die mittlere Bewölkung ist namentlich im Winter stark. Die Ufer des Bodensees leiden im Winter unter Nebeltagen; auch Zürich hat im November noch 9,3 Nebeltage. Die ausreichenden Niederschläge nehmen mit der Höhenlage zu[2]). Wichtig ist ferner die Lage des nordostschweizerischen Alpenvorlandes im Regenschatten des Schwarzwaldes. Während Schaffhausen 820, Konstanz 844, Weinfelden 963, Frauenfeld 963 mm Niederschlag im Jahresmittel haben, steigt die Niederschlagshöhe in Winterthur bereits auf 1070 mm an. In den Niederungen des Thurgaues lassen sich im Jahresmittel 145 Regentage zählen. Trockenperioden von über 10 Tagen sind selten. Die feuchtwarmen Westwinde bedingen vor allem Sommer-

[1]) Maurer — Billwiler — Heß, Das Klima der Schweiz, Frauenfeld 1909; — ferner Angaben bei H. Brockmann-Jerosch, H. Bernhard, E. Schmid u. a.

[2]) H. Brockmann-Jerosch, Regenkarte der Schweiz 1 : 200000, Bern 1925. Kartographischer Verlag Kümmerly und Frey.

regen. Die geringste Niederschlagsmenge fällt im Januar. Der erste Schnee stellt sich im Mittel am 18. November, der letzte am 7. April ein. Wegen der Niederschlagshäufigkeit während der Vegetationsperiode wird der Wiesenbau gegenüber dem Ackerbau bevorzugt.

Die Felsgrundlage des nordostschweizerischen Alpenvorlandes ist ein Tertiärgebilde, die sog. Molasse, die später zertalt und schließlich durch das alpine Eis mit glazialem Diluvium überschüttet worden ist. Die Schichtenköpfe des aufgerichteten Gesteins erzeugen im großen wie im kleinen eine starke Rippung der Landschaft in der Streichrichtung[1]). Diese differenziert die Täler in Längs- und Quertäler. Die Waldstreifen auf den Felsrippen (Nagelfluh), die Wiesen in den Mergeltälchen heben diesen disloziierten Schichtenbau landschaftlich stark hervor. Berge und Täler des Molasselandes finden wir überstreut mit Gesteinsschutt, der zum größten Teil aus den Alpen stammt. Die beiden älteren Eiszeiten haben Grundmoränen und Schotterreste auf den alten Bergebenenresten des Molasselandes hinterlassen; die beiden jüngeren Eiszeiten haben nicht nur Schotter und Grundmoränen, sondern auch Wallmoränen, erratische Blöcke und Drumlins zurückgelassen. Die Haupttalbildung im Molasselande erfolgte nach den beiden ersten und vor den beiden letzten Eiszeiten. Der hauptsächlich interglaziale Löß findet sich im Thurtale auf den Rückzugsmoränen der letzten Eiszeit. Die Grundmoräne wirkt wegen ihres feinsandigen Materials als Grundwasserstauer und bildet einen wichtigen Quellhorizont. Es gibt Landschaftsteile, wo die Waldkarte geradezu die geologische Karte hinsichtlich der Verteilung von Molasse und Diluvium ersetzt: der Wald beschränkt sich auf die Molasse[2]). Als Ganzes ist das schweizerische Alpenvorland ein erst in jüngerer Zeit (mittleres Diluvium) herausmodelliertes Erosionsgebirge, das im jüngeren Diluvium durch die beiden letzten Eiszeiten, besonders in den Talwegen, mehr Aufschüttung als Abtragung erfahren hat. Die vierte Eiszeit hat nachweislich die Talungen nicht vertieft, sondern aufgeschüttet. In der Gegenwart läßt sich die fortschreitende Talbildung beobachten. An der ganzen Landoberfläche arbeitet die Verwitterung. Außer der neuen Erosion sind in den Tälern Rutschungen, Bergstürze und Bodenfluß festzustellen. In den Talbecken sammeln sich Alluvionen. In mehr oder weniger stehenden Gewässern bilden

---

[1]) Vergl. die Blätter der Topograph. Karte der Schweiz 1 : 25 000.

[2]) H. Brockmann-Jerosch, Die natürlichen Wälder der Schweiz (Berichte der Schweiz. Botan. Gesellsch. XIX, 1910).

sich chemische und organische Niederschläge (Torf, Faulschlamm, Seekreide[1]).

Das fließende Wasser geht zum Rhein. Der relativ hohen Niederschlagsmenge entspricht das dichte Flußnetz und die starke Wasserführung der Flüsse. Die Landesfürsorge gilt daher mehr der Abwehr überreichlicher, durch das Hochgebirge bedingten Wassermengen als der Beschaffung notwendigen Wassers. Wassermangel kann im Alpenvorlande nur eintreten, wenn im Winter Niederschläge ausbleiben und die Firnfelder kein Wasser abgeben. Dieser Umstand ist wichtig geworden, seitdem die Volkswirtschaft sich auf Kraftgewinnung eingestellt hat. Man beginnt daher das Sommerhochwasser zu sammeln und nur den Überschuß ablaufen zu lassen. Die Flüsse haben einen ausgesprochenen Tiefstand im Spätsommer und Frühwinter, Hochwasser im Sommer und auch Herbst. Als großer Regulator wirkt der Bodensee. Die Mehrzahl der kleineren Seen ist einer stetig fortschreitenden Verlandung ausgesetzt.

Das feuchte Klima begünstigt die Auswaschung des Bodens. Daher ist eine tiefe Bodenbearbeitung durch Pflügen notwendig. Auch Spaten und Hackarbeit muß sorgfältig gemacht werden[2]). In unserem Gebiete mit ausschließlich atmosphärischer Befeuchtung besteht eine einheitliche Tendenz nach Bildung von Braunerde, die durch die Niederschläge stark entkalkt ist. Der ausgewaschene Kalk schlägt sich in tieferen Schichten nieder. Der aus Molasse entstehende Boden ist der am meisten verlehmte und der zäheste. Er bildet den typischen Braunerdeboden des Alpenvorlandes, der am meisten der Besetzung mit Calluna ausgesetzt ist. Umgekehrt ist die Molasse derjenige bodenbildende Fels, der durch die vielen leicht verwitterbaren Mergel den kalkreichsten Boden liefert, sobald er durch neue Auswaschung freigelegt wird. Die Molasseböden geben eine schlechte Unterlage ab für Ackerbau. Auf ihnen finden wir daher Milchwirtschaft. Aus den glazialen Schottern gehen ähnliche Böden hervor, nur ist ihr Grad der Verlehmung geringer[3]). Die rasch austrocknenden, sich schnell erwärmenden Schotterböden werden noch heute beackert, sobald die Sommerregen unter 500 mm sinken. Die Talsohlen mit den angrenzenden Hängen geben die fruchtbarsten Landschaftsteile ab. Getreide- und Futterbau müssen im Wechsel getrieben werden.

---

[1]) A. Heim, Geologie der Schweiz, I, Leipzig 1919.

[2]) H. Brockmann-Jerosch, Die Vegetation der Schweiz, I, Zürich 1925.

[3]) H. Gams, Aus der Geschichte von Flora und Fauna am Bodensee, in: Schriften d. Vereins für Gesch. d. Bodensees 53. Bd. 1924.

Dauerwiesen liefert der Schotterboden nur bei Bewässerung. Der den Molassebergen aufliegende Deckenschotter ist wasserdurchlässig, oberflächlich eben und ohne Erosionsfurchen. Der Boden ist schwere Braunerde, stark entkalkt und waldbedeckt. Die ursprüngliche Verteilung des Bodens haben Erosion und Abtragung erheblich verändert. Die Höhen gaben an die Talböden ab. Die Bodenmächtigkeit wächst gegen den Talhang zu. Hier finden wir intensivere Kulturen wie Gärten, Obstbaumhaine und Fettwiesen. Am stärksten sind Flora und Fauna verändert worden, als der frühmittelalterliche Mensch den Wald rodete. Auf die Bodenverhältnisse am meisten eingewirkt hat in älterer Zeit der Weinbau, in der Gegenwart die Düngung[1]).

3. Die Kulturlandschaft.

a) Wandlungen der Kulturlandschaft vor unseren Augen.

Die knappe Darlegung der Grundzüge der Naturlandschaft hat uns die natürliche Basis für das Verständnis zunächst der gegenwärtigen Kulturlandschaft des nordostschweizerischen Alpenvorlandes gegeben. Durchwandern wir heute die Landschaften der Kantone Zürich und Thurgau, so gewinnen wir den Eindruck einer sehr alten, unter intensiver Wirtschaft seitens des Menschen stehenden Kulturlandschaft. Im Kanton Zürich haben wir gegenwärtig 93 %, im Kanton Thurgau 82,5 % produktives Land. Diese Kulturflächen verteilen sich wie folgt:

	I. Kanton Zürich[2]):	II. Kanton Thurgau[3]):
1. Wald	31 %	21,1 %
2. Wiesland	48 %	55,0 %
3. Ackerland	12 %	20,8 %
4. Rebland	2 %	0,4 %
5. Riedland	6 %	2,7 %

---

[1]) Eine gute Materialsammlung bietet der Band: Die Landwirtschaft im Kanton Zürich, herausgegeben vom Landwirtschaftl. Kantonalverein Zürich 1924. — Kartographisch vorzüglich ergänzt durch: H. Bernhard, Landwirtschaftlicher Atlas des Kantons Zürich, Bern 1925. (enthält 32 farbige Karten und graphische Darstellungen, mit erklärendem Text).

[2]) H. Bernhard, Landwirtschaftlicher Atlas des Kantons Zürich, Bern 1925.

[3]) E. Schmid, Beiträge zur Wirtschafts- und Siedlungsgeographie des Kantons Thurgau, in: Schriften des Vereins für Geschichte des Bodensees, 47. Bd. 1918.

Demnach überwiegt durchaus das Wies- und Weideland mit 48 bzw. 55 % des Produktivareals. Diese Tatsache darf in einer Landschaft mit schwerem futterwüchsigem Boden und reichlichen Niederschlägen im allgemeinen als naturbedingt bezeichnet werden. Die Naturbedingtheit deckt sich mit den wirtschaftlichen Erfordernissen: die lohnende Viehhaltung kann sich auf ausgedehnten Futterbau stützen. Die ackerbauliche Bodennutzung zeigt gleichfalls eine deutliche Naturbedingtheit, insofern Boden, Bodengestalt und Niederschlagsverteilung eine scharfe Gliederung nach Ackerbauzonen in beiden Kantonen bedingen[1]).

Beim Durchwandern der nordostschweizerischen Landschaften wandelt sich nun heute das Bild der Kulturlandschaft gleichsam vor unseren Augen. Um deutlicher werden zu können, greifen wir einen winzigen, aber typischen Landschaftsteil heraus, das Stammheimertal im nordzürcherischen Weinlande[2]). Vier Haufendörfer (Unterstammheim, Oberstammheim, Guntalingen, Waltalingen) haben den westlichen und den östlichen Talhang des breiten Trockentales besetzt[3]). Außer diesen vier Hauptsiedelungen sind nur wenige Kleinwohnplätze vorhanden. Die ursprüngliche Versumpfung des Talbodens und ein ausgeprägter Quellhorizont haben die vier Haufendörfer an die beiden Talränder gedrängt. Jedes Dorf hatte seine Gewannflur mit Flurzwang, gekennzeichnet durch weitgehende Güterzerstückelung[4]). Nach dem bekannten System der Dreifelderwirtschaft, die weniger eine Folge der Siedlungsform ist als vielmehr eine solche der wirtschaftlichen Notwendigkeit, auf tauglichem Boden möglichst viel Feldfrucht zu gewinnen, hat man hier länger als ein Jahrtausend den Ackerbau betrieben[5]). Gegenwärtig herrscht die sog. verbesserte Dreifelderwirtschaft mit Besetzung auch der Brache, ganz neuerdings hier und da schon abgelöst durch freie Fruchtfolge. Die Allmende hat sich noch erhalten in Form von Wald, Riedland und Resten von verpachtetem Kulturland. Der hergebrachte Bauernhaustypus ist der des sog. schwäbischen Hauses, dreigeteilt in Haus, Tenne

---

[1]) Siehe Anmerkung 2 Seite 187.

[2]) H. Bernhard, Landbau und Besiedlung im nordzürcherischen Weinlande, Winterthur 1915, Neujahrsblatt d. Stadtbibliothek Nr. 250.

[3]) Topograph, Karte der Schweiz 1 : 25000 Bl. Stein und Stammheim.

[4]) H. Bernhard, Die Verbreitung der historischen Bodenbenutzungssysteme im Kanton Zürich — ein Beitrag zur Agrargeographie, Winterthur 1920.

[5]) Vergl. O. Howald, Die Dreifelderwirtschaft im Kanton Aargau, in: Landwirtschaftl. Jahrb. d. Schweiz 1927, Bern 1927.

und Stall unter einer Firstlinie. Die zunehmende Viehhaltung hat neuerdings diesen Haustypus wesentlich geändert. Die historischen Bautypen sind auch in modernisierter Form für neuzeitliche Verhältnisse ungeeignet. Charakteristisch ist das Vorherrschen des Kleinbauernbetriebes. Schon die Dorfsiedelung mit ihrer Güteraufteilung hat den Grund hierfür gelegt. Der Weinbau mit seinem geringen Landbedürfnis gab die wirtschaftliche Grundlage. In allerjüngster Zeit zeigt sich die Notwendigkeit der Vergrößerung der Wirtschaftsflächen und die Tendenz einer Abkehr von den kleinsten Grundbesitzgrößen. Seit der Mitte des vorigen Jahrhunderts hat das Stammheimertal eine dauernde starke Entvölkerung zu erleiden, bedingt durch den Rückgang des Weinbaus als intensivsten landwirtschaftlichen Betriebszweig, der auf der Flächeneinheit die größte Bevölkerungszahl beschäftigt. Die große Verschiebung in der Bodenbenutzung während des letzten Jahrhunderts spiegelt sich in den nachstehenden absoluten Zahlen:

1810: 920 ha Ackerland 250 ha Rebland
1910: 610 ha Ackerland 80 ha Rebland.

Das Ackerland und das Rebland haben flächenhaft abgenommen, das Wiesen- und Weideland, das sich 1910 auf 720 ha belief, hat flächenhaft zugenommen. Mit anderen Worten: der Weinbau ist ganz außerordentlich, der Ackerbau wenig zurückgegangen, Viehhaltung und Futterwirtschaft sind wesentlich angewachsen[1]).

Aus den Lehren des Weltkrieges ist die sog. schweizerische Innenkolonisation hervorgegangen[2]). Sie bezweckt, das produktive Areal innerhalb der Schweiz restlos auszunutzen und bis zur letzten Möglichkeit zu erweitern. Gegenwärtig hat der Kanton Thurgau noch 15 %, der Kanton Zürich 7 % unproduktives Land. Von dieser Innenkolonisation hat auch das Stammheimertal Vorteile gehabt, insofern Gewässer reguliert, überfeuchtes Wiesenland entwässert, sumpfiger Talboden und ein 50 ha großes Flachmoor trocken gelegt, die vier Dorffluren völlig neu aufgeteilt und an den Rändern der alten Fluren auf neu gewonnenem Kulturlande 13 neue Einzelhöfe errichtet worden

[1]) Die Landwirtschaft im Kanton Zürich, Zürich 1924.

[2]) Vergl. die „Schriften der Schweizerischen Vereinigung für Innenkolonisation und industrielle Landwirtschaft", herausgegeben von deren Geschäftsstelle in Zürich, Torgasse 2. — Von grundsätzlicher Bedeutung ist vor allem Heft 29: „Ein schweizerischer Kataster für Innenkolonisation", Zürich 1926.

sind.[1]) Vergleicht man das Bild der Kulturlandschaft des kleinen Stammheimertales von 1914 oder 1922 mit dem von 1927, so ist das Maß der Veränderungen außerordentlich.[2]) Die moderne rationelle Landwirtschaft hat in wenigen Jahren so tiefgreifende Veränderungen der Kulturlandschaft bewirkt, daß dem Landschaftsbilde von 1914 dasjenige von 1927 wesensverschieden gegenübersteht. Geändert hat sich nicht nur Bodennutzung und Feldflur, Wegenetz und Gewässer, sondern auch die Haufendörfer haben mit der Anlage von Einzelhöfen den aus rein wirtschaftlichen Rücksichten notwendigen Prozeß der langsamen Auflösung begonnen. Um der fortschreitenden Entvölkerung des Stammheimertales Einhalt zu gebieten und dem Bevölkerungsnachwuchs nach Möglichkeit Gelegenheit zu geben, in der Heimat seßhaft zu werden, sollen die Reste noch vorhandener Ödländer im Sinne der Beschaffung neuer Heimstätten unbedingt ausgenutzt werden. So plant man den Ausbau von 7 weiteren Einzelhöfen an der Peripherie der alten Dorffluren.[2]) Halten wir uns vor Augen, daß die vier Gemeinden des Stammheimertales erst im Mai 1919 die Durchführung einer Güterzusammenlegung für das ganze Tal beschlossen haben und diese Umwälzung bereits 1923 in den Grundzügen durchgeführt, 1927 beendet und in ihrer Gesamtwirkung übersichtlich war, so gewinnt diese Umwandlung der Kulturlandschaft vor unseren Augen an Bedeutung nicht nur im örtlichen, sondern auch im allgemeinen Sinne.

b) Wandlungen der Kulturlandschaft in der Neuzeit.

An die Feststellung der tiefgreifenden Umgestaltung des Bildes der Kulturlandschaft in unseren Tagen knüpft sich notwendigerweise die Frage nach den Wandlungen der Kulturlandschaft in den früheren Jahrhunderten. Diese Wandlungen möglichst genau und anschaulich festzustellen und somit das ältere Kulturlandschaftsbild zu rekonstruieren, ist nämlich Aufgabe des Geographen, nicht die des Historikers, Wirtschafts- oder Agrarhistorikers, der mit ganz anderer Fragestellung an das überlieferte Quellenmaterial herantritt.

Um eine größere Übersicht zu erlangen und Schlüsse von relativ weittragender Bedeutung ziehen zu können, erweitern wir unser

[1]) H. Bernhard, Vorschläge zur Korrektur der Dorfsiedelungen des Stammheimertales und zur Besiedelung des Stammheimerrietes, Zürich 1923 (Schriften d. Schweiz. Vereinigung f. Innenkolonisation 17).

[2]) J. Girsberger, Die Siedelungen im Stammheimertal, in: Schweizerische Landwirtschaftl. Monatshefte 1926, Nr. 8, Bern 1926.

Untersuchungsgebiet vom kleinen Stammheimertal wieder zur größeren Kulturlandschaft der nordostschweizerischen Kantone Thurgau und Zürich. Bereits oben haben wir angegeben, daß in beiden Kantonen während des 19. Jahrhunderts der Weinbau überraschend abgenommen, Viehhaltung und Futterwirtschaft erheblich zugenommen hat. Eine agrarstatistische Aufnahme von 1801/02 gibt für den Thurgau an[1]):

Ackerland	51,4 %
Wiesen, Weiden, Gärten	25,7 %
Wald	19,3 %
Rebland	3,6 %

Zu Anfang des 19. Jahrhunderts beanspruchten demnach die Äcker die doppelte Fläche des Wieslandes. Eine zweite Statistik lehrt für 1834:

Ackerland	49,9 %
Wiesen, Weiden, Gärten	26,8 %
Wald	19,7 %
Rebland	3,6 %

Der Zustand von 1834 ist der gleiche wie der von 1801. Für 1890 gelten folgende Zahlen:

Ackerland	28,0 %
Wiesen, Weiden, Gärten	43,4 %
Wald	23,8 %
Riedland	2,7 %
Rebland	2,1 %

Zwischen 1834 und 1890 vollzieht sich also der stärkste Wandel im Antlitz der Kulturlandschaft des Thurgaues[2]). Von 1884 bis 1914 ist das Rebland um 80 % zurückgegangen. Über kurz oder lang wird es das Schicksal des Hanf-, Flachs- und Repslandes teilen. Entsprechend ist die Stückzahl des Rindviehes im Thurgaue von 1806 bis 1916 von 25499 auf 77030 gestiegen. Der Obstbau hat gleichfalls erheblich zugenommen. Charakteristisch für den thurgauischen Obstbestand ist der Apfelbaum, da Äpfel transportfähiger sind als Birnen und Kirschen[1]).

---

[1]) E. Schmid, Beiträge zur Siedlungs- und Wirtschaftsgeographie des Kantons Thurgau, in: Schriften d. Vereins für Geschichte d. Bodensees 47. Bd. 1918.

[2]) H. Wegelin, Veränderung der Erdoberfläche innerhalb des Kantons Thurgau in den letzten 200 Jahren, in: Mitteil. d. Thurgauisch. Naturforschenden Gesellschaft 21. Heft, Frauenfeld 1915.

Zur Veranschaulichung der Veränderungen im Kanton Zürich sollen folgende Zahlen dienen: 1774 Ackerland 50 % des produktiven Areals. 1881 Rebland 4 % des produktiven Areals. Von 1881 bis 1922 ist das Rebareal um 75 % zurückgegangen. Das Riedland, das heute 6 % des produktiven Areals beansprucht, umfaßte vor 100 Jahren erheblich mehr. Die Zahl der Obstbäume hat sich seit 1886 nur unwesentlich verändert. Die Zahl des Rindviehs im Kanton ist dafür von 1820 mit 48000 Stück auf 108854 im Jahre 1921 angewachsen. Merkwürdigerweise ist das landwirtschaftlich unproduktive Land im Kanton Zürich von ca. 1850 bis zur Gegenwart von 5 % auf 7 % gestiegen. Diese Feststellung erklärt sich aber schnell aus der während des letzten halben Jahrhunderts erfolgten Industrialisierung mit allen ihren Folgewirkungen. Die Kartoffel hat bemerkenswerterweise erst nach der Hungersnot von 1771 langsam Eingang gefunden[1]).

Die allgemein benutzte Dreifelderwirtschaft, die der Notwendigkeit der Selbstversorgung weit entgegenkam und daher überall ausgeübt wurde, wo es die Naturbedingungen auch nur einigermaßen gestatteten, hat unter dem Einfluß der örtlichen Gegebenheiten interessante Modifikationen erlitten, die sich entweder als natürliche oder als wirtschaftliche Anpassungsversuche erklären lassen. Die gleiche Rücksicht auf den Boden finden wir bei der Auswahl der angebauten Kulturarten. Haufendorf und Dreifelderwirtschaft sind vergesellschaftet.

Den Wendepunkt in der Entwicklung der Bodenbenutzung brachte die Mitte des 18. Jahrhunderts. Die Zeit vor ca. 1750 läßt sich bezeichnen als Periode des überwiegenden Brotfruchtbaues.[1]) Von ca. 1750 bis 1850 fällt die wichtige Periode des gemischten Acker- und Futterbaues. In dieser neuen Periode liefert die stärker genutzte Bodenkultur zwar mehr Lebensmittel, aber sie reichen nicht mehr aus, da die rasch aufkommende Textilindustrie die Bevölkerungszahl in die Höhe schnellen läßt. Die ersten Anfänge der Umwandlung der alten Dreifelderwirtschaft in die verbesserte Dreifelderwirtschaft fallen in die 60er Jahre des 18. Jahrhunderts. Damals begann ferner

[1]) H. Bernhard, Wirtschafts- und Siedlungsgeographie des Tößtales, in: 11. Jahresbericht d. Geograph. Ethnograph. Gesellsch. Zürich 1910—11. — H. Bernhard, Die Veränderungen in den Areal- und Grundbesitzverhältnissen des Kantons Zürich im Laufe des 19. Jahrhunderts, in: Jahresbericht der Landwirtschaftl. Schule Strickhof bei Zürich 1913—14, Winterthur 1914. — H. Bernhard, Landbau und Besiedelung im nordzürcherischen Weinlande, Winterthur 1915. — H. Bernhard, Veränderungen in der Bodenkultur des Kantons Zürich, in: Jahresbericht d. Geograph. Ethnograph. Gesellschaft Zürich 1914—15, Zürich 1915.

der Getreidebau zurückzutreten zugunsten des Kartoffelbaues und später des Futterbaues. Die in der modernen Zeit so einschneidend gewordene Umwälzung von Ackerbau zum überwiegenden Futterbau hat sich bereits in den 30er Jahren des vorigen Jahrhunderts vorbereitet. Nach 1850 hat dann als sichtbare Folge des unerhörten technischen Fortschrittes und der daraus resultierenden ungeahnten Verkehrsentwicklung die Konkurrenz der einzelnen Produktionsgebiete als völlig neuer Faktor auch in das ländliche Wirtschaftsleben auf das tiefste eingewirkt. Mit dem Import billigeren Getreides war der Rückgang des Brotfruchtbaues sofort besiegelt. Die Nachfrage der immer stärker anwachsenden Bevölkerung nach Fleisch und Milch als Erzeugnissen der Viehhaltung hat dann rasch Viehzucht und Futterbau auf großen Flächen aufkommen lassen. Nach 1850 ist der wichtige Übergang von der Selbstversorgung zur Marktwirtschaft erfolgt. Für die ganze Umwandlung ist demnach entscheidend gewesen die Preisfrage, denn sie war für die Landbevölkerung die eigentliche Existenzfrage.

Für die Mitte des 18. Jahrhunderts hatten wir sowohl im Kanton Zürich als auch im Kanton Thurgau die Ackerbaufläche mit ca. 50 % des produktiven Areals ermittelt. Nach allem, was wir wissen, ist diese Vorstellung auch für das 17. und 16. Jahrhundert richtig. Um so wichtiger wird für uns die Frage, ob sich in der Neuzeit zwei andere wesentliche Kulturflächen nennenswert geändert haben, der Wald und das Rebland.

Für die Zeit vor 1750 ist weniger das überlieferte schriftliche Quellenmaterial heranzuziehen als vielmehr das gleichfalls überlieferte handschriftliche Kartenmaterial. Wertlos sind für unsere Zwecke die Karten des 16. Jahrhunderts, auch die bekannte älteste Karte der Schweiz von Aegidius Tschudi von 1538 bzw. 1560 und die Schweizerkarte Sebastian Münsters von 1540. Auch die Spezialkarten in der Chronik des Johannes Stumpf von 1545, mit einer Unmenge von Ortsnamen, reichen entfernt nicht aus. Diese ältesten Karten entbehren noch sämtlich irgendwelcher Vermessungsgrundlage[1]).

Von ganz hervorragendem Wert ist die Karte des Kantons Zürich in ca. 1 : 32000 von Hans Konrad Gyger von 1667, entworfen auf Grund einer Dreiecksnetzvermessung, mit erstmaliger Darstellung des Geländes durch Schattengebung bei schiefer Beleuchtung. Dieses

[1]) Rudolf Wolf, Geschichte der Vermessungen in der Schweiz, Zürich 1879.

Meisterwerk der älteren schweizerischen Kartographie verwahrt das Staatsarchiv Zürich; ein einfarbiger Neudruck in 56 Blättern erfolgte 1891[1]). Eine 1764 angefertigte Kopie besitzt die Stadtbibliothek Zürich.

Eine gleich gute Karte wie die Gygers liegt vor in der Karte des Schaffhausergebiets von Heinrich Peyer von 1685 in 1:54972, gleichfalls auf einer Dreiecksnetzvermessung beruhend. Eine zweite Ausgabe, weniger brauchbar und nur als Vergleich heranzuziehen, erschien 1747[2]).

Die erste genaue, auf Vermessung beruhende Karte des Thurgaues ist die Karte der Landgrafschaft Thurgau von Johannes Nötzli von 1717 in 1:43000[3]). Ihr Wert ist längst nicht so groß wie der der Karten von Gyger und Peyer. Heranzuziehen sind ferner vier Kopien dieser Karte von 1717. Noch wichtiger ist die zweite Ausgabe der Nötzli-Karte von 1720 in 1:43400 (Staatsarchiv Zürich). Von dem Original existieren drei Kopien, die vergleichsweise von Wert sind.

Als Vorläufer der 1832—64 entstandenen Dufour-Karte in 1:100000 kann die 1828—36 von Joh. Jak. Sulzberger entworfene Topographische Karte des Thurgaues in 1:21600 bezeichnet werden, eine für unsere Zwecke brauchbare Karte, wenn auch in allen Einzelheiten nicht zuverlässig[4]). Ihre Kritik wird uns erleichtert durch die bald darauf folgende Dufour-Karte.

Zunächst liefern die eben bezeichneten älteren Kartenwerke schätzenswerte Angaben über Veränderungen auch der Naturlandschaft seit der zweiten Hälfte des 17. Jahrhunderts. Die Seen der Nordostschweiz verlanden mehr und mehr. Fast alle stehenden Gewässer haben seit ca. 1650 an Umfang eingebüßt. Nach H. Walsers Feststellungen sind im Kanton Zürich von 149 Seen, die man 1667 zählte, 73 erloschen, 16 stark verringert, 20 wenig verringert und 39 unverändert geblieben[5]). Im Kanton Thurgau sind 56 Seen verschwunden[4]). Die auf J. Frühs Moorkarte angegebenen 220 ehe-

---

[1]) Verlag Hofer und Burger, Zürich 1891.

[2]) Staatsarchiv Schaffhausen.

[3]) Thurgauische Kantonsbibliothek in Frauenfeld. Von den Kopien liegen einige auch in Zürich (Archiv und Bibliothek).

[4]) Vergl. H. Wegelin, Veränderung der Erdoberfläche innerhalb des Kantons Thurgau in den letzten 200 Jahren, in: Mitteil. d. Thurgauischen Naturforschenden Gesellsch. 21. Heft, Frauenfeld 1914.

[5]) H. Walser, Veränderungen der Erdoberfläche im Umkreis des Kantons Zürich seit der Mitte des 17. Jahrhunderts, in: 15. Jahresber. d. Geograph. Gesellsch. Bern 1896, Bern 1897.

maligen und 60 heutigen Flachmoore im Thurgau sind nichts anderes als versumpfte verlandete Seen[1]). Die Ursachen sind entweder natürliche Verlandung oder künstlicher Eingriff. Starke Veränderungen haben vor allem die Flußläufe erfahren, in erster Linie Rhein, Thur und Töß. Aber auch die Ufer des Bodensees sind durch Abbruch, Anwuchs oder künstliche Eingriffe merklich andere geworden. Am interessantesten ist die Geschichte der früheren Hochwasser der Thur und die Kanalisierung dieses durch ein ungewöhnlich großes alpines Einzugsgebiet charakterisierten Flusses. Seine heutigen schnurgeraden Uferlinien lassen die verheerenden Hochwasser der Jahre 1605, 1664, 1755, 1789, 1817, 1851, 1876, 1881 kaum mehr ahnen.

Fragen wir jetzt nach der Möglichkeit, aus dem überlieferten handschriftlichen Kartenmaterial eine deutliche Vorstellung von den Flächen des Waldes und des Reblandes um 1667 zu gewinnen[2]).

Der Weinbau ist in der Nordostschweiz bereits im ausgehenden 8. Jahrhundert vom Elsaß und Breisgau her eingeführt worden. 779 erscheint urkundlich ein Weinberg in Romanshorn, bald darauf auch in Ermatingen am Untersee. Um 850 muß außer Weinbau auch schon Obstbau vorhanden gewesen sein[3]). Als Wein- und Obstland war der Thurgau von Anfang an besonders geeignet, zumal in Nachbargebieten das rauhere Klima den Weinbau scheitern ließ. Daß im Thurgau das Rebland von 1884 bis 1914 um ca. 30 % zurückgegangen ist, haben wir oben erwähnt. Belief sich das Rebland 1884 auf 1812 ha, so betrug es 1801 noch 2325 ha. Im 18. Jahrhundert war alles für den Rebbau brauchbare Land von Weinbergen besetzt. Eine Durchsicht der thurgauischen Blätter der Gyger-Karte bestätigt dieses Bild auch für den Landschaftszustand von 1667. Einige Ungenauigkeiten in der Gyger-Karte, die H. Wegelin aufgedeckt hat[4]), verbieten leider die Mitteilung exakter Zahlen.

Um so bessere Ergebnisse liegen für den Kanton Zürich vor. Nach H. Walsers Berechnungen, die auf der Gyger-Karte fußen, dürfen wir im Jahr 1685 für das Rebland höchstens 3000 ha annehmen[5]). Diese Zahl hat sich nach 1685 bedeutend erhöht und zwar um schätzungs-

[1]) I. Früh, Die Moore der Schweiz, 1904.

[2]) Außer H. Wegelin und H. Walser sind heranzuziehen: A. Weber, Das Bodenverbesserungswesen im Kanton Thurgau, Bern 1914; — Forststatistik des Kantons Thurgau, Frauenfeld 1860; — Forstliche Verhältnisse der Schweiz, Zürich 1914.

[3]) Vergl. die genannten Schriften H. Bernhards und E. Schmids.

[4]) H. Wegelin a. a. O. 1915.

[5]) H. Walser a. a. O. 1897.

weise 25 %. 1877 umfaßte das Rebland noch 5279 ha, um dann 1894 auf 5003 ha, 1925 auf 3236 ha zu sinken. Seit dem ausgehenden 17. Jahrhundert hat sich die Weinrebe bei großer Veränderlichkeit ihrer Verbreitung doch beständig neue Areale nachweislich erobert.

Für das Bild der älteren Kulturlandschaft ist nicht weniger wichtig der Wald, der, wie oben angegeben, im Kanton Thurgau heute 21,1 %, im Kanton Zürich 31 % des produktiven Bodens ausmacht. Die Statistik hatte für 1801/02 den Wald mit 19,3 % angegeben. Seit dem ausgehenden 17. Jahrhundert hat sich im Thurgau die Waldfläche kaum geändert[1]). Absolute Zahlen lassen sich leider nicht gewinnen. Man darf sagen, daß schon im 17. Jahrhundert der Wald die Flächen einnahm, die ihm von Natur aus gehören: die Hochflächen, die Hügelrücken mit rauherem, feuchtem Klima, schlechtem Molasseboden oder harten Deckenschottern. Außerdem hatte jede Siedelung eine gewisse Waldparzelle nötig. Man hat daher in der Neuzeit, um Kulturland zu gewinnen, nicht Wald gerodet, sondern Niederungen trocken gelegt und Ödland kolonisiert. Jedenfalls trifft letzteres wenigstens seit dem 18. Jahrhundert zu. Im 19. Jahrhundert haben eine Reihe von Aufforstungen stattgefunden, die freilich flächenhaft gering sind. Bis in den Anfang des 19. Jahrhunderts war der Baumbestand des Waldes ein natürlicher[2]).

Im Kanton Zürich hat sich nach H. Walsers Berechnungen das Waldareal von 1667 bis 1879 um 6,8 %, von 1667 bis 1891 um 9,3 % verringert[3]). 1667 dürfen wir 52908,6 ha, 1879 noch 49285,8 ha und 1891 nur noch 48008,0 ha Wald annehmen[4]). Das Waldareal hat sich demnach seit 1667 nur wenig geändert[3]). Sein Anteil an der Fläche des produktiven Bodens betrug 1667 noch 32,49 %, 1879 noch 30,26 %, 1891 nur 29,92 % und 1925 wieder 31,0 %. Allgemein läßt sich feststellen, daß der Wald seit 1667 auf Überschwemmungsflächen zugenommen, auf Terrassenflächen sogar erheblich, dafür auf gutem Boden abgenommen hat. Je schärfer das Bodenrelief, desto schärfer ist der Gegensatz von Wald und offenem Land in der Neuzeit geworden. Überhaupt bedingt die jungglaziale Moränenlandschaft eine weitgehende Zerstückelung der Waldflächen[3]).

---

1) Siehe Anmerkung 4 Seite 195.

2) H. Brockmann-Jerosch, Die natürlichen Wälder der Schweiz a. a. O. 1910.

3) H. Walser a. a. O. 1897.

4) H. Bernhard, Veränderungen in der Bodenkultur des Kantons Zürich a. a. O. 1915.

c) Wandlungen der Kulturlandschaft im Mittelalter.

Die agrargeschichtliche Forschung lehrt für das spätere Mittelalter ziemliche Konstanz, für das frühere Mittelalter weitgehende Änderungen in der Bodenbewirtschaftung[1]). Kulturgeographisch wirkt sich diese Tatsache dahin aus, daß das Bild der Kulturlandschaft im 16. und 17. Jahrhundert, wie es oben skizziert werden konnte, mit dem des 12., 13., 14. und 15. Jahrhunderts wahrscheinlich in den wesentlichen Zügen identisch ist. Sichere Auskünfte würden Spezialuntersuchungen bringen, wie eine solche aus dem Bündnerlande in der vorbildlichen Arbeit R. Kirchgrabers vorliegt[2]). Bis dahin bleiben uns nur Vermutungen.

Im frühen Mittelalter mit seinen tiefgreifenden Änderungen in Wirtschaft und Kultur hat sich bekanntlich auch das Bild der Kulturlandschaft erheblich geändert. In der Nordostschweiz brachte die Landnahme seitens der Alemannen im 5. Jahrhundert diese Änderung. Sie brachten nicht nur die Dreifelderwirtschaft, sondern auch andere Kulturpflanzen mit. Ob dagegen die Periode der großen Waldrodung, die wir überall auf mitteleuropäischem Boden damals haben, bereits kurz nach der Einwanderung der Alemannen begonnen hat oder erst durch die höhere Wirtschaftsform der Karolingerzeit hervorgerufen worden ist, können wir zur Zeit noch nicht sagen. Spezialarbeiten, die das reiche Urkundenmaterial der großen Klöster Reichenau und St. Gallen ausschöpfen müßten, würden uns voraussichtlich Klarheit bringen. Der wichtigste Landesausbau und damit die stärkste Änderung der Kulturlandschaft scheint aber wohl doch bereits vorkarolingisch zu sein. Aus der lehrreichen Untersuchung G. Caros lernen wir, was aus dem älteren Quellenmaterial herausgeholt werden kann.[3]) Caros agrargeschichtliche Forschungen lehren die Wirtschaftsformen zur Karolingerzeit. „Die häufigste Art des Erwerbes war jedenfalls die Rodung, die Vermehrung des Eigentumes durch rechte

---

[1]) R. Kötzschke, Deutsche Wirtschaftsgeschichte I 2. Aufl. 1921.

[2]) R. Kirchgraber, Das Gebiet des ehemaligen Hochgerichtes Vier Dörfer — ein Versuch zur Kulturgeographie der Landschaften des Kantons Graubünden, in: Mitteil. d. Geogr. Ethnograph. Gesellschaft Zürich 1921—22, Zürich 1923. — Viel weniger bietet die umfangreiche Veröffentlichung von Ernst Kaltenbach, Beiträge zur Anthropogeographie des Bodenseegebietes, Basel 1922.

[3]) G. Caro, Studien zu den älteren St. Galler Urkunden: Die Grundbesitzverteilung in der Nordostschweiz und den angrenzenden alamannischen Stammesgebieten zur Karolingerzeit, in: Jahrbuch f. Schweizerische Geschichte 26—27, Zürich 1901—02.

Arbeit. Zweifellos ist gerade von kleineren Freien das Urbarmachen des Ödlandes vielfach betrieben worden. Schon die natürliche Vermehrung der Bevölkerung drängte dazu. Wenn für die Söhne das Gut des Vaters nicht reichte, fanden sie auf dem Boden der Mark Raum genug, um neue Äcker in Kultur zu nehmen und neue Ansiedlungsplätze zu gründen; daher der Ausbau der Weiler in der Gemarkung der Urdörfer. Die Rodungen der freien Bauern konnten freilich nur die Zahl der selbständigen Kleinbetriebe vermehren, nicht deren Umfang..... Es läßt sich annehmen, daß während der Karolingerzeit die durch kein äußeres Hemmnis aufgehaltene Vermehrung der freien Bevölkerung eine sehr beträchtliche war..... Von der gewaltig anschwellenden Masse der ärmeren (bäuerlichen) Freien hoben sich die reicheren, die Grundherren, um so schärfer ab, als das Wachstum ihres Besitzes durch die Zeitumstände begünstigt wurde. Vermöge der Arbeit ihrer Unfreien konnten sie eine umfassendere Rodungstätigkeit entfalten und mit den Nachkommen ihrer servi casati neu angelegte Hufen besetzen.....“[1]).

Die St. Galler Urkunden scheinen zu belegen, daß die Benediktiner selbst lieber bereits kultiviertes Land eingetauscht haben gegen Ödland oder Waldland. „Nicht die organisierte Gewalt der geistlichen Grundherrschaft, sondern selbständige Arbeit des freien Mannes hat Sumpf und Wald in fruchtbaren Acker verwandelt“[1]).

Um so mehr sind die geistlichen Grundherrschaften in der Nordostschweiz für den frühmittelalterlichen Landesausbau im engeren Sinne des Wortes verantwortlich zu machen. Was auch in dieser Hinsicht eindringende Spezialuntersuchungen historisch geschulter Geographen sehr wahrscheinlich leisten werden, läßt bereits die rein rechtsgeschichtliche Arbeit K. Beyerles über die bischöfliche Grundherrschaft in Arbon am Bodensee, mit einer Karte in 1:35000, ahnen[2]). Vorläufig müssen wir uns also hinsichtlich der Wandlungen der Kulturlandschaft im Mittelalter bescheiden und statt Aufstellung schlecht begründeter Theorien ernsthaft an Spezialforschung denken, wie es Geologen und Morphologen im Alpenvorlande vor uns begonnen haben.

---

[1]) Siehe Anmerkung 3 Seite 197.

[2]) K. Beyerle, Grundherrschaft und Hoheitsrechte des Bischofs von Konstanz in Arbon, in: Schriften d. Vereins f. Geschichte d. Bodensees. 32. bis 33. Bd. 1903—04. Vergl. ferner den Band: Die Kultur der Reichenau I, Erinnerungsschrift 724—1924, München 1925 (darin u. a.: F. Beyerle, Die Grundherrschaft der Reichenau). Außerdem natürlich A. Dopsch, Wirtschaftsentwicklung der Karolingerzeit I—II 2. Aufl. 1921—22. Und K. Schumacher, Siedlungs- und Kulturgeschichte der Rheinlande III, Mainz 1925.

d) Wandlungen der Kulturlandschaft in vorgeschichtlicher Zeit.

Der noch unbefriedigende Stand der geographischen Forschung für die große, keineswegs einheitliche Kulturperiode des sog. Mittelalters, wie wir ihn oben charakterisierten, ist aber noch zu ertragen, weil die tief in der Natur des Landes begründete Gegensätzlichkeit von altem Siedlungsland und siedlungsleerem Waldland schon in vorgeschichtlicher Zeit bestanden, nachweislich in der jüngeren Steinzeit begonnen und die Rodungstätigkeit des frühen Mittelalters überhaupt erst notwendig bzw. ermöglicht hat. Die pflanzengeographischen Untersuchungen O. Nägelis einerseits, die urgeschichtlichen Forschungen K. Keller-Tarnuzzers und H. Reinerths andererseits setzen uns glücklicherweise in den Stand, die Urlandschaft im Thurgau zu rekonstruieren und im Kanton Zürich in großen Zügen zu erkennen [1,2]).

Auch im nordostschweizerischen Alpenvorlande zeigt sich der erstmals von R. Gradmann für die deutschen Mittelgebirge erkannte und nachgewiesene Zusammenhang von Pflanzengeographie und ältester Besiedelung: in die durch die nacheiszeitliche trockenwarme Periode der sog. subborealen Zeit geschaffenen waldfreien, weil niederschlagsarm gewordenen Landschaftsteile hat der Mensch des Vollneolithikums einwandern und in den folgenden vorgeschichtlichen Kulturperioden mit Erfolg sich dauernd behaupten können[3]). Die damals waldfrei gewordenen Landschaftsteile sind identisch mit den Verbreitungsgebieten der natürlichen Pflanzengemeinschaft der sog. Steppenheide, die landschaftlich den Eindruck einer Buschsteppe gemacht haben muß. Noch heute stehen diese ältesten Siedelungsflächen mit ihren alten Siedelungs-, Flur- und Wirtschaftsformen den jüngeren, durch Rodung gewonnenen Siedelungsflächen anthropogeographisch wesensverschieden gegenüber. Trägt man die Relikte der pontischen Steppenflora im Thurgau auf einer archäologischen Fundkarte des Thurgaues ein, so wird dieser wichtige Zusammenhang und dieser ausgeprägte Gegensatz überzeugend deutlich[2]). Den niederschlagsärmeren, tiefergelegenen Teilen mit Steppenpflanzen und vor-

---

[1]) O. Nägeli, Über die Pflanzengeographie des Kantons Thurgau, in: Mitteil. d. Thurgauischen Naturforschenden Gesellschaft Heft 13—14, Frauenfeld 1898 u. 1900.

[2]) K. Keller-Tarnuzzer und H. Reinerth, Urgeschichte des Thurgaus, Frauenfeld 1925.

[3]) R. Gradmann, Postglaziale Klimaschwankungen in Mitteleuropa, in: Geogr. Ztschr. 1924.

geschichtlicher Besiedelung stehen die niederschlagsreicheren, höheren Landschaftsteile, die Molasseberge und Schotterrücken, mit Wald und mittelalterlicher Besiedelung schroff gegenüber. Im Kanton Zürich, wenigstens in dem vom Verfasser begangenen sog. nordzürcherischen Weinlande, ist die gleiche Gesetzmäßigkeit zu beobachten. Leider haben die Prähistoriker noch keine Fundkarte dieses Gebietes herausgebracht, so daß eine kartographische Darstellung wie im Thurgau[1]) zur Zeit noch nicht möglich ist.

Die von H. Reinerth aufgestellte Zeittafel der vorgeschichtlichen Kulturen im Thurgau ist selbstverständlich in Einzelheiten wie gewiß auch in einigen wesentlicheren Dingen verbesserungsfähig[1]). Allein sie reicht aus, um die Wandlungen der Kulturlandschaft innerhalb der vorgeschichtlichen Zeit von den ersten Funden ab, die wir ungefähr um 3000 ansetzen müssen, bis zum Beginn der geschichtlichen Zeit unter den Römern in ihren Grundzügen zu skizzieren[2]). Die Hackbauer, Jäger und Fischer der jüngeren Steinzeit haben ebenso wie die Bauern der Hallstattkultur und die sowohl als Bauern als auch als Händler lebenden Kelten der Latèneperiode auf den alten, naturbedingten Siedelungsflächen der nordostschweizerischen Landschaft gesessen, umgeben und getrennt von waldbedeckten Höhenrücken[3]). Dieses sichere Ergebnis mag uns heute genügen, da wir der durch Überschätzung der nacheiszeitlichen Klimaschwankungen sehr angeregten Phantasie der Prähistoriker im einzelnen noch nicht folgen können.

e) Zusammenfassung.

Was diese kleine Studie zeigen sollte, nämlich nicht nur die Notwendigkeit, sondern auch die Möglichkeit einer entwicklungsgeschichtlichen und erst dadurch eigentlich wissenschaftlichen Auffassung und Darstellung der Kulturlandschaft, ist hoffentlich aus dem Vorstehenden, das sich auf die Grundzüge der Entwicklung der Kulturlandschaft im nordostschweizerischen Alpenvorlande bewußt be-

---

[1]) K. Keller-Tarnuzzer und H. Reinerth, Urgeschichte des Thurgaues, Frauenfeld 1925, p. 152.

[2]) J. Heierli, Urgeschichte der Schweiz, Zürich 1901; — O. Tschumi, Urgeschichte der Schweiz, Frauenfeld 1925; — H. Reinerth, Die jüngere Steinzeit der Schweiz, Augsburg 1926.

[3]) Bedeutungsvoll sind genaue Ortsnamenstudien wie M. Koch, Die Flurnamen der Gemarkung Thayngen im Kanton Schaffhausen, Bern 1926, mit Flurkarte.

schränkt, hinreichend klar geworden. Die moderne länderkundliche Methode fordert einfach die genetische Deutung auch der kulturgeographischen Erscheinungen[1]). Das gegenwärtige Bild der Kulturlandschaft in der Nordostschweiz haben wir, trotz eingestandener Lücken und schmerzlicher Mängel in der bisherigen Forschung, zurückverfolgen können bis in die Steinzeit, in der die Naturbedingungen erstmals wirksam und faßbar werden. Im Paläolithikum hauste der Mensch im Thaynger Loch und am Schweizersbild bei Schaffhausen, hockte auf den Rheinhochterrassen und saß dann auf Pfahlbauten längs der Bodenseeufer. Im 20. Jahrhundert sitzt der Mensch noch in der gleichen Landschaft, die aber infolge einer mindestens fünf Jahrtausende umfassenden Kulturtätigkeit in eine reife Kulturlandschaft umgewandelt worden ist, die bemerkenswerte Vorzeitformen aufweist. Die Wechselbeziehungen zwischen dieser Landschaft und ihren Bewohnern sind unlösbar die gleichen geblieben. Aber das äußere Bild hat sich völlig geändert. Die Naturlandschaft blieb in den fünf Jahrtausenden menschlicher Kulturentwicklung so gut wie unverändert. Die Kulturlandschaft ist in der gleichen Zeitspanne durch die ausschließliche Tätigkeit des Menschen überhaupt erst entstanden und geschaffen. Das Antlitz der Kulturlandschaft des 20. Jahrhunderts ist daher nicht mehr jugendlich, sondern trägt die Spuren einer langen Vergangenheit, die sich überall dem beobachtenden Auge aufdrängen. Jede Kulturlandschaft kann demnach nur als das Ergebnis einer unter dem dauernden Einfluß der Naturbedingungen erfolgten geschichtlichen Entwicklung aufgefaßt und verstanden werden. Das „historische Element" in der Geographie liefert dafür die Handhabe.

Die kulturgeographische Forschung hat den großen Vorteil, daß die Zukunft verheißungsvoll vor ihr liegt. Kulturgeographische Untersuchungen werden nicht nur im norddeutschen Tieflande und in einer typischen Landschaft des Mittelmeergebietes lohnend sein, sondern auch in jungen Kulturländern, wo die Entwicklung stürmisch und relativ leicht faßbar ist. Was wir heute nötig haben, das sind nicht gewandte Darstellungen und umfangreiche Handbücher, sondern entsagungsvolle Einzelarbeiten, die mit allen überkommenen Lehrmeinungen und jedem Dilettantismus zu brechen bereit sind. Das wird

---

[1]) Hingewiesen sei noch auf die wohlgelungene neue Arbeit von P. Suter, Beiträge zur Landschaftskunde des Ergolzgebietes, Diss. phil. Basel 1925. In: Mitteil. d. Geogr.-Ethnol. Gesellsch. Basel I 1924—25, Basel 1926.

nur möglich sein bei strengster Spezialisierung, räumlicher Beschränkung und methodischer Selbstzucht. Aber die höchste Kunst wird immer die sein, die notwendige Fühlung mit den Nachbarwissenschaften nicht zu verlieren. Wir brauchen klare Einsicht in den wirklichen Stand der gegenwärtigen Forschung, damit aus dieser Einsicht der Wille zur streng wissenschaftlichen Forschung entsteht. Wo aber beides zusammentrifft, die Einsicht in die Realität der Dinge und der positive Wille, da werden die wahrhaft schöpferischen Leistungen geboren, die das Geheimnis aller Wissenschaft sind und auf die wir heute in der Geographie wieder warten. „Es handelt sich nicht um grenzenlose Anhäufung des Materials, wenigstens jetzt nicht mehr; das Labyrinth steht da, und nicht derjenige verdient unseren Dank, der sich die Mühe gibt, noch ein paar Kammern anzubauen, sondern derjenige, der uns für das Ganze oder für den einzelnen Teil den leitenden Faden reicht“ (Hebbel). —

Sitzungen und Veranstaltungen der Gesellschaft.

A. Allgemeine Sitzungen.

478. Sitzung. 6. Januar 1927.

Vorsitz: Bürgermeister Dr. Schramm.

1. Die satzungsgemäß ausscheidenden Vorstandsmitglieder Herren Dr. E. Koch, Direktor Ritter, Prof. Dr. Schlee wurden wiedergewählt. Herr Eric Schlubach bat wegen geschäftlicher Überlastung von einer Wiederwahl abzusehen, an seiner Stelle wurde Herr Dr. h. c. Roderich Schlubach in den Vorstand gewählt.

2. Vortrag: Univ.-Professor Dr. E. Ziebarth-Hamburg: „Aus dem modernen Griechenland“ (mit Lichtbildern).

Der Vortragende ging aus von dem Gebietszuwachs von 60000 qkm, welchen Griechenland seit 1912 erfahren hat und stellte die Frage, welche Bedeutung das neue Gebiet im Vergleich zu Altgriechenland hat. Zu ihrer Beantwortung gab der Vortragende Bilder aus verschiedenen Landschaften Altgriechenlands und leitete durch ihre Betrachtung zu Makedonien über. Die Betrachtung seiner geographischen Lage und physischen Bedingungen gab den Übergang zur griechischen Industrie, welche in den wasserreichen Bergtälern Makedoniens schon in türkischer Zeit betrieben wurde und seit 1912 von den Großindustriellen mit Nachdruck gefördert ist. Zahlreiche Bilder von Saloniki, Kavalla, den makedonischen Fabrikstädten, der Industriezentren im Piräus und Peloponnes gaben einen Begriff von der Bedeutung der griechischen Industrie. Die Frage nach den Arbeitskräften führte zur Bedeutung der Einwanderung von 1½ Millionen griechischen Flüchtlingen aus Kleinasien und Thrakien, welche ihre heimischen Industrien, besonders die Teppichwebereien so erfolgreich nach Griechenland verpflanzt haben. Auch die bedeutsame Hebung des griechischen Verkehrswesens und der Fremdenindustrie wurde dabei berührt und zum Schluß bezeichnende Charakterzüge des griechischen Volkes, das in einigen Trachtenbildern vorgeführt wurde, mitgeteilt, welche der Vortragende auf seinen drei Griechenlandreisen nach dem Weltkriege und den vier weiter zurückliegenden Reisen beobachtet hatte.

479. Sitzung. 10. Februar 1927.

Vorsitz: Bürgermeister Dr. Schramm.

1. Der Kassenbericht für 1926 wird verlesen und genehmigt.

2. Vortrag: Walther Stötzner-Hammergut Ochsengrund (Sachs.) „Im unerforschten Osten Tibets“ (mit Lichtbildern).

Nur wenige Europäer haben dieses von der abendländischen Kultur noch kaum berührte, ethnographisch wie geographisch nur wenig erforschte Land betreten, dessen über 6000 m hohe Gebirge von schmalen, in der Eiszeit durch Gletscher ausgescheuerten Tälern durchschnitten sind. Die Bevölkerung ist wie das Land rauh und abwehrend gegen alles Fremde, der Zugang ist schwierig und oft nur auf Saumpfaden über 4—5000 m hohe Pässe möglich.

Eigenartig ist auch die Pflanzen- und Tierwelt: von tropischem Charakter in den Tälern, von rein nordischem auf den Höhen. Zwischen Palmen- und Bambusdschungeln tummeln sich Papageien und die farbenprächtigsten Goldfasanarten in vieltausendjähriger Unberührtheit, ferner Abarten deutscher Singvögel, Büffelarten, die seltsame Gnugemse oder Rinderziege, die hier nur allein vorkommt, und das seltsamste Säugetier der Erde: ein schneeweißer Bär mit schwarzen Augenringen, Ohren und Pfoten. Lebend hat noch kein Europäer außer Stötzner ihn gesehen, dem es gelang, kurze Zeit einen solchen jungen Bären zu halten, auch sein Fell zählt zu den größten Seltenheiten. Zu den Berggipfeln aufsteigend, begegnet man dem Kuckuck, dem Schneehuhn und einer reichen alpinen Flora. Alpenwiesen trifft man mit Enzian und Edelweiß von nie gesehener Schönheit, ferner Nadel- und Rhododendronwälder, bis endlich die erhabene Region des ewigen Eises den Wanderer aufnimmt.

Das Volk ist wild, zahlreiche Forschungsreisende sind hier ermordet worden, und namentlich im Süden vergeht kein Jahr, wo nicht ein oder mehrere Missionare getötet werden. Teils Ackerbauer, allerdings in ursprünglichstem Zustande, teils Nomaden bevölkern die Gegend. Wenn trotzdem ein großer Prozentsatz der Bevölkerung, nämlich 60 Prozent, lesen und schreiben kann, so ist das auf den großen Einfluß der allmächtigen Lama zurückzuführen. Muß doch aus jeder Familie ein Mitglied Lama werden, und überall begegnet man den malerisch ins Gebirge hineingebauten festungsartigen Klöstern.

In selten schönen Bildern zeigte dann der Vortragende Aufnahmen von Priestern: es ist ihm sogar gelungen, Tempelszenen zu photographieren. Die Bilder gehören unzweifelhaft zu den schönsten, die bisher in jenen Gegenden aufgenommen wurden. Stötzner hat auch eine reiche Sammlung von Kirchengeräten nach Deutschland gebracht. In ausführlicher Weise schilderte der Vortragende die religiösen Sitten und Gebräuche und zeigte auch Proben lamaitischer Malerei. Unter den zahllosen Götterabbildungen ist die unheimlichste die des Tarma Palas, der mit Menschenköpfen, aus denen er das Gehirn frißt, abgebildet wird. Auch seine Krone besteht aus Totenschädeln.

Trotzdem das Land offiziell zu China gerechnet wird, ist es von der Sprachgrenze an ganz selbständig, nur in den Grenzorten macht sich der chinesische Einfluß bemerkbar. Die 18 Fürsten, die dieses Gebiet des Szee-tschwan beherrschen, haben ihre festen Burgen. Das Regierungssystem ist das Feudalsystem. Erbvögte, die in Ritterburgen von oft sehr schöner Architektur hausen, regieren das Land. Die starken Befestigungen zeugen von den zahllosen Kämpfen, die hier sich ununterbrochen abspielen. Im- und Export gibt es so gut wie gar nicht; nur eins ist interessant, daß die deutsche Anilinfarbe den Weg über China hierher gefunden hat und fast allerorten angetroffen wird.

480. Sitzung. 3. März 1927.

Vorsitz: Bürgermeister Dr. Schramm.

Vortrag: Univ.-Professor Dr. Waibel-Kiel: „Reise durch Mexiko" (mit Lichtbildern).

Der Vortragende berichtete über seine im vergangenen Jahre ausgeführte Reise durch Mexiko. Nach einleitenden Bemerkungen über die allgemeinen geographischen Verhältnisse Mexikos wurden zunächst die Höhenanordnung der tropischen Landschaften, und zwar auf dem Wege von Verakruz hinauf in die Hauptstadt geschildert. Auf dieser Strecke durchfährt man nach einem Ausspruche von Alexander von Humboldt in einem Tage die Tropen, die Subtropen und die gemäßigte Zone. Eindrucksvolle und wechselnde Bilder von Bergen und Flächen, von Wäldern und Grasfluren, von altindianischer, mittelalterlich-spanischer und modern-amerikanischer Wirtschaft, Siedelung und Kultur ziehen an unserem Auge vorbei. Dann behandelte der Vortragende den Gegensatz der feuchten und trockenen Tropenlandschaften der pazifischen Abdachung Mexikos. Er schilderte zunächst die Sierra Madre de Chiapas, ein bislang kaum gekanntes Gebirge, das er in sechs Monaten langer, anstrengender Tätigkeit erforschte. Das 3000 m hohe Gebirge ist vom Fuß bis zum Gipfel in ein dichtes Waldkleid gehüllt und erst seit 40 Jahren bewirtschaftet und besiedelt. In Höhen von 500 bis 1500 m wird zumeist von deutschen (Hamburger) Unternehmern Kaffee nach modernen Methoden plantagenmäßig gebaut. In den höheren Lagen des Gebirges siedeln reine Indianer, die das einfache und primitive Leben der Naturmenschen führen. Zuletzt schilderte der Vortragende die sogenannte mexikanische Wüste des Staates Sonora mit ihren seltsamen Pflanzengestalten, Bergformen und Abtragungsvorgängen. Dann führte er seine Zuhörer nach Nogales an die Grenze der Vereinigten Staaten und zeigte, welch verschiedene Welten sich hier berühren. Ein kurzes Schlußwort behandelte den politischen Gegensatz zwischen Mexiko und den Vereinigten Staaten.

481. Sitzung. 7. April 1927.

Vorsitz: Prof. Dr. Schulz.

Vortrag: Univ.-Prof. Dr. L. Mecking-Münster (Westf.): „Die Häfen Japans; auf Grund einer eigenen Bereisung im Jahre 1926" (mit Lichtbildern).

Ausgehend von dem Einfluß der Küstengestaltung wies der Vortragende darauf hin, wie in Japan namentlich zwei Momente zur Geltung kommen: Flußmündungen und Küstentiefländer. Die Zahl der Häfen, die zunächst groß erscheint, da noch mehr als in Großbritannien das Leben an die Küsten gedrängt ist, erfährt dadurch eine Einschränkung bzw. eine Differenzierung, daß zwischen den Hauptverkehrsküsten große Brennpunkte hervortreten, deren wichtigste die drei Hafenpaare Moji-Shimonoseki, Kobe-Osaka und Tokyo-Yokohama sind. Das letzte Paar ist der Eckpfeiler von Japan, die Hand nach Übersee, das erste der Ausgang aus der großen internen Verkehrsbahn der Inlandsee zum chinesischen Festland (Chinator heißt ein alter Stadtteil von Shimonoseki), während das mittlere Paar am Ostende der Inlandsee, in der Mitte zwischen West, Ost und Nord gelegen, am meisten die Stellung des zentralen Marktes gewann. Redner wandte sich dann mit Rücksicht auf das in Hamburg waltende praktische Interesse diesen drei Brennpunkten zu und gab eine lebendige, von Lichtbildern unterstützte Einzelschilderung.

Shimonoseki und Moji haben, obwohl nur durch die schmale Straße getrennt, verschiedenen Raum inne, ersteres an Plateaukanten und Schluchten lang hingezogen und sehr beengt, letzteres den Boden einer Bucht zwischen Granithöhen ausfüllend. Jenes baut Neuland vor seinen schmalen Raum ins Meer. Aber auch Moji, das den vorderen Teil seiner Bucht mit Lagerhausblöcken ausgefüllt hat und der bedeutendere Handelsplatz ist, muß seitlich der Bucht vor den Berghängen weiteres Neuland ansetzen, bestimmt für Lagerhäuser und für Einrichtungen zum Kohlen großer Dampfer am Kai. Es ist einer der drei größten Häfen, die am Kohlengebiet Nordkiushius saugen. Gemeinsam haben beide Plätze ihre Reede, die räumlich günstig ist, nur behindert durch den starken Gezeitenstrom und den dauernden Fährverkehr.

Kobe und Osaka liegen im innersten Teil der Senkungszone der Inlandsee, die sich auch weiter im Land in kleinen Becken fortsetzt und so den Zugang nach Tsuruga, nach Japans Rückwand schafft. Kobe lehnt sich an ein Granitmassiv, von dem sich ein wenig über 1 km breites Vorland zum Meere zieht, überragt von zwei Restbergen. Die Fläche ist von fünf Flüßchen durchzogen, welche Stadt und Hafen stören und von denen daher die zwei größten künstlich abgelenkt und in Hauptstraßenzüge verwandelt sind. Störend ist auch die Hauptbahnlinie Japans, welche die Stadt in ganzer Länge durchziehen muß. Unten am Hafen liegt das alte Settlement und häufen sich die Häuser der Handels- und Schiffahrtsgesellschaften, an die von den Flüssen vorgetriebenen Landspitzen halten sich die Werften. Abgesehen von diesen Vorsprüngen hat der Hafen keinen Buchtschutz. So wurde schon zu Beginn des neueren Fremdverkehrs ein kleines Becken vor dem Settlement geschaffen. Der heutige Hafen wird von einer riesigen noch nicht ganz vollendeten Mole gebildet, die fast parallel dem Küstenbogen läuft. Granit als Baumaterial steht genug zur Verfügung. Die Schwierigkeit ist vielmehr der weiche Mud im Hafen, der erst durch Sand als Unterlage für die Mole ersetzt werden muß. Die breiten Hafenzungen, zu denen noch weitere im Bau sind, die imposante Flucht der neuen 5stöckigen Lagerhäuser aus Eisenbeton und der rege Schiffsverkehr bieten das Bild eines Großhafens.

Osaka liegt im weiten Schwemmland des Jodogawa, durchzogen von parallelen und sich kreuzenden Kanälen. Seeschiffe von 3000 T. kommen bis in die Stadt. Für die größeren ist der Außenhafen gebaut, ein reiner Molenhafen. Seine Aushebung aus dem Schlamm und kostspielige Unterhaltung lohnte sich durch den großen Vorplatz der Inlandsee, deren Häfen nicht direkt, sondern über Kobe und Osaka mit dem Weltverkehr verbunden sind, sowie durch das relativ große Hinterland, über das gerade Osaka im engeren und weiteren Sinne verfügt, und sie konnte geleistet werden nur durch die große Eigenkraft und Initiative der Industriestadt. So besteht ein heftiger Wettbewerb zwischen dem Stadthafen Osaka und dem Regierungshafen Kobe. Doch mag eine ferne Entwicklung der Vereinigung zu einem riesigen Hafen und Wirtschaftsorganismus zustreben.

Die gleiche natürliche Ungunst wie Osaka gegenüber Kobe hat der seichte Hafen Tokyo gegenüber Yokohama. Auch gleicht Tokyo Osaka als Konsumzentrum, doch weniger als Industriesitz und wirtschaftliches Kraftzentrum, es ist mehr Verwaltungszentrale. Es hat denn auch noch nicht im gleichen Grad seine Ungunst als Hafen zu überwinden vermocht. Das Hinterland dieses Hafenpaares ist die größte Ebene Japans, und die Lage im weiteren Sinn hat seit der Erschließung Nordjapans mehr Mittelpunktscharakter erhalten.

Die engere Stadtlage Tokyos ist gegeben in einem Diluvialplateau, das so weitgehend zerschnitten ist, daß die oft schluchtenartigen Talstraßen mit ihren begrünten Böschungen und ihren Tempel- und Parkhöhen ein malerisch bewegtes Stadtbild ergeben. Dagegen liegt Yokohamas Stadtkern in der von Wassern durchzogenen flachen Bucht eines Diluvialplateaus, von dessen Kanten gabelartig umfangen. Auf die Südkante hinauf zog sich das vornehme Wohnviertel des Bluff, das seit dem Erdbeben noch immer einen traurigen Anblick bietet, ebenso wie am Hafen die großen Bauten und in der Stadt die Kanäle erst im Wiederaufbau begriffen sind. Als ein imponierendes neues Wahrzeichen der Seidenausfuhrstadt erhebt sich das Seidenprüfungshaus. Die beim Erdbeben in den Schlamm gesunkenen Molen mußten neu aufgerichtet werden. Neue Pier- und Kaianlagen und Aufschüttungen für Lagerhäuser erheben sich aus dem Trümmerhaufen von 1923, so daß ein besserer Hafen als der frühere im Entstehen ist. In seiner Entwicklung herrscht die Tendenz nach Norden, in den neuen Aufschüttungen Tokyos die nach Süden, so daß auch hier in einem Zueinanderstreben die fernere Zukunft zu liegen scheint, ähnlich wie in Kobe-Osaka.

482. Sitzung. 5. Mai 1927.

Vorsitz: Prof. Dr. Schlee.

Vortrag: Fischereidirektor Lübbert-Hamburg: „Island und seine Wirtschaft" (mit Lichtbildern).

Der Vortragende führte aus, daß von den 100000 Einwohnern Islands etwa 40000 von der Landwirtschaft, 25000 von der Fischerei leben, während 7000 Handwerker, 4000 Kaufleute und 11000 Handarbeiter sind. Noch im Jahre 1835 waren die Exporterträge der Landwirtschaft und der Fischerei ungefähr gleich: sie hatten einen Wert von je 2 Millionen Kronen. 1912 betrug der Wert der landwirtschaftlichen Exportprodukte 4 Millionen Kronen, der fischereilichen 12 Millionen Kronen. Heute dürfte der Wert der ausgeführten Fischereiprodukte etwa das Zehnfache vom Werte der landwirtschaftlichen Exporterzeugnisse ausmachen. Intensive Landwirtschaft kann auf Island nicht betrieben werden, insbesondere ist der Anbau von Kornfrüchten nicht möglich, da sie nicht reif werden, weil die Sommertemperaturen zu niedrig sind. Nicht einmal Kartoffeln reifen aus. Daher basiert die isländische Landwirtschaft auf einer extensiv betriebenen Weidewirtschaft. Kühe können nur auf den in der Nähe der Höfe belegenen Hausweiden gehalten werden. Die Ausfuhrartikel sind Schafe, von denen es auf Island 8—900000 gibt, und Pferde, von denen 50000 auf Island vorhanden sind. Das isländische Pony ist eins der kräftigsten, ausdauerndsten und anspruchslosesten Pferderassen, die es gibt.

Im Gegensatz zur Landwirtschaft wird die Wasserwirtschaft der Isländer, nämlich die Seefischerei, mit höchster Intensität betrieben. Im Jahre 1895, als es in Deutschland noch nicht einen Fischerei-Motorkutter gab, zählte die isländische Fischereiflotte bereits 85 gedeckte Motorkutter. Im Jahre 1902 waren es schon 170 und heute sind es mehr als 600. Neben der Motorkutterflotte befischt eine aus 40 Fischdampfern bestehende Fischerflotte, darunter die größten und schönsten Schiffe, die bisher in Deutschland und England gebaut sind, von Reykjavik aus die an der Südküste und im Nordosten der Insel belegenen ungeheuer fischreichen Fischgründe. Fast alle Fische werden gleich nach dem Fang an Bord geschnitten und gesalzen, die Salzfische im Heimatshafen gelandet, an Land getrocknet und alsdann, in der Hauptsache nach den Mittelmeerländern, exportiert. Im Jahre 1924 umfaßte der Klippfischexport Islands eine Menge von mehr als 50 Millionen kg. Die isländische Seefischerei steht heute wohl in bezug auf Intensität und Methoden an der Spitze aller Seefischereien Europas.

483. Sitzung. 6. Oktober 1927.

Vorsitz: Geh. Reg.-Rat Prof. Dr. Stuhlmann.

Vortrag: Univ.-Prof. Dr. Th. Herzog-Jena: „In unerforschten Hochgebirgen Boliviens" (mit Lichtbildern).

Die Forschungsreisen, über die der Vortragende berichtete, bildeten nur einen — wenn auch besonders wichtigen — Abschnitt aus der Gesamttätigkeit, die Prof. Herzog als Botaniker und Geograph in den noch unbekannten Teilen des östlichen Boliviens entfaltete. Sie erstreckten sich im wesentlichen auf die Cordillera Oriental, in der eine selbständige Hochgebirgskette mit zahlreichen über 5000 m aufragenden Gipfeln festgestellt wurde, und eine besonders interessante, stark vergletscherte Kette der Cordillera Real, die sogenannte Kordillere von Quimzacruz. In der letzteren wurden auch alpinistisch bedeutende Ersteigungen durchgeführt, u. a. die Erstbesteigung des höchsten Berges der ganzen Kette, Jachakunukollo, ca. 5900 m. Das ganze behandelte Gebiet ist Neuland, das auch seither nicht mehr durchforscht wurde. Bemerkenswert an der Reisetechnik Herzogs ist die neuartige Tatsache, daß er durchwegs auf den kostspieligen Apparat einer Expedition verzichtete, oft ganz allein oder nur zu zweien führerlos in die Hochregion eindrang und — rein auf alpinen Erfahrungen fußend — alle Unternehmungen aufs einfachste und billigste durchführte. Dabei wurden in kurzer Zeit sowohl geographisch wie auch tektonisch, glaziologisch und selbstverständlich botanisch, sehr wichtige Erfolge erzielt, die ihren Niederschlag in mehreren, z. T. selbständigen Publikationen in Buchform fanden. Große botanische Sammlungen und zahlreiche Beobachtungen klimatischer und biologischer Art lieferten die Grundlage für sein in „Die Vegetation der Erde" erschienenes Werk „Die Pflanzenwelt der bolivischen Anden und ihres östlichen Vorlandes". Die vielfältigen Erlebnisse aber auf seinen beiden langen Reisen, die bei den wilden Indianern des östlichen Tieflandes begannen und im Hochgebirge endeten, sind in den reich illustrierten Büchern „Von Urwald zu den Gletschern der Kordillere" und „Bergfahrten in Südamerika" niedergelegt. Sämtliche im Vortrag gezeigten Lichtbilder waren eigene Aufnahmen des Vortragenden und gaben den besten Begriff ebensowohl von der Vielseitigkeit seiner Aufgaben und wissenschaftlichen Arbeiten, wie auch von der landschaftlichen Schönheit und Großartigkeit dieser auch heute noch so wenig bekannten tropischen Hochgebirge.

484. Sitzung. 27. Oktober 1927.

Vorsitz: Geh. Reg.-Rat Prof. Dr. Stuhlmann.

Vortrag: Professor Dr. Alois Kraus-Frankfurt a. M.: „Das Wirtschaftsleben in Indien und seine natürlichen Grundlagen".

Wird Indien im Genuß der stürmisch begehrten politischen und wirtschaftlichen Selbständigkeit, die es im Rahmen des Britischen Reiches schrittweise über kurz oder lang erreichen wird, seine Kräfte besser entfalten und die Stellung in der Weltwirtschaft erringen, die ihm nach seiner Größe und Bevölkerungsziffer zukommt? Der Vortragende unternahm es, diese Frage durch eine Prüfung der wirtschaftlichen Vorbedingung der Kolonie und ihrer gegenwärtigen wirtschaftlichen Leistung zu beantworten. Begünstigt ist das Hauptgebiet Indiens durch seine Ausdehnung über eine weite Tiefebene und über ein mäßig hohes, allerdings schroff abfallendes Schollenland, sowie durch seine Lage zum Seeverkehr. Auch die Temperaturverhältnisse setzten der Entwicklung entsprechender Feldfrüchte keine Schranke. Aber der in der Regel auf den Sommer beschränkte, über die verschiedenen Landschaften höchst ungleichmäßig verteilte, dabei im Ablauf der Jahre überaus schwankende Niederschlag bewirkt die Ausbildung größter landschaftlicher Gegensätze: wüstenhafter Steppen und üppiger Waldlandschaften; in den mäßig niederschlagreichen Gebieten ist die Landwirtschaft geradezu ein Lotteriespiel auf den Regen.

Nur in einigen Landesteilen kann durch künstliche Bewässerung ausreichender Ersatz für den dauernden Regenmangel oder den zeitweiligen Regenausfall geschaffen werden. —

Die Größe der Bevölkerung gleicht der des Westens von Europa ohne Rußland, aber ihre wirtschaftliche Leistungsfähigkeit ist bis jetzt nicht so sehr durch den Gegensatz der beiden Hauptreligionen (Hindu und Mohammedaner) als vielmehr durch die tief eingreifenden Kastenbestimmungen, durch den ungeheuerlichen Zwang der Kinderehe sowie durch die Bodenzersplitterung, Armut und Krankheit außerordentlich eingeschränkt. —

Bei alledem sind die Leistungen auf dem Gebiet der Landwirtschaft bewundernswert, sowohl hinsichtlich der Betriebsweise als auch der großen Zahl und Mannigfaltigkeit der von den Indern gezogenen Nutzpflanzen. Gern haben sie neue ertragreiche Kulturen (Erdnuß, Tabak, Mais, ja auch die Kartoffel) und neue lohnende Varietäten alter Kulturen aufgenommen; aber dieser wichtigste Wirtschaftszweig verblieb auf der Stufe alten Herkommens. Erst in den zwei letzten Jahrzehnten ist durch die englische Regierung eine systematische wissenschaftliche Förderung des Landbaues in Angriff genommen. —

Vielbewundert und vielbegehrt waren seit dem Altertum die überaus mannigfaltigen Erzeugnisse des Gewerbefleißes; aber im schutzlosen Kampf mit der technisch weit überlegenen Industrie des Westens sind viele Gewerbe erlegen, manche andere haben sich, wie die Weberei, durch die Eigenart des heimischen Marktes geschützt, behauptet. Schon hat sich aber eine von der indischen öffentlichen Meinung eifrigst gewünschte Industrie im Lande selbst entwickelt, gestützt auf die landwirtschaftliche Produktion, den Kohlenbergbau im Nordosten der Dekanscholle, auf die spät erschlossenen überraschend ausgedehnten Eisen- und Manganerzlager usw. Bisher haben sich allerdings nur wenige große Industriezweige ausgebildet. Aber dringend heischen sie: die Baumwoll-, Stahl-, Leder- (aber nicht die Jute-) Industrie ausgiebigen Zollschutz. — Der wirtschaftliche Austausch zwischen den verschiedenen Landschaften vollzieht sich auf mangelhaften Straßen und einem großen, aber keineswegs vorbildlich ausgebauten Eisenbahnnetz. Der größte Teil des Außenhandels erfolgt auf dem Seewege. Von den wenig zahlreichen Häfen stehen Kalkutta und Bombay miteinander in eifrigstem Wettbewerb. Dementsprechend gestalten sie ihre Verkehrseinrichtungen stetig aus. Mächtig entwickelt sich der Weizenhafen Karachi in Zusammenhang mit dem Aufblühen des nördlichen Hinterlands, des Punjab. —

Der Außenhandel hat die Werte der Vorkriegszeit noch nicht erreicht, er zeigt im allgemeinen die für Indien erfreuliche Tendenz einer allerdings sehr langsam sinkenden Einfuhr industrieller Erzeugnisse und ein Anwachsen ihrer Ausfuhr. England hat das Übergewicht im Handel mit Indien im ganzen und großen behauptet. Deutschland, dessen Warenaustausch mit diesem Land vor dem Krieg größer war als der mit ganz Afrika (ohne die deutschen Kolonien), größer als mit dem asiatischen Kontinent ohne Japan ist von der zweiten Stelle auf die vierte zurückgeworfen worden; schwerlich auf die Dauer. Im ganzen sind die weltwirtschaftlichen Beziehungen Indiens sehr bescheiden.

Indien wird im Genuß einer weitergehenden Selbstverwaltung seine eigenen Interessen wohl sorgsamer wahrnehmen können als bisher. Allein der erhoffte wirtschaftliche Aufschwung wird sich erst einstellen bei einem dauerhaften Ausgleich der gefährlichen religiösen Gegensätze und einer durchgreifenden Behebung der unheilvollen sozialen Mißstände.

485. Sitzung. 1. Dezember 1927.

Vorsitz: Bürgermeister Dr. Schramm.

Vortrag: Professor Dr. K. Gripp-Hamburg: „Die Hamburger Spitzbergen-Expedition" (mit Lichtbildern).

Außer dem Vortragenden nahmen zwei Herren aus Breslau, sowie Fräulein Dr. Todtmann vom mineralogisch-geologischen Staats-Institut, Hamburg, teil. Es galt zu untersuchen, wie im einzelnen die Moränen vor den großen Gletschern entstehen, und wie der plötzliche Wechsel im Aufbau der Moränen, den wir an den norddeutschen eiszeitlichen Moränen beobachten, entstanden sein mag. Am 10. Juni erreichte die Reisegesellschaft Spitzbergen. An Stelle des mitgeführten Segelbootes mußte man aber bis Ende Juni Schlitten und Schneeschuh benutzen; denn auffallend lange ließ der ohnehin so kurze Sommer auf sich warten. Nur wenige Tage, bevor das von der Expedition gecharterte Eismeerfahrzeug, die Oiland, eintraf, um die Expedition in entlegenere Teile der Inselgruppe zu bringen, ging der Fjord auf, d. h. das Wintereis schwand. An der Hand von Lichtbildern konnte man die Reisenden in z. T. kaum bekannte Teile der landschaftlich so mannigfaltigen Inselgruppe begleiten. Ein Höhepunkt der Reise war der Aufenthalt in der Ekmanbay. Beiderseits 5—600 m hohe Berge, die unten aus einem tiefroten, tonigen Gestein bestehen, während darüber unglaublich großartig zerfurchte Kalksteinschichten liegen. Alle Gewässer, die Gletscherseen- und Bäche, die Flüsse und das Meer weithin wiesen die gleiche ziegelrote Farbe auf. In der van Keulenbay, in der allein von Süden 8 riesige Gletscher enden, wurden neue und für das Verständnis der norddeutschen eiszeitlichen Ablagerungen wichtige Beobachtungen gemacht. Großartig, und zwar nicht nur vom wissenschaftlichen Standpunkt aus, war eine aus dem Eis austauende Landschaft aus Lehmmauern. Aus solchen Lehmmauern und Lehmpfeilern, die allmählich zu rundlichen Kuppen verstürzen, soll auch die kuppige Landschaft Ost-Holsteins entstanden sein. Ein weiterer Höhepunkt der Reise war der Besuch im Storfjord, einer im Osten der Inseln gelegenen breiten Meeresbucht die bis weit hinein eisfrei war. Jahrelang bleibt dies Gebiet entweder den ganzen Sommer über vom Wintereis bedeckt oder wird von Treibeis erfüllt, so daß manche Expedition unverrichteter Sache umkehren mußte.

Zum Schluß wurde über die nutzbare Tierwelt berichtet und über das Leben der Fangsleute, die auf Bärenjagd und Fuchsfang in entlegensten Gegenden die lange Winternacht verbringen und im Frühling mit dem Sammeln der Eiderdaunen eine Verdienstmöglichkeit haben. Seit 2 Jahren wird dort oben auch wieder Walfang betrieben, dessen Produktion an „Öl" — Tran heißt es heute nicht mehr— zu Margarine verarbeitet wird. Auch auf den Fang der Weißwale, deren Häute zumeist in Deutschland zu Leder verarbeitet werden, wurde hingewiesen.

486. Sitzung. 5. Dezember 1927.

(Gemeinsam mit dem Naturwissenschaftlichen Verein in Hamburg.)

Vorsitz: Bürgermeister Dr. Schramm.

Vorträge über: „Die Deutsche Atlantische Expedition auf dem Vermessungs- und Forschungsschiff „Meteor".

Kapitän zur See Dr. h. c. Spieß: „Planlegung und Bedeutung der Expedition".

Dr. A. Schumacher-Deutsche Seewarte: „Die meereskundlichen Arbeiten der Expedition".

Dr. E. Kuhlbrodt-Deutsche Seewarte: „Die meteorologischen Arbeiten der Expedition".

Prof. Dr. E. Hentschel-Zoologisches Staatsinstitut, Hamburg: „Geographische Bilder vom Reiseweg".

Nach einer warmen Begrüßung der Expeditionsteilnehmer durch den Vorsitzenden nahm zunächst Kapitän zur See Spieß das Wort und gab einen kurzen Überblick über die Vorgeschichte und Organisation der Expedition sowie über die große geleistete Arbeit. Der „Meteor", ein Schiff von 1200 Tonnen, legte im Laufe der über zwei Jahre währenden Forschungsreise über 67000 Seemeilen zurück und machte während seiner breitenparallelen Fahrten über den Ozean 310 ozeanographische Stationen von je 8—12 Stunden Dauer. Mittels des Echolotes wurden insgesamt 67300 Lotungen ausgeführt und damit ganz neue Grundlagen für die Kenntnis von der Gestalt des Meeresbodens geschaffen.

Hierauf berichtete Dr. Schumacher, einer der vier Ozeanographen der Expedition, über die meereskundlichen Arbeiten. Das Kernproblem, dem die „Meteor"-Expedition ihre Entstehung verdankt, ist die ozeanographische, hydrodynamische Fundamentalfrage nach der ozeanischen Zirkulation, der Bewegung des Wassers im Meeresraum. Durch diese Fragestellung war die große Zahl der Stationen und Beobachtungstiefen bedingt; Hand in Hand mit der eigentlichen ozeanographischen Arbeit ging die intensive Tätigkeit der Nachbardisziplinen, der Chemie, der Biologie, der Geologie und Mineralogie. — Zunächst wurde die Arbeit auf einer Station, deren jede 8 bis 10 Stunden dauerte, geschildert. Es wurden die geologischen, ozeanographischen und biologischen Instrumente im Lichtbild vorgeführt. Auf 10 Stationen war das Schiff auf mehreren Tausend Metern Tiefe zu unmittelbaren Strommessungen tagelang verankert. Zur Untersuchung der gesammelten Proben stand ein reich ausgestattetes Laboratorium zur Verfügung.

Unter den schon vorliegenden Ergebnissen interessiert zunächst die Verfeinerung der morphologischen Kenntnisse durch das Echolot. Die Atlantische „Schwelle" zeigt ein sehr bewegtes Querprofil. Im „Atlantischen-Indischen Querrücken" wurde die östliche Fortsetzung dieser Schwelle erkannt. Südöstlich von Südgeorgien wurde bei der Untersuchung des sog. „Südantillenbogens" die größte südatlantische Tiefe, die Südsandwichtiefe mit über 8000 m gefunden. Allgemein ist ein hydrographisch bedeutsamer Unterschied zwischen Ost- und Westhälfte sehr viel deutlicher als bisher zutage getreten: Die Becken der afrikanischen Seite erweisen sich infolge Entdeckung zweier weiterer Querrücken sehr viel geschlossener als die auf der amerikanischen Seite. — Das ozeanographische Beobachtungsmaterial gestattet schon jetzt, morphologisch sinngemäße Längsschnitte, für Ost- und Westhälfte getrennt, zu zeichnen und so die bisherigen qualitativen Vorstellungen wesentlich zu verfeinern. Infolge der morphologischen Verhältnisse sind alle drei Glieder des großen interhemisphärischen Wasseraustausches im Westen stärker als im Osten entwickelt, sowohl der antarktische Zwischen- und Bodenstrom, als auch der nordatlantische Tiefenstrom. Sehr wesentliche Stützen erhalten die aus Temperatur- und Salzgehaltverteilung gezogenen Schlüsse durch die Gasgehalts- (Sauerstoff- und Kohlensäure-) Untersuchungen des Chemikers; sie gestatten vielfach sogar feinere Abgrenzungen der verschiedenen Wasserarten. In gleich enger Wechselbeziehung stehen Chemie, Biologie und Mineralogie. Biologisch hat Prof. Hentschel zum erstenmal einen Weltmeerraum bis zum Boden quantitativ auf seinen Planktonbestand untersucht; bis in die größten Tiefen ergaben sich nachweisbare Mengen. — Die grundsätzliche Bedeutung der deutschen atlantischen Expedition in der Geschichte der Meeresforschung liegt in der erstmaligen Anwendung intensiver geophysikalischer Untersuchungsprinzipien auf einen großen ozeanischen Meeresraum; es ist das große Verdienst von A. Merz, diese Leistung gefördert und organisiert zu haben.

Über die meteorologischen Arbeiten der Expedition berichtete Privatdozent Dr. E. Kuhlbrodt von der Deutschen Seewarte. Das Forschungsschiff „Meteor“ war ein mit den modernsten Instrumenten ausgerüstetes schwimmendes Observatorium sowohl für die meteorologischen Beobachtungen an Deck wie für die Messungen in den höheren Luftschichten mit Hilfe von Ballonen und Drachen. Sämtliche meteorologischen Elemente wurden fortlaufend an Bord registriert, es war auch eine Registrierung der Windrichtung, eine elektrische Registrierung der Windstärke und der Lufttemperatur an verschiedenen Stellen, darunter an der Spitze des Vordermastes, vorhanden. An Hand von Lichtbildern wurde die Aufstellung der verschiedenen meteorologischen Instrumente gezeigt. Das meteorologische Hauptprogramm waren die Aufstiege mit Pilotballonen und Drachen, denn das Hauptproblem für die meteorologischen Arbeiten war, durch systematische Messungen in den höheren Luftschichten Ergebnisse zu gewinnen in bezug auf die vor allem wichtigen großen Bewegungen des Luftmeeres über dem Atlantischen Ozean. Aus früherer Zeit liegen solche Beobachtungen besonders vom Südatlantischen Ozean nur sehr wenige vor. Die lange Dauer der Expedition und die hierdurch gewonnene große Zahl von Messungen, welche sich über alle Jahreszeiten verteilen, ermöglichten eine systematische Untersuchung, wie sie keinem Ozeangebiet bisher zuteil wurde. Der Vortragende erläuterte zunächst an Hand von Lichtbildern die Instrumente und Methoden der Aufstiege mit Pilotballonen und Drachen. Die Beobachtungen der aufsteigenden Ballone ergeben die Windrichtung und Windstärke in allen vom Ballon durchflogenen Luftschichten. Bei den Drachenaufstiegen wird ein Instrument mit in die Höhe genommen, welches ständig die Werte des Luftdruckes, der Lufttemperatur, der Feuchtigkeit und der Windstärke registriert. Es folgte sodann ein Überblick über die Durchführung der Messungen in den oberen Luftschichten. Insgesamt wurden während der Expedition 217 Drachenaufstiege und 812 Pilotballonaufstiege ausgeführt. Die besten Resultate wurden naturgemäß in den Tropen mit ihren günstigen Witterungsverhältnissen gewonnen. Die von den Ballonen erreichte Höhe betrugen hier im Mittel nicht weniger als 8000 bis 9000 m. Die größten Höhen lagen bei 18 bis 20 km, die überhaupt größte erreichte Höhe betrug 21000 m. Die mit den Drachen erreichten mittleren Höhen betrugen etwa 2000 bis 3000 m, die größten Höhen lagen zwischen 4000 und 5000 m.

Die Bearbeitung dieses umfangreichen Beobachtungsmaterials kann natürlich erst in einigen Jahren fertig vorliegen. Der Vortragende erläuterte an Hand von Diagrammen für das Gebiet des Südostpassats die charakteristische Schichtung der Atmosphäre. Der Verlauf des „Passat-Luftkörpers“ wurde in zwei Querschnitten über den Ozean gezeigt. Das Diagramm eines hohen Pilotballonaufstiegs zeigte die charakteristische Struktur der Atmosphäre im Äquatorgebiet; es ergeben sich für die sehr hohen Luftschichten ganz neue Ergebnisse. Wolkenbilder ergänzten diese Ausführungen.

Es ist ohne Zweifel, daß die Kenntnis der Zirkulation der Atmosphäre, des großen Luftaustausches zwischen den niederen und höheren Breiten, durch die Ergebnisse der „Meteor-Expedition“ wesentliche Fortschritte machen wird. Die Ergebnisse sind zugleich von großer Bedeutung und unmittelbarem praktischen Nutzen für die Frage des Luftverkehrs über dem Atlantischen Ozean.

Nach diesen Darlegungen über die wissenschaftlichen Arbeiten sprach Professor Hentschel vom Zoologischen Staatsinstitut in Hamburg, in dessen Händen die biologischen Untersuchungen der Expedition gelegen haben, über Länder und Inseln, welche der „Meteor“ besucht hat. Aus der Fülle des geographischen Materials wurde eine Reihe charakteristischer Landschaften zur Veranschaulichung ausgewählt. Zunächst die Kapverdischen Inseln, die einen Hauptstützpunkt der Expedition bildeten. In ihrer fast wüstenhaften Öde, mit ihren nur mühsam an den spärlichen Wasserstellen aufrecht erhaltenen Kulturen, stehen sie in einem scharfen Gegensatz zu dem Gebiete der zweiten Bildgruppe, der tropischen Insel Fernando Poo. Dichter Urwald umkränzt dort den fast 3000 m hohen Vulkan, der den größten Teil der Insel bildet. Nur um seinen Fuß herum liegen ausgedehnte Kakaokulturen. Eine Anzahl deutscher Siedler sowie deutschsprechender Neger aus dem gegenüberliegenden Kamerun sind dort ansässig. Ein dritter, wieder ganz anderer, und doch wieder echt afrikanischer Landschaftstypus findet sich in Angola. Es ist die Baumsteppe mit den riesenhaften, seltsamen Affenbrotbäumen und kandelaberartigen Wolfsmilchgewächsen. Einige Mitglieder der Expedition reisten dort über das der Schlafkrankheit wegen berüchtigte Dondo hinauf in die Hochebene zu der jungen Siedlung Luati, in der eine kleine Gruppe alter Deutsch-Afrikaner seit einigen Jahren Pflanzungen angelegt hat. Von Südwest-Afrika, das der Expedition einen menschlich und politisch so eindrucksvollen Empfang bereitet hat, wurde nur das geographisch so interessante Küstenland, die Wüste Namib, zur Veranschaulichung gebracht, mit ihrem wildbewegten Dünenmeer, ihren Sandstürmen und dem strahlenden Licht der reinen Wüstenhimmels. An einem weiteren Hauptstützpunkt der Expedition, Kapstadt, ging der Vortragende flüchtig vorüber, um die Gebiete des hohen Südens zu schildern, die landschaftlich vielleicht die gewaltigsten Eindrücke darboten. Süd-Georgien, ein kaltes tiefvereistes Land, liegt wie ein Stück Hochgebirge mitten im Meer, in das seine Gletscher hinabfließen. Wale, See-Elefanten, Pinguine kennzeichnen den Tierreichtum dieses Meeres. Die einzige dauernd bewohnte Siedlung ist die wichtige Walfängerstation Grytviken. Als rein polares Land, von Eisbergen umgeben, liegen in der südlichsten von der Expedition erreichten Breite die Süd-Shetlandsinseln, darunter das sonderbare Eiland Deception. Diese Insel bildet einen weiten Krater, in den das Meer durch einen schmalen Einbruch eingedrungen ist, einen wohlgeschützten Hafen im Innern bildend, der zur Sommerszeit wieder ein Hauptstützpunkt für den Walfang ist. Als drittes, geographisch besonders bedeutsames Gebiet des fernen Südens besuchte der „Meteor" Feuerland und Südpatagonien. Mit seinen Schneebergen, Gletschern und fjordartigen Kanälen erinnert dieses Land lebhaft an Norwegen; aber sein andersartiges Klima erzeugt in ihm eine Flora von erstaunlicher Üppigkeit. Urwälder der feuerländischen Buche umgeben den Fuß der Schneeberge. An den vielbesuchten Hafenplätzen Südamerikas ging der Vortragende wiederum schnell vorüber, um nur noch an dem nördlichsten amerikanischen Hafen des „Meteor", Para, zu verweilen. Das Mündungsgebiet des Amazonenstromes, dessen Nähe dieser alten Stadt ihre Eigenart aufprägt, wirkt auf den Besucher besonders durch den Eindruck von der Riesenhaftigkeit der Ströme und Wälder des Hinterlandes. Die unmittelbare Anschauung der mächtigen Wasserflächen und des üppigen Pflanzenwuchses, sowie die Beobachtung des von jenem Hinterlande genährten Handels erzeugen gemeinsam diesen eigentümlichen Eindruck von Para.

487. Sitzung, 5. Januar 1928.

Vorsitz: Bürgermeister Dr. Schramm.

1. Der Mitgliedsbeitrag wird für das Jahr 1928 wie bisher auf RM. 10.— festgesetzt.

2. Die satzungsgemäß ausscheidenden Vorstandsmitglieder Dr. Mühlhausen, Prof. Dr. Schulz, Geh. Regierungsrat Prof. Dr. Stuhlmann, Prof. Dr. Thilenius werden wiedergewählt.

3. Vortrag: Univ.-Professor Dr. Walther Geisler, Halle a. S.: „Die wirtschaftlichen Verhältnisse des heutigen Australiens und deren Grundlagen, auf Grund eigener Anschauung." Der Vortrag ist im vorliegenden Bande der „Mitteilungen usw." veröffentlicht.

488. Sitzung, 2. Februar 1928.

Vorsitz: Bürgermeister Dr. Schramm.

1. Der Kassenbericht für das Jahr 1927 wird verlesen und genehmigt.

2. Vortrag: Dr. Wahrhold Drascher, Stuttgart: „Südamerikanische Städtebilder." Der Vortrag ist im vorliegenden Bande der „Mitteilungen usw." veröffentlicht.

489. Sitzung, 18. Februar 1928.

(Gemeinsam veranstaltet mit der Deutschen Kolonialgesellschaft, Abteilung Hamburg und dem Überseeklub, Hamburg.)

Vorsitz: Bürgermeister Dr. Schramm.

Vortrag: Dr. W. M. G. Schumann, ehem. Vorsitzender des Volksraad von Niederländisch-Indien: „Die Eingeborenen-Politik der Niederlande in Ost-Indien."

Nach einigen einleitenden, sympathischen Worten über den Anteil Deutscher an der Entwicklung der Kolonie und nach einigen „Schulreminiszenzen geographisch-statistischer Art" wendet sich Redner der historischen Entwicklung der Kolonie zu: Holland ist s. Zt. nicht als Kolonialkonquistador auf Kolonieraub ausgegangen. Pioniere waren Kauffahrteifahrer und Kaufleute, die dem Heimatslande die Kolonialprodukte, die nach Beendigung des Freiheitskampfes gegen Spanien, besonders seit der Zufügung Portugals zur spanischen Krone, Monopol des Feindes geworden waren, aus dem Ursprungslande holen wollten. Die Faktorei war die natürliche Folge, um die Handelsbeziehungen zu konsolidieren. Handel, nicht Eroberung war das Ziel der niederländischen Kaufleute, die sich schließlich zur Ostindischen Kompagnie zusammenschlossen. Allmählich wurden sie aber in die Politik einbezogen; eingeborene Fürsten riefen ihre Hilfe gegen andere eingeborene Fürsten an und zahlten mit Land- und Handelskonzessionen.

Solche Einmischungen erfolgten aber nur widerwillig und — wenn unvermeidbar — im bescheidensten Umfang. Diese Zurückhaltung befolgte auch die Niederländische Regierung, als sie Nachfolgerin der bankrott gewordenen Kompagnie wurde. Allerdings mit einer Einschränkung: barbarische Sitten und Gebräuche mußten europäischer Kultur weichen.

Achtung einheimischer Einrichtungen, das Fundamentalprinzip der Niederländischen Regierung, führte zum Dualismus in Gesetzgebung, Rechtsprechung und Verwaltung. In einem räumlich so ausgedehnten Gebiete mit einer Bevölkerung, die alle Schattierungen von geistig hochstehenden Eingeborenen bis zum menschenfressenden Papua durchlief, mußte differenziiert werden.

Für den Eingeborenen gilt vorzugsweise das „Adat" oder einheimische Recht. In erster Instanz wird er von Landsleuten und nicht von europäischen Richtern berechtet. Europäische Aufsicht sorgt aber dafür, daß Recht und Billigkeit nicht verletzt werden.

Gleichen Dualismus haben wir in der Verwaltung: den in Europa akademisch ausgebildeten, und den in Indien ausgebildeten, aus Eingeborenen bestehenden Beamtenkörper. Letzterer entstammt zwar in der Regel der einheimischen Aristokratie, aber: „Freie Bahn für alle Tüchtigen" ist auch hier die Losung. Beide Beamtenkörper stehen sich kollegial gegenüber.

Der höchste, von der Krone ernannte Verwaltungsbeamte ist der Generalgouverneur. Java ist in Bezirke unter einem Gouverneur oder Residenten als höchstem (europäischen) Beamten verteilt, die Bezirke wiederum in Unterbezirke unter Assistent-Residenten. Daneben die eingeborene Verwaltung unter Regenten, die, de jure dem Residenten subordiniert, de facto mehr Berater und Vertrauensleute sind. Der Regent stellt das Bindeglied zwischen Holland und Eingeborenem dar. Auch hierbei: Achtung einheimischer Einrichtungen. Immer mehr tritt der Europäer als Vorgesetzter zurück und wird mehr zum Berater, immer größer werden Selbständigkeit und Verantwortlichkeit des eingeborenen Beamten.

Stellenweise bestehen noch Selbstverwaltungen unter eingeborenen Herrschern. Holland hat daraus keinen finanziellen Vorteil: die

Selbstverwaltungen tragen zum Staatshaushalt bei, verwenden sonst aber ihre Einkünfte im eigenen Interesse.

Nach Ausführungen über Staatsangehörigkeitsverhältnisse und die Möglichkeit des Übergangs von einer Untertanenklasse in die andere geht Redner zum Arbeitsservitut Eingeborener über, das, jetzt auf Java und Madura so gut wie abgeschafft, eigentlich nur noch auf den „Außenbesitzungen“ im bescheidensten Umfang besteht.

Nach diesen, mehr die passive Seite der Nichteinmischung in einheimische Verhältnisse behandelnden Ausführungen geht die Rede nunmehr zur aktiven Seite über: Erziehung und Entwicklung des Eingeborenen.

Mitte des 19. Jahrhunderts gehen die meisten Kolonialmächte von der ehemaligen Aussaugungspolitik zum Prinzip der Selbstlosigkeit über: des Weißen Ehrenaufgabe ist die Erziehung des Ostens. Redner schildert, wie sich aus der Eingeborenenschule allmählich die Volksschule im Sinne des Westens nach dem leitenden Prinzip: Unterricht im Nötigen, d. h. Lesen, Schreiben und Rechnen mit etwas Allgemeinbildung, ohne Entwurzelung aus einheimischem Milieu, entwickelt. Aber: Oberrealschule und Gymnasium stehen jedem offen. Neben Volksschulen sehen wir Fortbildungsanstalten und technische Hochschulen; alles kulminiert in drei Hochschulen: je einer für Rechtswissenschaft und Medizin in Batavia und der Technischen Hochschule in Bandoeng mit Berechtigung der Promovierung zum Doktor bzw. Ingenieur. Privatinitiative tritt hinzu, so daß Niederländisch-Indien auf dem Gebiete der Volks„schulung“ im Fernen Osten an der Spitze steht.

Ausführlich und mit ersichtlicher Liebe weilt Redner bei der Dienstabteilung für Volkslektüre. Der Umsturz bezeichnet sie als Zwingburg der Regierung, nach Redner das höchste Lob, das ihr erteilt werden kann; sie will, auf dem Wege der Versorgung des Eingeborenen mit gutem Lesestoff und unerbittlichen Kampfes gegen jegliche Schundliteratur, das Bollwerk sein, hinter dem sich die gesellschaftliche Evolution ungestört vollziehen kann.

Auf dem Gebiete der Hygiene muß die Regierung beim Ausbruch epidemischer Krankheiten wie Pest, Cholera und Blattern (letztere ohne Impfzwang durch Schutzimpfung so gut wie zum Erlöschen gebracht) zwar wie auch andere Regierungen vorgehen, sonst bilden aber Überredung und gutes Beispiel der eingeborenen Beamtenschaft das Hauptmittel, den Eingeborenen vom Quacksalber und Zauberer weg zum wissenschaftlichen Arzt zu führen.

Arbeiterschutzgesetzgebung steckt in der vorzugsweise landbautreibenden Kolonie mit wenig entwickelter Industrie wie in ganz Asien in den Kinderschuhen. Wo aber Industrie besteht, ist der eingeborene Arbeiter gegen Betriebsunfälle geschützt; weitere gesetzliche Maßnahmen sind in Vorbereitung und einige Beschlüsse der 1920er Washingtoner Konferenz teilweise verwirklicht.

Bei der wirtschaftlichen Erziehung des Eingeborenen ist zu beachten, daß Indien den Übergang von Naturalwirtschaft zu Geldwirtschaft noch nicht durchgemacht hat. Auf Java leben 80 Prozent der Bevölkerung von Landwirtschaft, in den „Außenbesitzungen" mehr.

Der Eingeborene kann sein Grundeigentum den Nicht-Eingeborenen nur verpachten, nicht verkaufen. Scheinverträge in Gestalt langfristiger Pachten mit Vorauszahlung des Pachtzins auf einmal, die praktisch auf Verkauf hinausliefen, könnten das illusorisch machen. Regierungsvorschriften machen solche Scheinverträge aber unmöglich. Bei seinem angeborenen Leichtsinn, bei der Sicherheit des Sieges europäischer und chinesischer Routine über Bauernnaivität war diese Einschränkung des Selbstverfügungsrechts notwendig, um den eingeborenen Kleinbauern vor dem Schicksal, zum besitzlosen Kuli zu werden, zu bewahren. Hierdurch, durch die Vorschrift, daß durch keine Abtretung von Domanialbesitz Rechte von Eingeborenen beeinträchtigt werden dürfen; durch die weitere Vorschrift, daß da, wo aus beliebigen Gründen baldige Wertsteigerung von Grundbesitz zu gewärtigen ist, Verpachtungen zeitweilig unterbleiben müssen, hat die Agrarpolitik der Niederländischen Regierung den Eingeborenen vor dem Proletarier-Werden bewahrt.

Der Eingeborene, der ursprünglich nur seine Hauptnahrung Reis angebaut hatte, ist schon lange zum Anbau von Kaffee, Tee und anderen Exportprodukten übergegangen. Auch hierin schützt ihn die Regierung, aber über diesem Schutze dürfen die Vorteile nicht übersehen werden, die andererseits des Bauern Konkurrent, die europäische Kulturgesellschaft, der einheimischen Wirtschaft bietet: sie hat 1924 annähernd 180 Millionen Gulden an Löhnen und Pachtgeldern dem Eingeborenen gezahlt.

Gegen chinesische und arabische, leider auch notwendigerweise europäische Wucherer mit 60 bis 100 und mehr Prozent Zinsen schützen staatliche Pfandleihen und nichtstaatliche, aber staatlich subventionierte Volksvorschußbanken. Letztere schießen auch ohne Faustpfand kleine Summen als Betriebskapital und zur Überbrückung vorübergehenden Geldmangels vor.

Die landwirtschaftliche Erziehung des Eingeborenen nehmen zunächst Landwirtschaftsschulen und -dorfkurse für hauptsächlich die heranwachsende Generation wahr, während Landwirtschafts„berater" mit attachierten Lehrern und Aufsehern der Aufklärung der älteren Generation dienen. Sie haben ein derartiges Vertrauensverhältnis zum „Tani", d. h. dem eingeborenen Kleinbauern, geschaffen, daß letzterer sich zu europäischer Wirtschaftsmethode, dem vorher nie benützten Kunstdünger und Ersatz seines primitiven Landwirtschaftsgeräts durch europäisches entschlossen hat.

Trotz der Fruchtbarkeit des Klimas mußte die Regierung der Frage künstlicher Bewässerung größte Aufmerksamkeit widmen. Allein auf Java hat westliche Technik 1200000 Hektar unter einem Kostenaufwand von über 150 Millionen Gulden allein für die Neuanlage irrigiert. Unermüdlich schreitet man auf dem begonnenen Weg fort; der Hauptsegen der Irrigation kommt dem eingeborenen Kleinbauern zunutz. Daß — will man den Eingeborenen auf gleiche Höhe mit dem Chinesen bringen, die des Europäers wird er wohl erst viel später erreichen — seine landwirtschaftliche Erziehung nie ruhen darf, ist nötig, weil die Bevölkerung Javas von 11 Millionen im Jahre 1850 auf 36 Millionen im Jahre 1926 angewachsen ist. In zehn Jahren werden die 40 Millionen erreicht sein: Ist, fragt Redner mit berechtigtem Stolz, ein schlagenderer Beweis für die Besserung der sozialen und hygienischen Zustände unter niederländischer Herrschaft denkbar?

Natürlich hat das auch seine Kehrseite: das Problem der Ernährung der täglich zunehmenden Menschenmengen. Steigerung der Produktivität (die aber nur in bestimmten Grenzen möglich ist) spielt dabei die erste Rolle; Auswanderung nach Gebieten, die bei Arbeitsgelegenheit an Arbeitermangel leiden, hilft nur teilweise. Versuche, Indien aus einem landbautreibenden Lande in einen Industriestaat zu verwandeln, müssen erst ausprobiert werden: das Problem harrt also noch endgültiger Lösung. Während der holländische Professor der Nationalökonomie Boeke der eingeborenen Bevölkerung den Vorwurf macht, auf die Wohlfahrtspolitik der Regierung nur mit sintflutähnlicher Zunahme reagiert zu haben, findet Redner seine Befriedigung in einer Ruhmestat der Regierung, die eine in 100 Jahren versechsfachte Bevölkerung (mit 266 Seelen per Quadratkilometer, also der größten Bevölkerungsdichtigkeit aller Agrarländer) vor dem Hungertode retten konnte.

Nun zur politischen Erziehung des Eingeborenen.

Jede Kolonialmacht hat sich nach der eigentlichen Eroberung der Kolonie für Assimilierungs- bzw. Angleichungspolitik oder Autonomie- bzw. Selbstverwaltungspolitik entscheiden müssen. So auch Holland. 1850 hatte es erklärt: Indien muß Holland die materiellen Vorteile bieten, die der Zweck der Eroberung waren, aber vorbehaltlich der Wohlfahrt der eingeborenen Bevölkerung. Seine Erziehung ist Fundamentalprinzip der Politik, aber einstweilen unter Autokratie Hollands.

Nach dem russisch-japanischen Kriege, mit dem das sogenannte Erwachen des Ostens einsetzt, siegt die Erkenntnis, Erziehung des Eingeborenen zur Verwaltung der Eigenangelegenheiten, seine politische Reifung müßten, allerdings ohne Überhastung, Tendenz der Kolonialpolitik sein. In den Einzelheiten dem Redner zu folgen, würde zu weit führen, hier also nur die Hauptstichwörter: 1905 führt Holland Bezirksräte, Gemeinde- und Dorfräte ein, deren Mitglieder (Europäer wie Eingeborene) anfänglich ernannt, später gewählt wurden. Heute findet man sie überall. 1925 folgen auf Java Regentenräte: Kollegien, bei denen zum erstenmal nicht allein der Vorsitz von Eingeborenen anstatt von Europäern geführt wird, sondern auch einheimische Mehrheit herrscht.

Einmal Selbstbestimmer in Lokalinteressen geworden, wollte der Eingeborene bald auch Beteiligung an der Landesverwaltung haben: 1916 wird der Volksraad ins Leben gerufen. 1918 installiert ihn Graf Limburg Stirum, der damalige Generalgouverneur, jetzige Vertreter der Niederlande in Berlin.

Dieser alte Volksraad veranschlagte den Staatshaushalt, sonst hatte er aber nur beratende Eigenschaft. Immerhin konnte sich der Eingeborene darüber über die Regierungspolitik äußern und die Regierung wurde über den Eingeborenen aus seinem eigenen Mund, nicht allein vom grüne nTisch der Bürokratie, informiert. Bald darauf, schon 1925, erkannte die Regierung, daß Indien eine Evolution durchgemacht hätte, die weitgehende Reformationen rechtfertigte. Heute liegt, wenn auch der von der Krone ernannte Generalgouverneur an Anweisungen des Kolonialministeriums gebunden ist; wenn auch gewisse weitere Beschränkungen bestehen, der Schwerpunkt der Verwaltung nicht mehr in Holland, sondern in Indien, unter verfassungsrechtlicher Festlegung des Grundsatzes, die innere Verwaltung Indiens müsse von dort niedergelassenen Organen ausgeübt werden. Jetzt sind Generalgouverneur und Volksraad mit einigen Ausnahmen der gesetzgebende Körper Indiens.

Die eigenartigen Landesverhältnisse bringen es mit sich, daß der Volksraad nur-fünf Monate im Jahr tagt: ein aus Vorsitzendem und 21 Mitgliedern bestehender Beauftragtenausschuß hält die Maschine der Gesetzgebung während des Restes des Jahres im Gang.

Von den 61 Sitzen sollten die einheimischen Indier ursprünglich 36 Sitze haben, die Zweite Kammer der Generalstaaten im Haag hat daraus aber 30 gemacht. Das hat — wie Redner später zeigt — viel böses Blut gemacht. Darum soll der ursprüngliche Entwurf wiederhergestellt werden, was die Regierung schon beschlossen hat.

Das moderne Indien zeigt uns den Extrem-Nationalisten, der die sofortige Lösung der Kolonie vom Mutterland will, unter dem Schlagworte: „Freiheit“. Daran, daß nach Holland andere Mächte den fetten Bissen zu schlucken Appetit, und der Freiheit dadurch ein Ende zu machen Lust haben könnte, denkt er der Einfachheit halber nicht. Neben diesen Radikalen stehen gemäßigte Nationalisten, die, in Zusammenarbeit mit der Niederländischen Regierung, kein unabhängiges Indien, sondern ein Indien als gleichberechtigten Bundesstaat Hollands haben wollen. Die obenerwähnte Maßnahme der Herabsetzung der Zahl der einheimisch-indischen Volksraadmitglieder hat diese Kreise stark verbittert. Die ehrliche Absicht der Regierung, den Fehler zu redressieren, hat ihre Wirkung nicht verfehlt: die Regierung darf zuversichtlich hoffen, diese Kreise von ihrer jetzigen Haltung des „Nichtkooperierens“ (nach dem Vorbilde des britisch-indischen Swadeschi- und Swarajtums der Parteigenossen Gandhis) zu gemeinsamer Arbeit im Interesse Indiens zurückzuführen.

Der Mißgriff der Zweiten Kammer mag zur Stimmungsverschlechterung beigetragen haben; Ursache der Unruhen von Ende 1926 und später war er ebensowenig wie — nach Behauptung der kommunistischen und sozialdemokratischen Partei Hollands — die wirtschaftliche oder soziale Lage.

Der Regierung ist der Putsch nicht unerwartet gekommen.

Moskaus Arbeit mit Geld und Agitation; sein den Extrem-Nationalisten gegebenes Versprechen der Entsendung einer starken Flotte nach Niederländisch-Indien zwecks seiner Losreißung von Holland; der dem gläubigen Muselmann in Aussicht gestellte mohammedanische Weltstaat; die dem kleinen Manne in Aussicht gestellten Automobile, Steuerbefreiung und — europäischen Frauen, über all das war man bis ins kleinste Detail unterrichtet. Da aber die Regierung wußte, daß die Bevölkerung hinter ihr stehen und niemand auf Seite der Kommunisten treten würde, hat sie sich nicht aus der Ruhe bringen lassen, und: einige hundert Soldaten haben zur Unterdrückung der Unruhen genügt. Besonders hat sich das eingeborene Beamtentum als unerschütterlich treu bewährt.

Holland weiß aber auch, daß sich Moskau durch einmaliges Fingerverbrennen nicht vor weiteren Versuchen in ganz Asien abschrecken lassen wird, und — ist wachsam. Denn wenn's Moskau gelingt, Asien gegen Europa zu mobilisieren, dann: finis Europae!

Und da es sich dabei um einen Kampf aller Kolonialmächte handelt, bedauert Redner, daß Deutschland einstweilen aufgehört hat, Kolonialmacht zu sein, und daß die Welt darum auf seine Hilfe als Bundesgenosse verzichten muß.

Redner schließt damit, daß er für sein Volk das stolze Anrecht auf Erfüllung des Grundsatzes: Kolonisieren heißt zivilisieren in Anspruch nimmt.

490. Sitzung, 27. Februar 1928.

(Zugleich Gedenkfeier der vor 55 Jahren erfolgten Gründung der Geographischen Gesellschaft.)

Vorsitz: Bürgermeister Dr. Schramm.

Einleitend hielt der Vorsitzende eine der Bedeutung des Tages Rechnung tragende Ansprache und führte u. a. folgendes aus:

Ich freue mich, die Mitglieder der Geographischen Gesellschaft heute, wo wir der vor 55 Jahren erfolgten Gründung unserer Gesellschaft gedenken wollen,-in so stattlicher Zahl begrüßen zu können. Vor dem Kriege pflegte die Gesellschaft alle fünf Jahre einmal ihre Mitglieder zu größeren Festlichkeiten zu versammeln und diese von Ludwig Friederichsen veranstalteten Abende hatten sich zu einem beliebten gesellschaftlichen Mittelpunkt der geographisch interessierten Welt in Hamburg entwickelt. Wir sehen heute von einer Festlichkeit ab, indem wir den noch immer ungünstigen Zeitverhältnissen Rechnung tragen. Wenn wir einen Vergleich ziehen mit der Zeit der Halbjahrhundertfeier unserer Gesellschaft vor fünf Jahren, so können wir immerhin einen erfreulichen und beträchtlichen Fortschritt in der Gesundung der Wirtschaft unseres Volkes feststellen und das gibt uns die Hoffnung, daß etwa bei dem sechzigsten Jubiläum unserer Gesellschaft, also in fünf Jahren eine weitere Entwicklung der Politik und Wirtschaft unseres Landes zu normalen Verhältnissen eingetreten sein wird.

Auch in unserer Gesellschaft glauben wir nun die schwere Krisis der Nachkriegszeit überwunden zu haben. Das Leben der Gesellschaft hat sich in erfreulicher Weise gehoben. Mehr noch als früher war es möglich, für die Vortragsabende bedeutende Redner zu gewinnen, hiesige und auswärtige, die letzteren in steigender Zahl.

Unsere Beziehungen zu den Geographischen Gesellschaften des In- und Auslandes sind wieder aufgenommen worden und der Schriftenaustausch ist heute umfangreicher als vor dem Kriege, gewiß ein erfreuliches Zeichen für das Aufblühen geographischen Lebens überhaupt und unserer Gesellschaft im besonderen.

Auch die Vorkriegsbestrebungen, Expeditionen zu entsenden oder zu unterstützen, konnten wieder verfolgt werden. Seit mehreren Jahren befindet sich Herr Dr. Termer auf einer Forschungsreise in Mittelamerika, die von der Geographischen Gesellschaft in Hamburg veranstaltet ist und welche die reiche Unterstützung der Notgemeinschaft der Deutschen Wissenschaft sowie die eines Hamburger Hauses gefunden hat; andere Reisen konnten von unserer Gesellschaft unterstützt werden.

Die Veröffentlichungen der Geographischen Gesellschaft, unsere Mitteilungen, wurden regelmäßig jährlich, also in rascherer Folge als vor dem Kriege herausgegeben, ein weiterer Ausbau unserer Mitteilungen ist geplant.

Wir dürfen, glaube ich, mit Befriedigung auf die Arbeit des letzten Jahrfünfts zurückblicken und eine erfolgreiche Entwicklung für die weitere Zukunft erwarten. Wünschenswert ist dabei vor allem eins: die Zahl unserer Mitglieder ist nach einem Rückgang während der Inflationszeit wieder auf die Höhe der Vorkriegszeit angestiegen, doch damit dürfen wir uns nicht zufrieden geben. In einer Stadt wie Hamburg mit so regen geographischen Interessen müßte sich eine weit größere Mitgliederzahl innerhalb der Geographischen Gesellschaft versammeln lassen und wenn die jetzigen Mitglieder unserer Gesellschaft selbst an deren weiteren Entwicklung mithelfen wollen, so können sie dies tun durch eifrige Werbung zur Mitgliedschaft innerhalb ihres geographisch interessierten Bekanntenkreises und ich darf hoffen, daß dieser Appell sich zu einem erfreulichen Geburtstagsgeschenk für unsere Gesellschaft auswirken wird.

2. Vortrag: Professor Dr. H. U. Sverdrup, Bergen, Geofysisk Institut: „Reisebericht über die Maud-Expedition 1918—1925“.

Ein Teil des Vortrages ist in erweiterter Form im vorliegenden Bande der „Mitteilungen usw.“ abgedruckt.

Anschließend an den Vortrag wurde Herrn Professor Sverdrup unter dem lebhaften Beifall der Versammlung seine Ernennung zum Ehrenmitgliede der Geographischen Gesellschaft in Hamburg bekanntgegeben.

491. Sitzung, 8. März 1928.

Vorsitz: Professor Dr. P. Schlee.

Vortrag: Dr. med. S. Backer, Hamburg: „Norwegischer Hochseewalfang im Roßmeer.“

Jahrhunderte hindurch hatten während der Zeit des alten Walfanges Holländer, Engländer, Deutsche und Norweger den wertvollen Glattwalen nach alter baskischer Methode mit der handgeschleuderten Harpune vom Ruderboot aus nachgestellt, so daß der an und für sich schon kleine Bestand an Biskaya- und Grönlandwalen durch die intensive Verfolgung schließlich vernichtet werden mußte. Die Glattwale bildeten ganz allein das Jagdobjekt dieses ersten großen Zeitabschnittes, da nur sie mit den primitiven Fangmitteln erlegt werden konnten, ganz abgesehen davon, daß sie wegen der außerordentlich langen Barten auch die wertvollste Beute darstellten. Erst nach der erfolgten Ausrottung der harmlosen Glattwale ging man dazu über, auch die viel größeren und wilderen Furchenwale der Jagd zugänglich zu machen. Die zu diesem Zweck notwendige Umgestaltung der alten Fangmittel führte in den siebziger Jahren des vorigen Jahrhunderts der norwegische Kapitän Svend Foyn durch, der damit den modernen Walfang begründete.

Die Granatharpune und das mit Dampf betriebene Fangboot sind das Wesentliche seiner Erfindung. Während man früher die Wale durch die geworfene Harpune nur „festmachen" wollte, um sie schließlich vom Ruderboot aus durch einen wohlgezielten Lanzenstoß vollends zu erlegen, bringt jetzt die vorne auf der Harpune sitzende und im Walleib krepierende Granate die tödliche Verletzung; die Wildheit und Schnelligkeit der schlanken und muskulösen Furchenwale bedingte schließlich auch die Einführung der großen, raschen und außerordentlich manövrierfähigen Dampffangboote.

Mit diesem modernisierten Jagdgeräte erlebte der Walfang einen ungeahnten Aufschwung auf den alten Revieren des nordatlantischen Ozeans. Nur wenige Jahrzehnte begnügten sich aber die Norweger, die sofort die Führung in der ganzen weiteren Entwicklung des Walfanges an sich rissen, mit der Ausbeute der verhältnismäßig kleinen Fangfelder, es folgt eine Ausbreitung des Walfanges über die ganze Erde[1]). Mit dieser Zeitperiode ist der Name C. A. Larsen unzertrennlich verknüpft; Larsen war es, der im Jahre 1904 die ersten Walfelder auf der südlichen Halbkugel bei der Insel Süd-Georgia im südatlantischen Ozean erschloß und Larsen war es, der im Jahre 1924 dem Walfang auch das letzte und jungfräulichste Fangfeld, nämlich das Roßmeer, zuführte.

Obschon der Walreichtum dieses südlichsten Meeres der Erde seit der Entdeckung im Jahre 1841 feststand und durch die verschiedenen Südpolarexpeditionen von Scott, Shackleton und Amundsen bestätigt wurde, war dieses Roßmeer doch bis zum Jahre 1924 für die Walfänger eine regio intacta geblieben. Der Grund dafür lag in der scheinbaren Unzugänglichkeit dieses Meeres für die modernen Walfänger-Flotten; ein 500 bis 1000 km breiter Packeisgürtel trennt nämlich das an sich im Sommer eisfreie Roßmeer im Norden von dem Stillen Ozean ab, so daß die Schiffe also immer zuerst diesen Eisgürtel durchqueren müssen, um in das Roßmeer zu kommen. Seit jener Zeit, als sich der Erebus und Terror zum erstenmal in dieses

[1]) Vgl. M. Rudolph, Der norwegische Walfang. Mitt. d. Geogr. Ges. Hamburg. Bd. XXXVII. S. 109ff.

Packeis wagten, bis zur Aurora-Expedition im Jahre 1915, immer waren es nur die hölzernen speziell gebauten Eisschiffe der Südpolarfahrer, die mit wechselndem Glück die Durchquerung vollführten. Daß sich jemals ein eisernes Fahrzeug diesen Gefahren aussetzen würde, glaubte niemand, bis C. A. Larsen im Jahre 1923 seinen Plan für eine Fangexpedition in das Roßmeer vorlegte, von der der schwedische Geograph und Entdeckungsreisende Nordenskjöld schrieb: „In weniger als einem Jahr war alles klar und eine Seefahrt begann, die zu denen gerechnet werden muß, wo menschliche Kühnheit und Tatkraft sich von der besten Seite zeigen“[1]).

Eine derartige Reise machte im Jahre 1926/27 das norwegische Expeditionsschiff „N. T. Nielsen-Alonso“, an welcher der Vortragende als Schiffsarzt teilnahm. Die Reise des Mutterschiffes mit seinen vier Walbooten ging von Larvik über Rotterdam, Norfolk (U. S. A.), Panama und Hobart nach dem Roßmeer. Bemerkenswert an der Reise war zunächst die lange Aufenthaltsdauer der Flottille im Eis. In Tabelle 1 sind sämtliche Forschungs- und Walfangsexpeditionen, die jemals das Roßmeer aufgesucht haben, zusammengestellt, zu-

Tabelle 1.

Daten für die Durchquerung des Packeisgürtels vor dem Roßmeer.

Name des Schiffes	Führer der Expedition	Nationalität	Jahr	Packeisgürtel Beginn °s. Br.	°Lg.	Ende °s. Br.	°Lg.	Dauer d. Durchquerung d. Eisgürtels von	bis	Anzahl der Tage
1. Erebus und Terror	James Roß	engl.	1840/41	67	175 ö	68	176 ö	5. 1.	9. 1.	5
2. Erebus und Terror	James Ross	engl.	1841/42	61	174 w	67	159 w	17. 12.	1. 2.	46
3. Antarktik	H. I. Bull	norw.	1891/92	66	172 ö	69	177 ö	8. 12.	14. 1.	38
4. Southern Cross	Borchgrevink	norw.	1898/99	62	154 ö	70	174 ö	16. 12.	2. 2.	46
5. Discovery	Scott	engl.	1902/04	67	178 ö	70	174 ö	3. 1.	8. 1.	5
6. Morning	Scott	engl.	1902/04	66	180	70	179 ö	25. 12.	1. 1.	7
7. Nimrod	Shackleton	engl.	1907/09	64	180	68	179 ö	14. 1.	16. 1.	2
8. Terra Nova	Scott	engl.	1910/13	66	178 ö	72	177 ö	9. 12.	30. 12.	21
9. Kainan Maru	Shirase	jap.	1911/12		179 w		179 w	26. 12.	2. 1.	6
10. Fram	Amundsen	norw.	1910/12	66	176 ö	70	180	2. 1.	6. 1.	4
11. Aurora	Shackleton	engl.	1914/15	66	174 ö	66	174 ö	5. 1.	5. 1.	0
12. Sir James Clark Ross	C. A. Larsen	norw.	1923/24	65	180	70	178 ö	15. 12.	20. 12.	6
13. Sir James Clark Ross	C. A. Larsen	norw.	1924/25					29. 11.	3. 12.	4
14. Sir James Clark Ross	Nielsen	norw.	1925/26					29. 11.	14. 12.	15
15. Sir James Clark Ross	Thorstensen	norw.	1926/27					20. 11.	2. 12.	3
16. C. A. Larsen	Nielsen	norw.	1926/27					29. 11.	9. 12.	10
17. N. T. Nielsen-Alonso	Gjertsen	norw.	1926/27	65	170 ö	70	175 ö	23. 11.	12. 12.	21

[1]) Vgl. Ludwig Kohl, Zur großen Eismauer des Südpols. Stuttgart 1926. S. 2.

gleich mit den näheren Angaben über die Durchquerungsrouten und die jeweilige Aufenthaltsdauer im Eis, soweit diese Zahlen zu erhalten waren. Der Japaner Shirase gibt z. B. in seinem umfangreichen Tagebuch nur sehr ungenauen Aufschluß darüber und die norwegische Walfanggesellschaft Rosshavet, der die beiden Schiffe „Sir James Clark Ross" und „C. A. Larsen" gehören, ließ sich durch nichts bewegen, die Zahlen für die Jahre 1924/25, 1925/26 und 1926/27 herauszugeben. Sie hält ihre Durchquerungsrouten geheim und der Grund dafür ist leicht einzusehen, wenn man die Aufenthaltsdauer dieser beiden Schiffe in der Saison 1926/27 mit derjenigen des „N. T. Nielsen-Alonso" vergleicht. Es muß eine Ursache vorhanden sein, wenn ein Schiff volle drei Wochen zur Durchquerung des Eisgürtels gebraucht, während die anderen in wenigen Tagen das Hindernis zu nehmen imstande sind. Es ist offenbar nicht gleichgültig, an welcher Stelle man in das Eis eingeht. Unter Berücksichtigung der Jahreszeit wie auch der guten oder schlechten Eisjahre, kann man aus der Tabelle herauslesen, daß immer diejenigen Schiffe die kürzeste Durchfahrtzeit hatten, die möglichst in der Nähe des 180 Grades in das Eis einfuhren. Weiter östlich und westlich sind die Durchquerungsbedingungen erschwerter, da hier das nordwärts abtreibende Packeis am Viktorialand und dem konstanten westlichen Packeis unter Pressung kommen kann. Nur so erklärt sich die lange Aufenthaltsdauer des „N. T. Nielsen-Alonso", der, um diesen starken Hindernissen zu umgehen, zu allem Unglück den Eisgürtel nicht in der geraden Nordsüd-, sondern noch dazu in schräger Richtung durchquerte.

Ein weiteres Interesse bot die Expedition wegen der Durchführung einer neuen Verarbeitungsmethode. Während die Walfänger früher immer wegen der Verarbeitung ihrer Beute auf das Land angewiesen waren, sei es nun auf eine feste Landstation oder aber auf einen sturmsicheren Hafen als Ankerplatz für die „schwimmende Kocherei", so wurde hier der Fang sowohl wie auch die Verarbeitung der Wale vollkommen unabhängig vom Land, außerhalb aller Territorialgrenzen und daher auch unabhängig von der englischen Fanggenehmigung durchgeführt. Da alle in den antarktischen Meeren liegenden Inseln seit dem Jahre 1904 unter die britische Oberhoheit gekommen sind, und für jedes Gebiet nur eine bestimmte Anzahl von Fanglizenzen ausgegeben wurde, so hatten die Engländer also damit die ganze Entwicklung des Walfanges fest in ihren Händen. Als C. A. Larsen im Frühjahr 1923 seine Walfangabsichten im Roßmeer bekannt gab, wurde durch Order — in Council vom 30. Juli 1923 die Küsten des Roßmeeres mit den Inseln zwischen dem 160. Grad östlicher und 150. Grad westlicher Länge und südlich vom 60. Breitengrad als ein British Settlement proklamiert und unter die Gerichtsbarkeit des Governor-General von Neuseeland gestellt. Die Gesellschaft Roßhavet suchte daraufhin um die englische Fanggenehmigung nach, die ihr auch gegen die üblichen Bedingungen gegeben wurde und unter der Zubilligung, daß eine weitere Fanglizenz für ein Konkurrenzunternehmen nicht ausgegeben würde. Damit schien zunächst jede weitere Entwicklung des Walfanges gehemmt; bei Süd-Georgia, bei Süd-Shetland und auf allen anderen Walfeldern wurden schon längst keine Konzessionen mehr ausgegeben und im Roßmeer billigte England von vornherein das Fangrecht nur einer einzigen Gesellschaft zu.

Zum dritten Mal leistet ein norwegischer Kapitän Bahnbrechendes in der weiteren Entwicklung des Walfanges; es ist der Reeder H. G. Melsom, der sich schon lange mit dem Problem des Hochseewalfanges befaßte und der nach günstigen Vorversuchen im südatlantischen Ozean im Frühjahr 1926 das Expeditionsschiff „N. T. Nielsen-Alonso" zur Durchführung des konzessionslosen Walfanges im Roßmeer ausrüstete. Da für diese Zwecke nur allergrößte Schiffe in Betracht kommen, hatte die Kocherei im Gegensatz zu den sonst üblichen 8 bis 10000 Tonnendampfern eine Größe von ca. 15000 Tonnen. Um die Wale bei unruhiger See an Deck verarbeiten zu können, war am Heck des Schiffes eine Schleifbahn eingebaut, so daß selbst 30 m lange und 100000 kg schwere Blauwale an Deck gehievt werden konnten. Diese Verarbeitung an Deck wurde aber wohlgemerkt nur bei stürmischem Wetter, wenn also außenbords nicht „geflenst" werden konnte, durchgeführt. Die Saison 1926/27 war die gegebene, um die Überlegenheit dieser pelagischen Fangmethode klar vor Augen treten zu lassen; häufige Stürme hinderten den „Sir James Clark Roß" oft ganze Wochen an der Verarbeitung seiner Fänge, der schon längst davon abgekommen war, die Discoverybucht oder andere Plätze als Arbeitshäfen aufzusuchen. Während unser Konkurrenzschiff bei derartigen Sturmperioden zur Arbeitseinstellung gezwungen war, konnte der „N. T. Nielsen-Alonso" ungehindert die kurze Fangzeit ausnützen, so daß er 13000 Faß mehr als der „Sir James Clark Roß" nach Hause brachte.

So gut das Roßmeer als Fangfeld ist, ein großer Nachteil haftet ihm doch an, es ist die eben erwähnte Kürze der Fangzeit. Während auf den anderen Walfeldern der Fang zum mindesten sechs Monate dauert, stehen hier den Gesellschaften höchstens drei Arbeitsmonate zur Verfügung. Der Packeisgürtel läßt ein Eindringen vor Mitte November niemals zu und andererseits müssen die Schiffe das Roßmeer spätestens in den ersten Märztagen wieder verlassen, da die sehr schnell vor sich gehende Neueisbildung ihnen leicht den Rückweg abschneiden könnte. Dieses Neueis bildet sich innerhalb weniger Stunden als Pfannkucheneis, das sich schließlich zu immer größeren Konglomeraten verbackt, wodurch der neue Packeisgürtel im antarktischen Herbst gebildet wird. Nur dieses Eis wird bei der Rückreise angetroffen, das alte Packeis ist längst nach dem Norden abgetrieben und aufgelöst.

Das Ergebnis der Expedition belief sich bei einer Beute von 453 Walen auf 37000 Faß, ein durch schlechte Ausnützung selbstverschuldetes schlechtes Resultat in Anbetracht der Quantität und Qualität der Wale. — Man soll nicht glauben, daß durch derartige große Fänge ein Aussterben der Wale zu befürchten ist. Wenn früher die Glattwale ausgerottet werden konnten, so lagen die Verhältnisse damals wesentlich anders. Der Grönlandwal hatte, besonders im 18. und 19. Jahrhundert, einen ganz bedeutenden Wert, da allein das Fischbein der großen Tiere 30 bis 40000 Mark einbrachte. Dem bedeutenden Wert eines erlegten Wales standen damals die außerordentlich geringen Unkosten einer Expedition gegenüber; die Walfangschiffe waren meist Segler von 2 bis 300 Tonnen mit nur geringer Besatzung, und in kurzer Zeit konnten diese Schiffe von den europäischen und amerikanischen Häfen ihre Fangplätze erreichen. So gering waren die Unkosten dieser kleinen und nur kurz dauernden Expeditionen, daß oft schon durch die Erlegung eines einzigen Wales die Rentabilität des Unternehmens gewährleistet war. Nur aus diesem Grunde konnte die Jagd der Grönlandwale im nördlichen Eismeer noch bis zum Fang des letzten Wales ertragreich betrieben werden. Heute dagegen liegen die Verhältnisse wesentlich anders; die Expeditionen sind im Gegensatz zu früher Millionenunternehmungen, da nur größte Dampfer von 10 bis 15000 Tonnen mit 2 bis 300 Mann Besatzung bei den weit abgelegenen Fangfeldern einen entsprechenden Gewinn erzielen können. Genügte früher der Ertrag e i n e s Wales zur Deckung der Unkosten, so sind bei den jetzigen kostspieligen Unternehmungen mindestens 2 bis 300 Wale notwendig, und sobald einmal diese Mindestsumme nicht mehr erreicht wird, werden die Gesellschaften notgedrungen wegen Unrentabilität den Fang ein-

Tabelle 2

Walölproduktion 1924—1927.

Fanggebiet	Fangzeit	Gesamtertrag in Faß (je 60 l)				
		1924	1925	1926	1927	1928
Süd-Georgien ...	Okt.-Mai	244 529	405 137	403 959	428 473	
Süd-Shetland ...	Okt.—Mai	182 526	235 750	295 170	272 512	
Süd-Okney	Okt.–April	17 600	23 315	44 234	72 270	
Roß-Meer	Dz.—März	17 300	31 500	39 800	109 100	180 000
Afrika (Westküste)	Mai—Okt.	115 220	141 670	126 294	134 841	
Australien	Juni—Okt.	—	20 000	22 000	31 000	
Spanien-Portugal	Apr.—Nov.	40 700	46 000	40 000	12 058	
Mexiko	Nv.—Juni	—	24 400	29 100	26 425	
Kamtschatka ...	Mai—Okt.	—	10 000	9 700	11 600	
Alaska	Mai—Okt.	29 000	29 000	29 800	25 000	
Süd-Amerika ...	ganzes Jahr	10 600	11 400	56 800	33 380	
Japan..........	Mai—Okt.	25 000	25 000	25 000	20 000	
Neu-Fundland ..	Mai—Okt.	5 500	8 400	10 500	14 400	
Nordostatlantische Felder .	[1]	35 000	29 700	32 000	29 356	
		722 975	1 041 272	1 164 357	1 220 415	

[1] Fangzeit vor der norwegischen Küste Januar—August, bei den Hebriden, Faröern, Grönland und Spitzbergen Mai—Oktober, Nordshetland-Inseln April bis September.

stellen müssen. Zu diesem Zeitpunkt werden aber sicherlich noch Zehntausende von Walen auf den südlichen Jagdfeldern vorhanden sein, da diese dort nicht engumgrenzte und kleine Meeresabschnitte darstellen, sondern unermeßlich große Wasserwüsten, die in einer Breite von 20 Parallelgraden den ganzen antarktischen Kontinent umziehen. Mit einer Ausrottung der Furchenwale ist also nicht zu rechnen; wohl aber, das muß zugegeben werden, kann einmal die Dezimierung des Walbestandes einen derartigen Grad erreichen, daß der moderne Walfang sich nicht mehr lohnt. Aber auch dafür sind vorläufig keine Anhaltspunkte vorhanden, nachdem die Statistik von Jahr zu Jahr eine Zunahme der Gesamt-Walölproduktion aufweist (siehe Tabelle 2). Die Fänge der diesjährigen Saison 1927/28 sind größtenteils noch im Gange und waren Anfang März einzig und allein bereits im Roßmeer abgeschlossen. Das ganz erstaunliche Resultat von 180000 Faß im Gegensatz zu 110000 Faß im Vorjahr läßt den Schluß zu, daß auch das diesjährige Gesamtfangergebnis ein entsprechend gutes ist.

(Über die Reiseeindrücke und Beobachtungen auf der Fahrt der „N. T. Nielsen-Alonso" wird im Laufe des Jahres 1928 ein ausführlicher Bericht in der Zeitschrift „Der Fischerbote" veröffentlicht werden.)

B. Fachsitzungen.

63. Fachsitzung. 20. Januar 1927.

Dr. A. Herrmann, Charlottenburg: „Die Irrfahrt des Odysseus und die Tartessosfrage."

64. Fachsitzung. 17. Februar 1927.

Dr. L. Mühlhausen, Hamburg: „Irland. Land und Leute."

65. Fachsitzung. 10. März 1927.

(Zugleich 8. Sitzung der Landesgruppe Hamburg des Verbandes deutscher Schulgeographen.)

Prof. Dr. K. Gripp, Hamburg: „Die Entstehung der Oberflächenformen im Gebiete zwischen Niederelbe und Weser."

66. Fachsitzung. 17. März 1927.

(Zugleich 9. Sitzung der Landesgruppe Hamburg des Verbandes deutscher Schulgeographen.)

Dr. H. Dörries, Göttingen: „Siedelungsgeographische Probleme in Nordwestdeutschland."

67. Fachsitzung. 28. April 1927.

(Zugleich 10. Sitzung der Landesgruppe Hamburg des Verbandes deutscher Schulgeographen.)

Dr. G. Schwantes, Hamburg: „Der palaeolithische Urmensch bei Hamburg mit besonderer Berücksichtigung des Gebietes zwischen Niederelbe und Weser."

68. Fachsitzung. 19. Mai 1927.

Prof. Dr. S. Passarge, Hamburg: „Der Monotheismus und seine geographische Bedingtheit mit besonderer Berücksichtigung der jüdischen Religion."

69. Fachsitzung. 20. Oktober 1927.

Dr. Norbert Fischer, Rostock: „Die Insel Korsika."

70. Fachsitzung. 17. November 1927.

(Zugleich 11. Veranstaltung der Landesgruppe Hamburg des Verbandes deutscher Schulgeographen.)

Prof. Dr. P. Schlee, Hamburg: „In Schülerübungen hergestellte geologisch-morphologische Reliefs typischer Landschaften (Vesuv, Sächsische Schweiz, Faltenjura usw.)."

71. Fachsitzung. 19. Januar 1928.

Privatdozent Dr. H. Kanter, Hamburg: „Calabrien, auf Grund eigener Reisen 1926—27".

C. Ausflüge.

Am 26. Juni 1927: Geographische Exkursion in die Kremper Marsch. Führung: Dr. E. Koch.

Bericht über die Bibliothek.

Der Austauschverkehr mit in- und ausländischen wissenschaftlichen Gesellschaften und Instituten entwickelte sich auch in diesem Jahre erfreulich. Die Geographische Gesellschaft steht mit 68 inländischen und 148 ausländischen Gesellschaften und Instituten in regelmäßigem Schriftenaustausch (1926: 48, bzw. 99 Gesellschaften usw.). Insbesondere gelang es einige ausländische Gesellschaftsschriften hereinzubringen, die nach Ausweis des Gesamtverzeichnisses der an deutschen Bibliotheken gehaltenen Auslandszeitschriften bisher an keiner anderen deutschen Bibliothek vertreten waren.

Mit etwa 30 Gesellschaften schweben noch Verhandlungen über die Aufnahme des Tauschverkehrs.

Ganz ergebnislos blieben wiederholte Versuche zu Anbahnung oder Wiederaufnahme der Austauschbeziehungen mit folgenden geographischen Gesellschaften: Brüssel, Philadelphia, Chicago und Quebec. Von einer weiteren Zusendung der „Mitteilungen" an diese Gesellschaften wurde infolgedessen abgesehen.

In einigen Fällen erwies sich die Vermittlung Auslanddeutscher bei der Beschaffung von Material als sehr wirksam.

Es gingen insgesamt 426 Bände ein (1926: 408), und zwar: durch Tausch 346, Kauf 8, Geschenk 72. Die Benutzbarkeit der Bibliothek wird erheblich erleichtert werden, wenn der bisherige veraltete Katalog durch einen modernen Ansprüchen genügenden ersetzt sein wird. Nach Abschluß der Signierung, des Einbindens und der Neuregelung des Tauschverkehrs wird die Herstellung dieses Kataloges die dringendste Aufgabe der Bibliotheksverwaltung sein.

Abrechnung der Kassenverwaltung für 1927.

Einnahmen.

Barbestand am 1. Januar 1927	RM.	1310,09
Mitglieder-Beiträge (mit Einschluß der Zahlungen der Förderer)	,,	9075,—
Erhaltene Zuwendungen:		
Hochschulbehörde	,,	6000,—
Notgemeinschaft der Deutschen Wissenschaft (für Druck der Mitteilungen)	,,	2500,—
Seminar für Geographie (für Druck einiger Arbeiten in den Mitteilungen)	,,	1082,50
Verkauf von Mitteilungen	,,	315,74
Zinsen	,,	17,13
Inkasso von Schulgeographen-Beiträgen	,,	7,—
	RM.	20307,46
Für fremde Rechnung:		
Beiträge für eine von Prof. Waibel herauszugebende Karte	,,	1200,—
	RM.	21507,46

Ausgaben.

Monatssitzungen und Vorträge:		
Vortragshonorare, Reisevergütungen, Saalmieten, Lichtbilderapparate und sonstige Unkosten	RM.	2941,21
Verwaltung (z. T. für die zweite Hälfte des Jahres 1926):		
Büro-Unkosten der Geschäftsstelle, Telephon, Drucksachen und sonstige Unkosten, Vertretung auf dem Geographentag in Karlsruhe	,,	4634,61
Bibliothek	,,	1122,65
Mitteilungen:		
Kosten für die Herausgabe von Band XXXVIII der Mitteilungen der Geographischen Gesellschaft	,,	7562,45
Zuschüsse und Beiträge:		
für die Hamburgische Spitzbergen-Expedition von Professor Gripp	,,	2500,—
für Schweinfurth-Denkmal RM. 100,—, darunter RM. 42,— Beiträge von Mitgliedern	,,	58,—
für den Verein Jordsand	,,	10,—
für Festschrift Geheimrat Hans Meyer	,,	100,—
Zurückgezahltes zinsloses Darlehen von Schlubach, Thiemer & Co.	,,	1954,06
Barbestand am 31. Dezember 1927	,,	624,48
	RM.	21507,46

Vermögenstand am 31. Dezember 1927.

Barbestand:				
Guthaben bei der Norddeutschen Bank	RM.	474,41		
Guthaben auf Postscheck-Konto	„	129,65		
Kassenbestand	„	20,42	RM.	624,48
Wertpapiere:				
nom. RM. 200,— Deutsche Ablösungsanleihe m. Auslosungsscheinen à 260%	RM.	520,—		
nom. RM. 275,— Ablösungsanleihe des Hambg. Staates m. Auslosungsscheinen à 260%	„	715,—	„	1235,—
Ludwig Friederichsen Gedächtnis-Stiftung				
Saldo am 1. Januar 1927	RM.	560,45		
plus Zinsen im 1. Halbjahr 1927	„	14,01	„	
Überweisung des ausgezahlten Betrages für ausgeloste RM. 50,— Deutsche Ablösungs-Anleihe	„	250,—		
Zinsen im 2. Halbjahr 1927	„	15,22	„	839,68
			RM.	2699,16
Für fremde Rechnung			„	1200,—
			RM.	1499,16

Hamburg, im Januar 1928.

Geprüft und einverstanden:

gez. O. Alfred Westphal   gez. R. Schlubach als Schatzmeister.   gez. Hans Crasemann

Mitgliederbestand am 31. Dezember 1927.

Ehrenmitglieder	15
Korrespondierende Mitglieder	13
Ordentliche Mitglieder, darunter 14 Förderer	777
Zusammen	805

Mitglieder-Verzeichnis.

Vorstand.

Bürgermeister Dr. M. Schramm, 1. Vorsitzender.
Geh. Regierungsrat Prof. Dr. F. Stuhlmann, 2. Vorsitzender.
Prof. Dr. P. Schlee, 3. Vorsitzender.
Prof. Dr. B. Schulz, 1. Schriftführer.
Dr. W. Semmelhack, 2. Schriftführer.
Dr. E. Koch, 3. Schriftführer.
Dr. h. c. Roderich Schlubach, Schatzmeister.
Dr. Mühlhausen, Bibliothekar.
Prof. Dr. G. Gürich, Beisitzer.
Direktor O. Riedel, Beisitzer.
Direktor Th. Ritter, Beisitzer.
Prof. Dr. G. Thilenius, Beisitzer.

Beirat.

Hans Crasemann.
Richard Friederichsen.
Geh. Medizinalrat Prof. Dr. Fr. Fülleborn.
Prof. Dr. K. Gripp.
Emil Helfferich.
Dr. M. Knoth.
Prof. Dr. H. Lohmann.
Dr. Kurt Siemers.
Kommerzienrat Herm. Stoltz.
Senator Dr. J. Strandes.
Landesschulrat Prof. Dr. K. Umlauf.
Prof. Dr. A. Voigt.
Heinrich A. Westphal.

Inhaber der Kirchenpauer-Medaille.

a. Goldene Medaille.

Bürgermeister Dr. G. Kirchenpauer (Hamburg), † 3. März 1887.
Dr. med. G. Adolf Fischer (Barmen), † 11. November 1886.
Wirkl. Geheimer Rat Prof. G. von Neumayer, Exzellenz (Neustadt a. d. Haardt), † 25. Mai 1909.
Dr. phil. L. Friederichsen (Hamburg), † 20. April 1915.
Dr. phil. Sven von Hedin (Stockholm), seit 12. Februar 1903.
Prof. Dr. Georg Schweinfurth (Berlin), † 19. September 1925.
Reichsarchivrat Major a. D. Dr. h. c. Hermann Detzner (Berlin), seit 8. März 1923.
Prof. Dr. Wladimir Köppen (Graz), seit 25. September 1926.

b. Silberne Medaille.

Geh. Regierungsrat Prof. Dr. Franz Stuhlmann (Hamburg), seit 7. März 1895.
Prof. Dr. Wilhelm Sievers (Gießen), † 11. Juni 1921.
Geh. Medizinalrat Prof. Dr. Fr. Fülleborn (Hamburg), seit 5. März 1908.
Prof. Dr. Alfred Wegener (Graz), seit 8. März 1923.
Regierungsrat Dr. Wilhelm Brennecke (Hamburg), † 19. Februar 1924.

Ehrenmitglieder.

Amundsen, Roald, Kapitän, Oslo, seit 5. März 1908.
Boas, Franz, Prof. Dr., New York, seit 8. März 1923.
Drygalski, von, Erich, Geh. Regierungsrat, Prof. Dr., München, seit 5. März 1908.
Hellmann, Gustav, Geh. Regierungsrat, Prof. Dr., Berlin, seit 5. März 1908.
Hettner, Alfred, Geh. Hofrat, Prof. Dr., Heidelberg, seit 6. März 1918.
Meinardus, Wilhelm, Prof. Dr., Göttingen, seit 8. März 1923.
Meyer, Hans, Geh. Hofrat, Prof. Dr., Leipzig, seit 11. April 1901.
Nansen, Fridtjof, Prof. Dr., Lysaker b. Oslo, seit 3. Dez. 1896.
Obrutschew, Wladimir Afanasjewitsch, Prof. Dr., Moskau, 8. März 1923.
Penck, Albrecht, Geh. Regierungsrat, Prof. Dr., Berlin, seit 5. März 1908.
Pettersson, Otto, Prof. Dr., Holma (Lysekil), Schweden, seit 8. März 1923.
Sapper, Karl, Geh. Regierungsrat, Prof. Dr., Würzburg, seit 8. März 1923.
Schultze-Jena, Leonhard, Prof. Dr., Marburg, seit 8. März 1923.
Sverdrup, H. U., Prof. Dr., Bergen (Norwegen), seit 27. Februar 1928.
Wagner, Hermann, Geh. Regierungsrat, Prof. Dr., Göttingen, seit 6. März 1898.
Witting, Rolf, Prof. Dr., Helsingfors, seit 8. März 1923.

Korrespondierende Mitglieder.

Basedow, Herbert, Dr., Adelaide, seit 3. März 1910.
Consten, Hermann, Bad Blankenburg i. Thür., seit 15. Dez. 1920.
Friederichsen, Max, Prof. Dr., Breslau, seit 5. März 1908.
Gamio, Manuel, Dr., Mexiko, seit 1. Nov. 1923.
Jäger, Fritz, Prof. Dr., Berlin, seit 8. März 1923.
Jahn, Alfrede, Zivilingenieur, Caracas (Venezuela), seit 8. März 1923.
Krebs, Norbert, Prof. Dr., Freiburg i. Br., seit 6. März 1918.
Kühn, Franz, Prof. Dr., Tarana (Argentinien), seit 8. März 1923.
Malda, Gabriel, Dr., Mexiko, seit 1. November 1923.
Philippson, Alfred, Geh. Regierungsrat, Prof. Dr., Bonn, seit 5. März 1908.
Solger, Friedrich, Prof. Dr., Berlin, seit 8. März 1908.
Tippenhauer, L. G., Ingenieur, Port au Prince (Haiti), seit 2. Oktober 1913.
Wegener, Georg, Prof. Dr., Berlin, seit 5. März 1908.

Ordentliche Mitglieder.

Abelmann, Friedrich.
Abt, Leopold.
Adam, Dr. Julius.
Ahrens, Dr. C.
Ahrens, Dr. Rudolf.
Ahrndsen, Frl. Auguste.
Albrecht, Dr. Ernst.
Albrecht, Johann.
Altstaedt, Oberin Klär.
Altvater, Fritz, cand. phil.
Andersen, Carl.
Anthony, Albert.
Antze, Dr. Gustav.
Appel, Alfred.
Appel, Sanitätsrat Dr. Julius.
Arndt & Cohn, Förderer der Geogr. Ges.
Arning, Prof. Dr. med. E.
Arnold, Frl. Charlotte.
des Arts, Dr. R.
Assaël, Harald
Aßmann, Dr. Johannes.
Aue, Studienrat Dr. Richard.
Aufschläger, Geh. Rat Dr. G. M.
Aust, Albert.
Autzen, Frl. Gertrud.

Baasch, Studienrat Max.
Backer, Dr. med. S.
Ballauf, Paul.
Banning, Studienrat Dr. H.
Barckhan, Johann.
Bargebuhr, Dr. med. Arnold.
Barkow, Dr. med.
Barmm, Rektor Rudolf.
Bartel, Dr. med. Martin.
Bartels, A.
Bartels, Prof. Dr. h. c. E.
Bartels, Walter.
Bartling, W.
Bartling, Frau Dora.
Baschin, Prof. Dr. O.
Bassermann, Dir. R. W.
Beckmann, John.
Behn, Frau Dr.
Behner, Hermann Dir. d. Debeg.
Bendixsohn, Dr. Kurd.
Beneke, Hermann.
Bennholdt, Thomsen C. G.
Benzian, Dr. R.
Beplat, Hermann.
Beplat, Oswald.
Becken, Frl. Ursula.
Berendt, Dipl. Ing. Hermann.
Bergmann, W.
Bernstorff, Frl. Else.
Bertram, Hermann J. H.
Bethge, Fritz, Lehrer.
Beuck, Dr. Hans.
Beug, Robert.
Beumer, Fritz.
Beuthin, Frl. Auguste.
Bieber, Dr. Arthur.
Biehl, Frau A.
Bielenberg, Dr. Paul.
Bing, Ernst.
Birtner, F. W.
Blohm, Hermann.
Bluhm, Frau Emilie.
Blum, Adolf.
Boas, Richard.
Bobzin, Dr. rer. nat. Ernst.
Bock, H. C. Förderer der Geogr. Ges.
Bodenburg, Frl. E., Studienrätin.
Böhling, Peter.
Böhme, Dr. Karl.
Bölk, Frl. Anne.
Börner, H. (Dina).
Börner, Rektor Karl Otto.
Böttiger, Konsul Theodor.
Bohne, Dr. med. Albert.
Boldemann, Franz.
Bolte, Prof. Dr. Friedrich.
Boltz, Bernhard H.
Borchardt, Sigmund.
Bostelmann, Frl. Gertrud.
Brach, Dir. Dr. Rudolf.
Bramslöw, Dir. F. C.
Brandt, Dr. med. Ernst.

Brandt, Prof. Dr., Prag.
Brauß, Frl. Erica.
Breckling, Dr. Th.
Bredemann, Prof. Dr. Gustav.
Bremer, Dr. Edwin.
Brennecke, Frau Dr. W.
Brettschneider, Hans Peter Eduard.
Breyer, Johannes Eduard.
Brillau, Wilhelm.
Brockmeyer, Felix.
Brockmüller, Dr. Wilhelm.
Brüll, Oscar.
Brütt, Henry.
Brütt, Prof. Dr. med. H.
Brunkhorst, Rudolf.
Buch, Kapitän Fritz.
Bünz, Dr. R.
Burath, Dr. Kurt, Reg.-Rat.
Burchard, Dr. Heinrich.
Burchard, Senator Dr. W.
Burchardi, Frl. Anna.
Burghardt, Dr. phil. Gotthard.
Burgdorf, Frl. Marie, Studienrätin.
Busch, Frl. Ida.
Buttenberg, Dr. Prof. P.

Calmon, Alfred.
Calvary, Stabsarzt d. R. Dr.
Carlowitz & Co., Förderer der Geographischen Ges.
Castens, Oberreg. Rat Prof. Dr. Gerhard.
Christiansen, Dr. Fritz.
Clasen, Wilhelm G.
Claussen, Studienrat Hans.
Clesle, Frl. Frida.
Cohen, Alfred.
Cohen, Arthur.
Cohn, Senator Carl.
Collmann, Frl. Marie.
Colpe, Frl. Erica.
Commerz- u. Privatbank A.-G.
Conradi, Johann N. W.
Cordes, Frl. Adele.
Cords, Dir. Eduard.
Corleis, Hans.
Corleis, Rudolf.
Crasemann, Frau Emmi.
Crasemann, Hans.
Crasemann, Rudolf.
Cuno, Geheimrat Dr. Wilhelm.

Dabelstein. C. H.
Dammeyer, Dr. F.
Delbanco, Prof. Dr. med. Ernst.
Dempwolff, Prof. Dr. Otto.
Deneke, Dir. Prof. Dr. Th.
Denso, Walter.
Deppe, Dr. Bruno.
Detmers, Frau Joh.
Detzner, Reichsarchivrat Dr. h. c.
Deurer, Konsul Wilhelm.
Dickhaut, C., Studienrat.
Dieck, Hans.
Diercke, Paul.
Diersche, Prof. Dr. Max.
Diersen, Adolf.
Dietrich, Julius S.
Dittmer, Frl. Bertha.
Döbler, E. W.
Doermer, Prof. Dr. L.
Döpking, Frl. Emmy.
Dörries, Privatdozent Dr. Hans. Göttingen.
Doll, Frl. Ida.
Doll, Frl. Martha.
Dominik, Vizeadmiral a. D. Präsident der Deutschen Seewarte.
Doornkaat Koolmann, Bern. ten.
Dorn, Heinrich.
Dorn, Paul.
Dykes, Geo.

Ebeling, K. J. F., Lehrer.
von Eberstein, Frau G.
Eckert, Wilhelm.
Edens, Dr. Richard.
Eger, Frau Dorothea.
Ehrenbaum, Prof. Dr.
Eichenberg, Paul.
Eichler, Wilhelm.
Eichmann, Luis.
Eitzen, Frl. Hertha.
Elkan, Herbert C.
Elvert, Dr. Arthur.
Ennen, Georg.

Erbe, Max.
Erichson, Dr. Rolf.
Ernst, Frl. Inge.
Ernst, Otto August.
Ernst, Dr. Wilhelm.
Evers, Charles.
Eversmann, Dr. med. J.
Ewert, Frl. Suse.

Felix, Dr. Lorenz.
Finke, Henry.
Fischer, Reinhard.
Fischer, Dr. Erich.
Fleischer, Dr. med. Fritz.
Flemming, Carl & C. F. Wiskott A.-G.
Flemming, Dr. Paul.
Florenz, Prof. Dr. Karl.
Förster, Prof. Dr. K.
Frauen, Frau Anna.
Frenzel, Dr. Conrad.
Frese, Oberlehrer Wilh. jr.
Friederichs, Adolph.
Friederichs, Frl. Anna.
Friederichs, Frl. Elisabeth.
Friederichsen, Frl. Gertrud.
Friederichsen, Frau Dr. L.
Friederichsen, Richard.
Früchtnicht, Franz.
Fülleborn, Geh. Medizinalrat Prof. Dr. Fr.
Füßlein, Prof. Dr. W.

Galles, Gerrit.
Gätjens, Frau Bruno.
Gehrckens, Heinz M.
Gehrckens, Hermann jr.
Geisler Alfred.
Gentzen, Dr. Curt Reg. Rat.
Geogr. Institut d. Univ. Erlangen.
Geogr. Institut d. Univ. Köln.
Geogr. Institut d. Univ. Marburg.
Geogr. Institut d. Univ. Utrecht.
Geogr. Seminar d. Univ. Göttingen.
Georgii, Prof. Dr. Walter.
Gerdes, Dr. R.
Gibsone, Oberreg. Rat Thom.
Giemsa, Prof. Dr. G.
Giese, E. A.
Giese, Georg.
Gilbert, Dr. Adolph.
Gildemeister, Matthias.
Gloede, Dr. phil. Walter.
Goebel, Jos.
Gögge, Gustav.
Goerlitz, Dr. med. M.
Goldstein, Michael.
Goßler, Rudolf G.
Grabner, Dr. phil. A.
Graff, Christl.
Grau, Ottmar Joh.
Grelck, Heinrich.
Greve, Carl.
Griebel, Werner.
Grinda, Studienrat Dr. Fr.
Gripp, Prof. Dr. Karl.
Grisebach, Frl. O.
Grohs, Armin, i. H. M. M. Warburg & Co.
Großmann, Dr. Rudolf.
Grote, C. G.
Groth, Frau Elisabeth.
Gruner, Carl E.
Gürich, Prof. Dr. G.
Gulda, F.
Gumprecht, Konsul Arnold.
Güssefeld, Georg Wilhelm.

Haas, Walther.
Hagenbeck, Heinrich.
Hagenbeck, Lorenz.
Hahn, Prof. Dr. Karl.
Hahn, Dr. med. R.
Halske, Dr. Herbert.
Hamburg-Amerika-Linie, Förderer der Geogr. Ges.
Hamburgische Elektrizitäts-Werke, Förderer der Geogr. Ges.
Hambruch, Prof. Dr. Paul.
Hamlet, Frl. Beate.
Hansen, Frl. Antonie.
Hansen, Hans.
Hansen, Karl C. A.
Hansing, Heinrich.
Harke, Landger. Dir. Dr. L. F. C.
Harling, Alwin.
Harms, Wirkl. Geh. Rat Theodor.

Harten, Franz.
Harten, Dipl. Ing. Walter.
de Hase, Frl. Hedwig.
Haß, Heinrich.
Hasselmann, Dr. Friedrich.
Hatje, Kapitän R.
Hauer, Richard.
Hauschild, Frl. Anna.
Hauthal, Direktor i. R. Prof. Dr. R.
Hecker, Prof. i. R.
Hedde, Frl. Emma.
Hedde, Frl. Helene.
Heidke, Reg. Rat Dr. Paul.
Heile, Dr. P.
Hein, Frl. Christiane.
Helfferich, Dir. Emil.
Helm, Frl. stud. rer. nat. Emma.
Helmbrecht, Dr. Wilhelm.
Henckell, Dr. P. Studienrat.
Hendel, Dr. J.
Hennings, Dr. Paul.
Hentschel, Prof. Dr. Ernst.
Herbig, Dr. Fritz.
Hering, Cuno.
Hermsen, Theodor.
Herrmann. Dr. Paul.
Herrmann, Paul Julius.
Hertwig, Walter.
Herz, Dr. med. Albert.
Hesslein, Dr. Siegmund.
Heye, F. C. H., Förderer der Geo-
[graphischen Ges.
Hiep, Fritz.
Hillmann, Frl. Erna.
Hirschhausen, Ernst.
Höffler, Paul.
Höflich, H.
Höhne, Rolf.
Holtzapfel, Ed. G.
Holtzapfel, Dr. Richard.
Holz, Max.
Holzmann, Prof. M.
Homann, Dr. Heinrich.
Hoppe, Hugo.
Hottelet, Frau Marie.
Hübener, Wilhelm, Altona.
Hüttenheim, Paul, Robert.
Hupfeld, Hans.

Icheln, Max.
Ickler, Rudolf.
Iselstöger, Reg. Rat Georg.
Itzko, Frl. Bertha, Direktorin.

Jacobi, Frau M.
Jacobs, Cornelius.
Jacobsen, Vizeadmiral a. D.
Jacobsthal, Dr. E.
Jaeckle, Franz.
Jantzen, Johannes.
Jelinewski, Dr. A.
Jensen, Frl. Anna.
Jipp, Walter.
Johns, H. E.
Jowien, W. E. F.
Junge, Frau Käthe.
Jürgensen, Walter.

Käselau, Adolf.
Kaftal, Herbert.
Kallmes, Siegfried.
Kaminski, Jul.
Kanter, Privatdozent Dr. Hellmuth.
Kanzow, Rudolf.
Kaphengst, Dr. Aug.
Karbiner, Oberreg. Rat Kapt. R.
Kastens, Adolph.
Kastens, Frl. Dr. Emma.
Kautz, Dr. med. F.
Kayser, Dr. med. Richard.
Kein, Frl. Ingeborg.
Kelling, Bankdir. Carl.
Kellner, Ernst.
Kellner, Frl. Martha.
Kersten, Frl. Vera.
Kiep, Dr. Leisler.
Kierkemann, Waldemar.
Kiesewetter, Else, Studienrätin.
Kiesselbach, Frau Susi.
Kießler, Rudolf.
Klingmüller, Georg.
Klophaus, Rudolf.
Klophaus, Frau R.
Klophaus, Schoch, zu Putlitz, Förderer der Geogr. Ges.
Kluthe, Prof. Dr. F.
Knoth, Dr. med. M.

Knoth, Rolf.
Koch, Dr. Emil.
Kochen, Max.
Köhlbrandt, Wilhelm.
Köhlmann, Frl. Anna.
Köllisch, Erich.
Königsberger, Joseph.
Körner, Walther.
Konietzko, J.
Kopperschmidt, Dr. Hermann.
Korn, Bankdir. C.
Kott, Paul.
Krafft, Johannes.
Kraft, Prof. Dr. Philipp.
Krause, Dr. August.
Krossing, Franz.
Krüger, Albert H. W.
Kuball, Dr. ing. Hans.
Kuehl, Dipl. Ing. Hermann, Barranquilla.
Kuehl, Schulleiter, H.
Kück, Dr. Roberto.
Künne, Pastor Dr. G.
Künne, Pastor Dr. G.
Kuhlbrodt, Privatdozent Reg.-Rat Dr. E.
Kuhlmann, Richard.
Kuhn, Heinrich.

Laeisz, F., Förderer der Geogr. Ges.
Lampert, Carl.
Lampert, Frau Eva.
Lampert, Christian.
Lampert, Frau Wanda.
Lampke, Frl. Hildegard.
Langloff, Dr. Felix.
Lau, Hans.
Laubender, Dr. Friedrich.
Laudi, Walter,
Laudi, A.
Lauer, Carl Ludwig.
Lauer, Frau Louise.
Lauessari, Alphons C.
Lazarus, Rudolf.
Leesemann, Friedrich.
Lehmkuhl, Frl. Irma.
Leichhardt, Paul, Förderer der Geogr. Ges.
Leinau, Walter.
Lentz, Henry.
Lerdau, Rudolph.
Letz, Frl. Gertrud.
Levy, Dir. A.
Lewels, Dr. Maximilian.
Liebermann, Franz.
Lieckern, Friedrich.
Lienhop, Frl. Eleonore.
Liez, C.
Linde, Frl. Elisabeth.
Lindwedel, Ernst F.
Löffelholz, Baurat Emil.
Lohmann, Dir. Prof. Dr. H.
Lorenz, Dr. H.
Loy, Dr. G.
Lubcke, Frau Auguste,
Lübbert, Fischereidirektor.
Lüders, Dr. Leo.
Lüdemann, Dr. H.
Lütgens, Ernst.
Lütgens, Jacob.
Lütgens, Privatdozent Dr. Rudolph.
Lüth, Th. Wilhelm.
Luttropp, Ed.

Madsen, Konsul C. F.
Mancke, Erich.
Mangels, Carl.
March, M.
Markgraf, Dr. phil. Hans.
Maul, Karl.
Mauritz, Adolf.
Mayer, Heinrich.
Mayer, Prof. Dr. med. Martin.
Meinhof, Prof. Dr. C.
Meissel, Dr. Fr.
v. Melle, Bürgerm. Dr. W.
du Mesnil de Rochemont, Dr. Th.
Metzger, Paul.
Merten, Ernst.
Meyer, Studienrat Adolf.
Meyer, Baurat, Ernst Andreas.
Meyer, Frl. H. E.
Meyer, Frl. Martha.
Meyer-Ulex, Franz Bernhard.
Mielck, Dr. Wilhelm.
von Minden, Dr. M.

Mohr, Albert. [Altona.
Mohr, Carl i. Fa. C. Harnack & Co.,
Mohr, Reg. Rat a. D. Dr. F. W.
Moll, Eduard G.
Möllendorff, Franz.
Möller, J. F.
Mosengel, Hans Leopold.
Mosengel, Frl. Helene.
Mühlhausen, Dr. L.
Müller, Frl. Anna.
Müller, Eduard.
Müller, Ernst L.
Müller, Prof. Dr. Joh.
Müller, Justus.
Müller, Otto.
Müller, Postinspektor W.
Münchmeyer, Hermann.
Mulert, Dir. Dipl. Ing. Paul.
Munkel, Otto.
Murken, Dr. Erich.
Museum f. Völkerkunde.
Muttelsee, Dr. Max. [Geogr. Ges.
Mutzenbecher, H. F. M., Förderer d.

Nack, Postrat.
Nagel, Dr. G., Studienrat.
Nagel, Paul.
Nasemann, Frl. Gertrud.
Nathusius, Anton.
Nehls, Oberst. Insp. Wilhelm.
Neubauer, Alfred.
Neubrand, Bankdir. Alfred.
Neubrand, Frau Anna Maria.
Neumann, Frl. Dr. Käthe.
Neumann, W.
Neumann, Dir. Prof. Dr.
Nielsen, H. L. J. N.
Niemann, F.
Niemeyer, Frl. Dr. Gertrud.
Nissen, Dr. Adolf.
Nissen, Dr. Johannes.
Nissen, Walter N.
Nissen, Wilhelm.
Nocht, Prof. Dr. med. B. O.
Nölle, C. Studienrat.

Oberländer, Carl.
Oehlmann, Karl.
Oettinger, Ernst.
Olff, Hans.
Olff, Heinrich.
Olufsen, Dr. L.
Opitz, Kap. Paul.
Opper, Dr. Paul
Ossowski, Frau Studienrätin A.
Ostermann, Hermann.
Otten, Georg.
Otto, Erich.

Pape, Dr. Carl.
Passarge, Prof. Dr. S.
Patow, Otto.
Paul, J. Ed.
Pauly, Dr. C. A.
Peitzner, Frl. Frieda.
Perlewitz, Reg. Rat Dr. P.
Peters, Ch. Hugo.
Petersen, Dr. J.
Petersen, Thomas.
Philippsen, Studienrat Dr. Max.
Pfefferle, Frl. Ada.
Pfeiffer, Benno, O.-Polizeioberinsp.
Pickenpack, Henry.
Pieper, Gustav R.
Plambeck, Landger. Dir. Dr. G.
Plate, Georg A.
Plett, G.
Poelchau, Dr. Harald.
Polack, Frau Anna Wwe.
Poliza, Max.
Ponath, W.
Pontoppidam, Dr. Harald.
Pontoppidam, Hendrik.
Poppe, Dr. W.
Prencke, Frl. Adele.
Pulfrich, Frau Auguste.
Pulfrich, Ernst.
Puls, Dr. Ernst, Schulleiter.
Pust, Walter.

Quasig, Frau Dr. G.
Quelle, Prof. Dr. Otto.

Rabe, Th.
Radeck, Frl. Dr. Helene.
Räder, Max.

Rapp, Dr. Gottfried.
Raspe, Frl. Margarete.
Rathgen, Frl. Anna.
Rathje, Heinrich.
Rathjens, Dr. Carl.
Rautenkranz, Konsul, Hermann.
Raydt, Th.
Rehr, John.
Reinecke, August.
Reinhardt, A.
Reinhard, Dr. W.
Renck, Walter.
Reuter, Dr. med.
Richter, Bruno.
Richter, Rudolph.
v. Richthofen, Freiherr Heinr.
Rickertsen, Wilhelm.
Riecke, Dr. C.
Riedel, Baurat F.
Riedel, Direktor O., Förderer der Geogr. Ges.
Riedel, Frl. Olga.
Riepenhausen, Frl. Else.
Ringel, Eduard.
Ringel, Fa. Eduard & Co., Förderer der Geogr. Ges.
Ringel, Prof. Dr. Tom.
Ritter, Dir. Theodor.
Ritter, Dr. Ludwig.
Ritz, Louis A.
Ritzer, Hauptm. C.
Robinow, Frl. Clara.
Robinow, Walter S.
Roloff, P.
Röltgen, Dr. E.
Roeper, Conrad E.
Roeper, Georg.
Roscher, Senator H.
Rosenbaum, Dr. Ed.
Rosenberg, Felix.
Rosenfeld, Hermann.
Rosenkranz, Frl. Dr. Johanna.
Ross, Frl. Elisabeth.
Rolfs, Studienrat, Heinrich.
Rothfuchs, Dr. Rud.
Rothstein, Oscar.
Rück, Heinrich L.
Ruhkopf, E.
Runge, Dir. Paul.
Rupprecht, Dr. G.
Ruths, Prof. Dr.

Salzmann, Henry.
Sander, Martin.
Sammlung f. Erdkunde a. d. Oberrealsch. Bogenstr.
Satz, Joh.
Saucke, Albert.
Schander, Dr. Gustav.
Schaper, Dr. Paul.
Schaper, E. O.
Scharpff, Dr. med. Th.
Scheiding, Frl. Hedwig.
Schläger, Rat Dr. Max.
Schlee, Frl. Elisabeth.
Schlee, Prof. Dr. P.
Schliemann, Ernst.
Schlikker, Dr. phil. Bernhard.
Schlinck, Dr. Julius.
Schlubach, Eric.
Schlubach, Dr. Roderich.
Schlubach, Thiemer & Co., Förderer der Geogr. Ges.
Schmidt, Frau Dr. A.
Schmidt, Frl. Gertrud.
Schmidt, Dr. Hans.
Schmidt, Fritz B.
Schmidt, Paul.
Schmidt, stud. phil. Richard.
Schmidt, Prof. Dr. Walter.
Schmidt, Dr. Wilhelm.
Schmitz, Dr. Dir. H.
Schnars-Alquist, Prof. Dr.
Schön, Richard.
Schorr, Dir. Prof. Dr. Rich.
Schott, Oberreg. Rat Prof. Dr. phil. Gerhard.
von Schrader, Dr. O.
Schramm, Dr. Max, Bürgermeister.
Schramm, Frau Olga.
Schreier, Wilhelm.
Schröder, Franz.
Schröder, Martin H.
Schröder, Frau Valerie.
Schubring, Prof. Dr. Walther.
Schürmann, Oberbaurat, Emil.

Schütt, Prof. Dr. Richard.
Schultz, Bürodir. Adolf.
Schulz, Dipl. Ing. Albert.
Schulz, Bernhard.
Schulz, Prof. Dr. Bruno.
Schumacher, Dr. A.
Schwabe, Kurt.
Schwantes, Dr. G.
Schwaßmann, Prof. Dr. A.
Schwarz, Dr. phil. Mia, Studienrätin.
Schweer, Dr. Walter.
Schwiecker, Dr. Friedr.
Secker, Dr. med. Gustav
Secker, Georg.
Seminar für Geographie Hamburg.
Semmelhack, Frl. Gertrud.
Semmelhack, Dr. Wilhelm.
Siemers, Dr. Alfred.
Siemers, Dr. Kurt.
Sieveking, Dr. Hermann.
Sievers, Hermann.
Silber, Studienrat, Kurt.
Sington, Rosdal, Cäsar.
Sommer, A., Rechnungsinsp.
Sommer, Dr. med. A.
Sondermeyer, Heinrich (Henry).
Sostmann, Frl. Olga, Studienassessorin.
Spreine, Dr. Wilhelm.
Sroka, Dr. phil. Ludwig, Studienass.
Stahl, Studienrat Dr. S.
Stechmann, Rudolf.
Steer, Dr. med. Carl.
Steffen, Frau Olga.
Steffen, W.
Steffens, Franz S.
Stegemann, Adolf.
Steidtmann, O.
Steinfordt, Otto.
Steinvorth, Rudolf.
Stender, Carl.
Stockfleth, Walter.
Stocks, Dr. Theodor.
Stohp, Hugo.
Stoltenberg, Frl. Dr. Hedwig.
Stoltenberg, Frl. Dr. Ida.
Stoltenberg-Lerche, Dr. Axel.
Stoltz, R. Hans.
Stoltz, Komm.-Rat Hermann, Förderer der Geogr. Ges.
Stoß, Frl. Irma.
Stoss, Paul.
Storch, Dr. med. John.
Strandes, Senator Justus.
Stratmann, Frau W.
Streich, Dr. Richard.
Strohmeyer, Carl August.
Stuhlmann, Geh. Rat Prof. Dr.
v. Sydow, Dr. Gustav.
v. Sydow, Dir. Kurt.

Tack, Franz.
Tack, Landrichter Friedrich.
Tams, Prof. Dr. Ernst.
Tams, Hermann.
Temme, Heinrich.
Terfloth, Albert.
Thilenius, Dir. Prof. Dr. G.
Thomsen, Carlo Z.
Thorade, Dr. H.
Tietgens, G. Alfred.
Tietgens, C. Hermann.
Tillmann, Dr. M.
Timm, Prof. Dr. R.
Tittelbach, Frl. stud. phil. Gertrud.
Tode, Helmuth.
Tödten, Dr. med. H.
Todtmann, Frl. Dr. E.
Todtmann, Frau E.
Tödter, Gustav.
Toedtmann, Dr. Willy.
Töpfer, Dr. med. Hermann.
Traulsen, O.
Traxler, Rudolf.
Traxler, Frau R.
Traxler, Bruno.
Trebing, Frau Jenny.
Trumpf, Dr. Chr.

Uffen, Joh.
Uhde, Baurat Otto.
Umlauf, Landesschulrat Prof. Dr. Karl.
Universitätsbibliothek Berlin.
Universitätsbibliothek Göttingen.
Uplegger, Baurat Hans.

Vathje, Hermann.
Venzmer, Prof. Dr. B.
Vereinsbank, Hamburg, Förderer der Geogr. Ges.
Vicenz, Ernst.
Vielhaben, A.
Vietzen, J. Fr.
Vietzen, Frl. Margarete.
Voeckler, Walter.
Vogel, Adolph.
Voigt, Ernst.
Voigt, Prof. Dr. A.
Voss, Heinr. F. W.
de Voss, Herbert.
Vosseler, Prof. Dr. Jul.

Wagener, Frl. Annemarie.
Wagener, Richard.
Waldow, Landrichter Dr. Erich.
Wallberg, Dr. Edgar.
Wallberg, Frl. M.
Wallenstein, Albrecht E.
Warburg, Max M.
Weber, Ed.
Weber, J. Henry.
Wedeles, Franz.
Wegener, Cäsar.
Weil, Isidor.
Wekwerth, Prof. Max.
Weishäupl, J.
Weiss, Dr. Bernhard.
Wentzel, Fritz Wilh.
Werner, Max.
Westendarp, Kommerzienrat Max.
Westphal, O. Alfred.
Westphal, Heinrich A., Förderer der Geogr. Ges.
Westphal, Frau Ida.
Westphalen, Th. L.
Wichmann, Friedrich.
Wiessner, Dr. Karl.
Winckelmann, Ferd.
Windmüller, Dr. Parcival Sidney.
Winkelhagen, Bruno.
Winkelmann, Frl. Hilda.
Winkler, Prof. Dr. H.
Winter, Heinrich.
Winter, Richard stud.
Wittern, Studienass. W.
Woegens, Frl. Cornelia.
Wohlert, Johannes.
Wölfert, Dr. G.
Wulff, Hellmuth.
Wulff, Frau Dr. R.
Wulff, Frl. Käte.
Wulff, Prof. Dr. Alfred.
Wysogorsky, Prof. Dr.

Zache, Regierungsrat, Bezirksamtmann a. D.
Zander, Albert.
Zaubitz, W.
Zeller, Prof. Dr., Victoria, Kam.
Zeiss, Prof. Dr. H.
Zeitz, Frl. Erica.
Zettel, Studienrat Hans.
Ziegler, Dir. Gustav.
Zimmermann, Frl. Olga.
Zorell, Dr. Franz.
Zuschlag, Hans.

Aufnahme G. Hurter

Vulkan Pekúl bei Zunïl. Der nördliche Kraterwall ist durch eine Schlucht unterbrochen. Blick gegen Nordwesten auf den Vulkan Cerro Quemade, dahinter das Becken von Quezaltenango.

Aufnahme G. Hurter

Vulkan Pekúl bei Zunil. Nördlicher Kraterwall mit Schlucht. In der Mitte des Bildes das kleine Becken von Almolonga, dahinter das Becken von Quezaltenango.

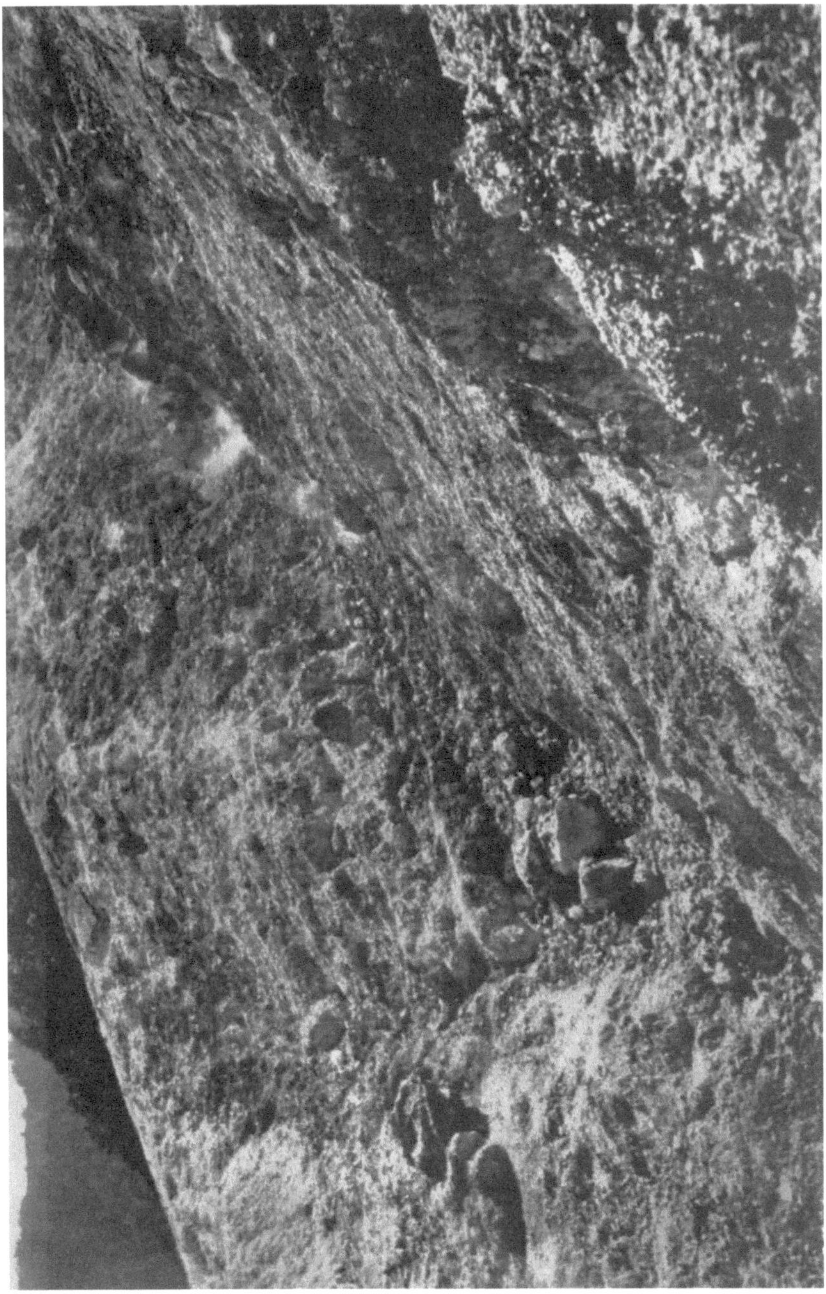

Aufnahme G. Hurter

Vulkan Pekúl bei Zunil. Nördlicher Kraterwall mit Spalte und Solfataren.

Aufnahme F. Termer

Abb. 1. Geysir im Tal des Samalá-Flusses unterhalb von Zunil.

Aufnahme F. Termer

Abb. 2. Landschaft nördlich von San Andres Sajcabajá. In einer aus Lockermassen vulkanischer Herkunft aufgebauten Ebene hat sich der Sajcabajá-Fluß sein mäanderreiches Bett eingegraben. Einzelgehöfte mit Maisfeldern nehmen die Talsohle ein; die als Terrasse hervortretende Ebene trägt Viehweiden. Im Hintergrund gegen Süden die Sierra de Zacualpa.

Aufnahme F. Termer

Abb. 1. Südliches Vorgelände der Altos Cuchumatanes mit dem Dorf Cunén. Im Hintergrund Paßhöhe gegen La Magdalena.

Aufnahme F. Termer

Abb. 2. Südliches Vorland der Altos Cuchumatanes bei La Magdalena. Alte Abtragungsfläche, tiefgehende Zerschneidung in weniger widerstandsfähigen Schichten. Vegetationsarmut.

Aufnahme F. Termer

Abb. 1. Zacapulas mit dem Rio Negro. Das Dorf wird durch einen Wildbach in zwei Hälften gegliedert. Im Vordergrunde die von einem Barranco zerschnittene untere der beiden Niederterrassen.

Aufnahme F. Termer

Abb. 2. Tal des Rio Negro oberhalb von Zacapulas. Weitgehende Zerschneidung der Niederterrasse der südlichen Talflanke. Auf der Talaue Zuckerrohrfelder. Im Vordergrund auf der nördlichen Talflanke kahle Granithänge.

Aufnahme F. Termer

Abb. 1. Landschaft der Altos Cuchumatanes bei Santa Eulalia. Das Dorf im Hintergrund links sichtbar. Streusiedelung der Indianer. Maisfelder und Viehweiden.

Aufnahme F. Termer

Abb. 2. Tal des Acatán-Flusses bei San Miguel Acatán. Aus dem waldlosen Gelände heben sich zwei Terrassen ab. Auf der oberen liegt links im Bilde das Dorf San Miguel.

Aufnahme F. Termer

Abb. 1. El Quetzal in den Altos Cuchumatanes. Im Süden erhebt sich der Cerro Yaxcalanté. Der Dorfplatz wird von Markthütten eingefaßt. Rechts im Vordergrund eine Wasserleitung. Neben dem Brunnen Chuj-Indianer.

Aufnahme F. Termer

Abb. 2. Landschaft in den östlichen Altos Cuchumatanes. In der Tiefe das Tal des Yulá San Juan, etwas links im Hintergrunde der spitze Gipfel des Cerro Yaxcalanté, hier von Süden gesehen. Rechts daran anschließend das Gebirgsland von Barillas.

Aufnahme F. Termer

Abb. 1. Cobán, die Hauptstadt der Alta Verapaz von Südosten.

Aufnahme F. Termer

Abb. 2. Landschaft der westlichen Alta Verapaz mit dem See von San Cristobal Cajcój.

Aufnahme F. Termer

Abb. 1. Der Polochíc-Fluß bei El Crique (Alta Verapaz). Mündung des Tinajas-Flusses.

Aufnahme F. Termer

Abb. 2. Goldwäscherei von Las Quebradas im Motagua-Tal.

Aufnahme G. Hurter

Quiriguá. Eine der größten aufrecht stehenden Stelen.

Aufnahme G. Hurter

Quiriguá. Steinaltar.
Man vergleiche den heutigen Erhaltungszustand gegen den früheren, wie ihn die Bilder Mausdslay's zeigen.

Aufnahme F. Termer

Abb. 1. Mixco Viejo. Aus der Barrancolandschaft mit ihren schütteren Nadelholzbeständen erhebt sich im Mittelgrund des Bildes das Plateau mit den Ruinen der alten Hauptstadt der Pocomám-Indianer. Hinter dem darauf folgenden Gebirgszug ist das Motaguatal eingebettet, über dem die Sierra de Chuacús emporragt.

Aufnahme F. Termer

Abb. 2. Landschaft bei Mixco Viejo gegen Osten. In dem spärlich bewaldeten, stark gebrochenen Gelände strömt der Rio Pixcayá zum Motagua. Links tritt die Hochterrasse als scharf abgesetzte Ebene hervor. Auf ihr finden sich Anzeichen alter Besiedelung. Rechts des Flusses die Niederterrasse mit dem hellen Gebäude einer Finca. Am Horizont die Sierra de las Minas im Osten Guatemalas.

Aufnahme F. Termer

Abb. 1. Rabinál. Blick von dem im Norden des Dorfes gelegenen Ruinenplatz Cajuyúb auf das Becken von Rabinál mit dem Ort. Am Horizont die Sierra de Chuacús.

Aufnahme F. Termer

Abb. 2. Tempelpyramide in den Ruinen des Cajuyúb bei Rabinál. An dem schräg geböschten unteren Absatz ist noch der Verputz erhalten.

Aufnahme F. Termer

Abb. 1. Joyabáj. Marktleben während der Festtage. Links Indianer vom Atitlán-See, die Mahlsteine verkaufen.

Aufnahme F. Termer

Abb. 2. Joyabáj. Prozession mit dem federgeschmückten Thron des Heiligen. Rechts von ihm, in weiße Umhänge gehüllt, schreiten die Frauen der Kirchenältesten (Cofrades), hinter ihm die Raketenträger (Coheteros).

Aufnahme F. Termer

Abb. 1. Joyabáj. Der Mohrentanz (Baile de los Moros). Nach der Vorführung auf dem Markte tanzt man in dem Hause eines Kirchenältesten (Cofrade). Das Orchester besteht aus der großen Trommel und einer Flöte.

Aufnahme F. Termer

Abb. 2. Joyabáj. Der Palo del Volador. Zwei Tänzer schwingen sich herab, zwei andere, die „Affen", turnen oben auf dem Pfahl und dem Drehgestell herum.

Aufnahme F. Termer

Abb. 1. Landschaft in der östlichen Quiché-Senke bei Zacualpa. In die vulkanische Lockermassendecke hat sich der Rio Joyabáj sein gewundenes Tal eingenagt. Eine Terrasse, die Maisfelder trägt, begleitet seine beiden Ufer. Am Horizont die Gebirgsketten gegen Chimal tenango.

Aufnahme F. Termer

Abb. 2. Santa Cruz Quiché von Westen. Die breite Senke des Quiché ist mit fruchtbaren Maisfeldern bedeckt. Gegen Nordosten erhebt sich die Sierra de Zacualpa.

Aufnahme F. Termer

Abb. 1. Altes Trockental mit Talmäander bei Santa Maria Chiquimula. Am Horizont die kahle Hochfläche der Altos gegen Momostenango.

Aufnahme F. Termer

Abb. 2. Momostenango. Erdpyramiden (Riscos).

Aufnahme F. Termer

Abb. 1. Landschaft in den Hochregionen der Altos bei San Bartolo A. C. Zerstreute Indianerweiler reichen noch bis auf die Hochfläche hinauf, die Schafherden ernährt. In den Tälern gedeiht Mais. Barrancos zergliedern die Talflanken und machen das Gelände schwer passierbar.

Aufnahme F. Termer

Abb. 2. San Bartolo Aguas Calientes. Teilnehmer am Schlangentanz, sogenannte Graseros. Der zweite von links ist der komische Alte mit dem Eichhörnchenbalg auf dem Rücken. Alle Tänzer tragen merkwürdige Holzmasken und Schafsfelle auf dem Kopf, in der Hand Hetzpeitschen, der äußerste auf der rechten Seite auch eine kleine Kürbisrassel.

Aufnahme F. Termer

Die Hochfläche der Altos (ca. 2800 bis 3000 m) westlich von Momostenango. Die Waldbedeckung ist bis auf kleine Reste verschwunden. Dafür hat sich das üppig wuchernde Büschelgras (pajón) angesiedelt. Auf dem Wiesenplan die kleine Kirche der indianischen Schafhirten, Pologuá genannt. Die aus Büschelgras erbauten Hütten werden nur an den Festtagen bewohnt.

Abb. 1. Renntierherde auf der Insel Ayon im Sommer.

Abb. 2. Renntierherde im Winter im Walde.

Abb. 1. Tschuktschen-Bursche.

Abb. 2. Alter Tschuktsche

Abb. 1. Zeltgerüste, rechts Schlafzelt.

Abb. 2. Tschuktschenzelt, rechts Kinderschlitten.

Abb. 1. Die Schlitten werden im Halbkreis aufgestellt.

Abb. 2. Aufbruch vom Winterlager.

Abb. 1. Winterzelt.

Abb. 2. Tschuktschenlager. Links ein Lamutenzelt.

Abb. 1. Die Wettfahrer starten (links).

Abb. 2. Haufen von Renntierhörnern bei einer Grabstätte auf Ayon.

Druck von J. J. Augustin in Glückstadt und Hamburg

MIX
Papier | Fördert gute Waldnutzung
FSC® C083411

Zeitfracht Medien GmbH
Ferdinand-Jühlke-Straße 7
99095 Erfurt, Deutschland
produktsicherheit@kolibri360.de